建筑师与设计师的视觉思维
——设计中的图像化情境

Visual Thinking for Architects and Designers
Visualizing Context in Design

建筑师与设计师的视觉思维
——设计中的图像化情境

Visual Thinking for Architects and Designers
Visualizing Context in Design

[美] 罗恩·卡斯普里辛
詹姆斯·佩蒂纳里 著

马 龙 杨 芸 译

中国建筑工业出版社

著作权合同登记图字：01-2010-5541号

图书在版编目（CIP）数据

建筑师与设计师的视觉思维：设计中的图像化情境 /
（美）罗恩·卡斯普里辛，（美）詹姆斯·佩蒂纳里著；
马龙，杨芸译.— 北京：中国建筑工业出版社，2022.3
　书名原文：Visual Thinking for Architects and
Designers：Visualizing Context in Design
　ISBN 978-7-112-27057-6

　Ⅰ.①建…　Ⅱ.①罗…②詹…③马…④杨…　Ⅲ.
①城市景观—景观设计　Ⅳ.①TU984.1

中国版本图书馆CIP数据核字（2021）第270250号

责任编辑：率　琦　董苏华
责任校对：赵　菲

建筑师与设计师的视觉思维
——设计中的图像化情境
Visual Thinking for Architects and Designers
Visualizing Context in Design
[美]　罗恩·卡斯普里辛
　　　詹姆斯·佩蒂纳里　著
　　　马　龙　杨　芸　译

*

中国建筑工业出版社出版、发行（北京海淀三里河路9号）
各地新华书店、建筑书店经销
北京雅盈中佳图文设计公司制版
北京云浩印刷有限责任公司印刷

*

开本：787毫米×1092毫米　1/16　印张：19　字数：401千字
2022年7月第一版　2022年7月第一次印刷
定价：**78.00**元
ISBN 978-7-112-27057-6
　　　　（38870）

目　录

第一部分　把场所放在情境中去理解

第二部分　卡斯凯迪亚地区案例分析

序

当我们在编制一个地区的相关文件时总会需要用到某些技术和方法，而本书所讲述的就是这样的一些知识。因此，它既是一种进行区域描述性分析的方法，同时也是一种理论。关于这项议题，目前尚没有其他全面的方法论文献，所以从某种意义上讲，这本书的研究是独一无二的，可称得上是一部开创性的著作。纵览已经出版的各种书籍，鲜有能将其技术同方法/理论整合到如此全面的程度。对于城市与地区的设计实践与教学来说，本书的研究成果具有十分重要的指导意义。

在本书的编写过程中，作者罗恩·卡斯普里辛（Ron Kasprisin）和詹姆斯·佩蒂纳里（James Pettinari）借鉴了他们多年来与居住区规划团队合作从事小城镇公共空间设计的丰富经验。他们的工作对于这些地区的领导者和民众来说起到了深远而持久的影响，引导他们展望自己居住区未来的发展方向。在很多案例中，他们的工作都促使政策与环境发生了改变，极大地丰富与改善了公共环境的品质。从这个意义上说，本书的价值并不仅仅在于对描述方法的学术分析。它带给我们的是一种非常生动、有效的实用性方法，可以引导重大的改变，创造出各式各样的环境，有助于维持与不断提高居住区的生活品质。

本书中所介绍的工程案例大多位于北美太平洋西北部被称为卡斯凯迪亚（Cascadia）的生态区。大致来说，该地区涵盖了从西部太平洋延伸到东部卡斯凯迪亚山脉（Cascade Mountain）的山地，以及从美国俄勒冈州和加利福尼亚州的边界向西延伸到加拿大不列颠哥伦比亚省和美国阿拉斯加州的广阔区域。作者利用各种方法，对这个区域内多个不同的城镇进行了描述，其目的就是要将该区域作为一个实体的场所，为读者展现一种更为广阔的视角。无论是设计师、政策或决策制定者，还是普通民众，马上就可以看到这些技术对于一个区域的理解和描述具有怎样的价值。虽然通过这些案例的介绍，有助于读者加深对卡斯凯迪亚地区的认识，但需要指出的是，本书中所介绍的技术都是一些样板，它们可以适用于世界各地进行区域的综合性分析。

本书提供了一些特殊的方法，以区域的尺度为着眼点进行构想。它利用图示和正投影两种绘图形式展示了描述的技巧，旨在建构起对一个地方综合性的了解。这些资料的开发提升了专业知识与公共知识的水平，这对于一个区域来讲是非常重要的，会对当地的规划与设计决策产生非凡的意义。凭借这种方法，除了可以使人们获取对既有场所的认知，还可以引导人们对未来的成长与开发进行考察，从而描绘出该区域的未来发展蓝图。

规划和设计专业人员必须了解人口的增长会对一个区域的自然环境产生巨大的影响，如此才能处理与该区域内人类生活品质相关的各种问题。在民主社会，以公众投票为基础的居住区投资决策是实施理性发展战略的基本组成部分。这些决策为民众提供了各种相关与有价值的信息，帮助他们了解各种不同的政策会产生什么样的影响：这在规划过程中是一个至关重要的环节。本书中所介绍的技术，将会极大地改善专业人士与普通民众关于居住区事务的沟通效果，并以图解的方式阐明政策与设计决策将对区域环境产生怎样的影响。

在更大范围的背景之下，环境拥有维持人类生存的能力，而这种能力对我们每一个人来说都是至关重要的。如何才能使公共政策和经过设计的环境有助于地球上生命的延续与可持续发展，这个课题一直以来都是环境规划师和设计师们激烈辩论的焦点。在最基本的层面上，可持续性是一个重要的课题，要求我们对具体的地方与区域环境状况进行深入的了解。从可持续性的角度来看，每个地方都有每个地方的特色，并不存在什么统一的范本。本书的重点并非是关于可持续性的相关内容；它介绍的是对真实存在的、具体的地方进行描述的技巧。我们要获取对一个地方的了解，要为我们居住地区的未来发展制定出明智的决策，这样的技巧是至关重要的。

在本书中，罗恩·卡斯普里辛和詹姆斯·佩蒂纳里为我们提供了一种极为有用的方法。借助这种方法，能够提高专业人员的能力，更好地面对 21 世纪区域、规划和设计领域的挑战。

杰瑞·V. 芬罗（Jerry V. Finrow），
美国建筑师学会（AIA）主席
华盛顿大学建筑和城市规划学院副院长
华盛顿州西雅图市
1995 年 4 月
俄勒冈大学建筑和联合艺术学院前院长
俄勒冈州尤金市

前　言

◎ 视觉思维

20多年来，我们尝试将视觉思维的方法运用在很多设计与规划项目中，绘制了大量以图像化为标志的城市设计作品。这些作品的特色在于运用钢笔和墨水绘图的方法和技能，使绘图成为城市设计中一种形象化的思维过程，并以图像的形式作为向民众展示城市设计成果的媒介。我们认为，在本书介绍的诸案例中，图像化本就是城市设计中一种固有的做法，它并非一种方案表现的媒介，而是设计师与三维实体的人居环境之间一种直接的联系，而且，在探索空间关系的过程中，绘图或许就是一种最直接的认知过程。

首选的绘图风格

在我们看来，这项工作的核心就是对绘图的热爱，投身专注于图纸绘制过程本身就是一种享受，以及对城市与乡镇这种复杂的物质形态的热爱。我们希望能够将这种乐趣、方法与技巧，同专业人士、学生以及广大民众分享。我们将会证明，在技术正在发生重大变革的时代，鉴于对空间实验性构想和政策的需要，再加上居住区对于设计过程的了解需求也在日益增长，图纸在设计方面的潜力更甚于以往任何时候。

最初，我们使用钢笔和墨水绘图，利用这种方法绘制的线框图拥有比较高的清晰度，并且便于多次复制与长久保存。多年来，我们绘制了很多不同视角的三维视图，并基于这样的经验，创造出了更高品质的快速表现草图技法，具有高度耐久性，并且易于一般民众理解。现在，针管笔搭配印度墨水和高品质的毡头笔，已经变成了我们作品标志的一部分。将这些工具、绘制方法和技巧整合在一起，就可以成为现代专业实践中计算机绘图的补充。绘图这种方法，甚至可以为高科技实践开辟一条蹊径，弥补后者的不足。在本书所介绍的案例以及案例分析中，作者为读者列举了很多这样的实例，强调绘图并非与生俱来的本领，而是一个学习的过程，要通过积极的动力、坚定的信心、反复的磨炼和坚持不懈的实践，才能逐渐学有所成。

绘图是一种视觉思维

鲁道夫·阿恩海姆[①]在《视觉思维》（*Visual Thinking*，1969年）一书中提出了两个观点，为将绘图作为探索复杂城市形态的工具奠定了基础：1）"……被称为思维的认知行为，并不是脱离感觉，或凌驾于感觉之上的特有的心理过程，而是感觉本身的基本组成部分……积极的探索、选择、把握要

---

① Rudolph Arnheim，德国著名知觉心理学家。——译者注

领、简化、抽象、分析与综合，完成、校正、比较、解决问题……组合、拆分、置入相应的情境之中"；2）"形状即是概念……重点是，某人所关注的一个对象，只有在一定程度上符合某种有序的形状时，才能说是真正可以被感知的。"绘图其实是一种叙述的方式，是一种表达空间思维的通用语言，运用这种语言，设计师或规划师不仅能表现构想或策略，还可以在绘图的过程中建构与组织起自己的理念。将绘图用作一种认知的过程是会激发创造性的（也就是说，设计师可以在绘图的过程中创建出空间的关系并不断演变）。通过绘图，设计师能够对建筑形式进行处理，对历史与当代的建筑形式进行评价，还可以对新建筑形式出现的机会与可能造成的影响进行评估。在很多方面，城市和城镇的形态与发展模式，其实都是潜在的文化、经济和政治因素在空间上的隐喻，它们的需求与影响都会反映在建筑形式上。对于这些映射出来的结果，本书探索了一些方法，可以在大环境背景下对它们进行视觉上的区分。本书中的图示和观点所反映的都是非常重要和综合性的课题，例如限制条件和机会，对一栋建筑物、一片城市街区或一个居住区的塑造，其实是对文化、生态环境、工艺和功能性需求有意识的整合过程，而绘图就是这个整合过程中的一种辅助性方法，可以帮助规划师、设计师与民众更形象直观地认知变化以及潜在的基本状况。

绘图是一种设计沟通工具

设计图在城市设计中，还有另外一种功用，那就是沟通的工具。它的存在并非为了展示，而是要叙述一个连贯的、栩栩如生的故事，为设计师和居住区团体讲述项目的条件、发展方向以及选择。当前，在居住区重建项目中，居住区居民对于参与决策的需求越来越强烈，这就使设计的过程面临着新的挑战。在这种挑战下，设计师与民众沟通，并协助城市和城镇应对改变，而这一系列的工作方式也必然会发生变化。这样的改变或许会令人心生不安，但它同时也是一种解放。我们相信这是一种进步，对设计师来说，会有更多的人参与投入设计的过程中。民众越是了解他们所处的环境正在发生什么变化，现在的状况与过往的行为有哪些联系，以及新的不可避免的行为会对空间和形式造成怎样的影响，他们就越能以"带来改变的人"的身份直接参与设计的过程。这些改变之所以会更有效，正是因为实施这样行为并将生活在结果之中的人并非规划专家，而是广大民众。

我们展示了各种不同幅度与类型的草图，从用来表现大范围地理区域内居住区所在位置的鸟瞰图，到用来记录居住区建造前后或历史时期逐步变化的序列图。它们并非只是对照着文字或文本说明的插图，我们把绘图作为一种手段，将各种复杂的信息汇聚到互有关联的画面中，使民众可以在他们熟悉的大环境背景、定位和参照中，对图纸所展示的景象进行直接观察。就像一幅精美的绘画艺术品，要求观者探索画中可见的形状与图案，并借由不同结构的明暗对比，以及其他绘画原则和元素的引导，辨识出形状和图案所传达出来的信息与意义。

绘图是一种测试机制

用于城市规划与设计的政策和指导方针都是各自独立制定的，与具体的议题和/或项目所在的环境之间并没有紧密的联系。将形象化的绘图作为城市设计过程中的一部分，可以使之成为一种测试机制，把所提议的政策、法规、指导方针、私人议程和计划将会对当地环境造成什么样的影响，在空间上演示出来。用通俗的语言阐明各个新增建项目之间的关联，就意味着将这些增建的项目看作相互连锁的建筑形态的片段，而众多片段汇聚在一起就构成了一个实实在在的场所。本书中所列举的大部分作品都反映出了作者想要将测试机制发展为大型设计过程中的一部分的努力，这样的做法不仅会使民众有更多的机会参与设计过程，还可以为他们提供更直接的信息，进而使他们更加直观地了解项目所在地特有的环境背景。

◎ 图像化的情境与场所

从始至终，我们都在本书中使用"情境"（Context）和"场所"（Place）这两个术语，它们在城市设计行业内是很常用的。但我们认为，通过不断改进图像化的方法，它们还可以被赋予更广泛的用途和理解。

场所

"场所"是由规划师与设计师以不同的方式定义的，是对价值的表述，适用于比较小的或是局部的空间。通常，根据对文化、社会互动、政治、功能、气候和/或实体设计等因素的综合考虑，它会被赋予某种特定的品质。场所的概念主要应用于建筑学领域，其定义为"公共区域的物质形态"（Gosling/Maitland，1984），特指一个定居点（城镇或城市）中人为制造的东西。我们将场所视为城市形态，它既是文化的产物，也是人与人之间互动的结果。

场所可以有不同的规模，大到自然环境中的聚落，小到一个房间的尺度。站在华盛顿州贝克山（Mt. Baker）的雷鸟岭（Ptarmigan

ridge）上，眺望高山草甸和陡峭的岩石山坡尽头的山峰，会产生一种令人震撼的感觉：尽管这里的景象有些特殊，放眼望去看不到一栋"建筑物"，完全没有人类文明的印迹，但在观察者看来，这里仍是一片有价值的区域。但同时，这里还建有西雅图滨水区一个极具亲和力、熙熙攘攘、完全由人工建造的丰富多彩的多层派克街鱼市（Pike Place Market）。"人类需要归属于一个可识别的空间单元"（Alexamder，1977），出于对区域"场所"的渴望，这个特殊的区域要具有特性，结构清晰，所有的因素都融合在其中。"场所"也可以被视为具有一定社会和/或文化意义的实体空间，在这个空间中，人类活动的类型和表现都会增加"场所"的维度。场所是由区域内空间和社会互动的品质界定的，规划师、设计师和一般民众对于一个主题的诸多变换有着各种不同的解释（Lynch，1984）。所有的解释都可以成为理解城市不同部分的基础。每个场所及其价值都具有创造性的差异，通过设计师与居住区居民的共同参与，可以更清晰地辨识出这些差异。如果"场所定义者"的角色由设计师独立担任，那么场所形成过程的动态完整性就有可能受到损害，忽视不同场所之间的差异性，从而丧失不同的设计机会。

情境

在这本书中，将"情境"定义为更大范围的人类活动空间结果或是在物理意义上的空间分水岭。情境可以有不同的尺度与时间框架，而非单纯的舞台背景、场景或环境背景。它是不同场所之间相互联结的地方，而这些场所又都涵盖在更大规模的场所之中。场所之间彼此相连又互相影响，交换信息，一切都在不断地发生变化。设计专业人员经常会使用"场所"这个术语来表示一个有价值的空间，这是相对于那些比较没有价值的空间而言的，它将一个场所从其他场所中抽取出来，而失去了情境关联的重要性：每个场所都是处于其他场所之中的。假设所有的空间都对某人或其他生物体具有价值，这完全取决于下一个空间的自然条件和生活质量等价值。根据一个场所与其他场所之间的关系不同，有的场所会表现出蓬勃的活力，而有的场所则会表现出颓败的景象。活力就是情境定义中的一部分，它是可以被辨识与描述出来的，在许多情况下，我们可以通过活力来判断空间结果的范围和生活品质的优劣。除了"质"与"量"以外，这是情境的第三个条件，它并非是前两者的合并或折中。根据场所内部以及不同场所内进行的活动不同，场所的内部范围和外部边界也会随之重新定义，所以情境所展现出来的所有形式（城市或住区）都是在持续变化的。

城市设计中视觉思维的原则

作者在本书中列举了自己很多绘画作品，这些都是他们与民众共同努力设计的 70 多个居住区项目的记录。第一部分由 5 个章节组成，建构出了对环境中相互关联的诸场所进行图像化描述的理论方法。第二部分是城市规划与城市设计项目的案例分析，作者根据卡斯凯迪亚地区的生物区和生态区将这些案例组织在一起，从而使这些本来独立的居住区相互关联起来，进行共同研究。在第一部分的第 1 章，概述了艺术、设计与绘画语言通用的基本要素、原则，概念和技巧，当应用于情境描述的时候，上述知识对于拓展视觉认知过程是非常有价值的。我们所讨论的绘画技巧在层次的沟通方面是非常有用的，其传递信息的价值远高于单

纯的插图。第 2 章讨论的是使情境的各个组成部分图像化的方法，这些组成部分包括地形条件、聚落形态以及生物物理、文化信息等要素。第 3 章介绍的是尺度阶梯，即通过比例尺度的变化来评估场所和情境的方法。第 4 章介绍的是除了工艺以外，将时间模式作为变化评估的工具。第 5 章总结了很多种方法，可以帮助人们把他们所处的空间延伸回归到更大的情境背景当中，提高每个人对环境中相互关系的认识。

本书介绍的是一种通过图像了解场所和环境情境的方法，但这并非唯一的方法。我们所关注的是场所和情境的物理现实条件。通过手绘图建构场所和情境的框架，在这个过程中，形象化思维可以成为一种理解个人行为和文化对环境潜在作用的方法，而个人行为和文化与场所和物理情境的形成是整体不可分割的。建构场所和情境框架过程中的形象化思维可以成为扩展设计过程界限的一种方法，具有深层次的意义。

参考文献

Alexander, Christopher. 1977. *A Pattern Language*. New York: Oxford University Press.

Arnheim, Rudolph. 1969. *Visual Thinking*. Berkeley and Los Angeles: University of California Press, p. 13, par. 1.

Arnheim, Rudolph. 1969. *Visual Thinking*. Berkeley and Los Angeles: University of California Press, p. 27, par. 1.

Cullen, Gordon. 1961. *Townscape*. New York: Reinhold Publishing Corporation.

Gosling/Maitland. 1984. *Concepts of Urban Design*. New York: St. Martin's Press/London: Academy Editions.

Lynch, Kevin. 1984. *Good City Form*. Cambridge MA: The MIT Press.

致　谢

本书出版所需要的部分资金来自约翰斯顿 / 黑斯廷斯出版物捐赠基金（Johnston/Hastings Publications Support Endowed Fund）的赞助，该基金的发起者是华盛顿西雅图的诺曼·约翰斯顿（Norman Johnston）教授和建筑师简·黑斯廷斯（Jane Hastings）。

还要感谢俄勒冈大学（University of Oregon）建筑系以及华盛顿大学（University of Washington）城市设计与规划系师生的鼎力支持。

书中所有的草图都来自两位作者在实践和教学生涯中创造性的工作成果。同时感谢各位学生和工作人员的协助，因为书中很多项目的基础底图和信息草图都是由他们准备的；感谢很多社区、民众和私人机构的支持，包括国家艺术基金会（National Endowment for the Arts），他们为本书提供了很多基本资料。

第一部分

把场所放在情境中去理解

绪　论

设计师需要借助一种设计语言，才能将诸多动词和名词形象化，以图像的形式表现出来。本书的第一部分介绍与讨论的是情境和场所图像化描述的基本原则、要素与技巧，进而将这些情境和场所视为一个整体去进行设计。作者专注于视觉语言的一些方面进行研究，发现它们对于探索设计的可能性是非常有效的，主要表现在三个方面：设计辅助、图像沟通以及操作快捷。

通过辨识情境中的各种条件，帮助设计师利用复杂的信息识别出各种设计的可能性，这一部分也为第二部分的案例分析奠定了基础。这些信息包括情境中的生物物理和管辖权方面的状况；尺度阶梯是一种将场所的概念与更大规模的复杂场所网络联系起来的方式，而这更大规模的场所网络就是我们所说的情境；时间可以衡量情境中的各种变化；公众意识与认知是场所与情境变化中一项积极的组成部分。

第1章 图像化的原则、要素和技巧

◎ 引言

有关绘图的指导方针和技巧为设计师提供了一套工具，利用这套工具，可以形成一种有助于探索和参与设计过程的语言。如果忽略了指导方针的重要性，或是缺乏学习与实践，那么设计过程就会变得非常令人沮丧、徒劳无功。将这些指导方针和技巧视为基础中的基础，我们在设计表现上就会拥有更多的自由。

本章为学生和专业人士介绍了基本原则（作为关系的行为）和其他部分（行为的对象），用以建构一种个性化的语言，进行有效的沟通。这些基本原则，其实就是两位作者在本书所讨论的情境设计和交流过程中发现的最有效的技术；但这些资料并非包罗万象，我们也鼓励读者们参阅其他书籍，了解一些其他的特殊技法。

这些原则和要素都是艺术领域的基础构件。它们都是关键性的要素，是工艺赖以存在的基础；而所谓工艺，其实就是将设计与设计沟通整合在一起的产物。我们希望，随着绘图—沟通技巧的提高，读者的设计能力也能更上一层楼。

◎ 原则

当依照本书中所介绍的原则、要素和技巧进行实践的时候，请注意以下原则：

原则一

- 形状（shape）即是概念：对形状的感知就是概念形成的开始（Arheim，1969）。

原则二

- 样式（pattern）是指处于相互关系当中的形状；每一种样式可能都是一种反复出现的关系；或者，一种样式也可以在每次出现的时候都发生变化，为了适应需要而有所增减。

原则三

- 运用图形交流的原则和特性，捕捉到头脑中闪现出来的样式，并将其发展为设计的可能性，可以有意识地将形状转变为样式。

原则四

- 对绘图心存畏惧，这在创作过程中是一种很自然的现象，反映出了当事人觉得自己受到了威胁（来自他人或自身）的感觉。它可能源自于缺乏自信，惧怕成功或失败，或者仅仅是因为对创作过程的基本规则不够熟悉：真正动手去画（过程不需要太过理性），就可以战胜最初的恐惧心理。

本书中所使用的沟通工具以及重点原则和特性，除了少数例外，绝大部分都是用钢笔和墨水绘制的，颜色仅限于黑白灰。

◎ 相互关系与元素

相互关系和元素有助于组织和进行交流。所谓相互关系，指的是在交流中两个或多个元素（或建筑区块）之间的参与互动。

相互关系

在图像化交流的过程中，会用到以下术语及其定义来表示元素相互之间的关系：

平衡

协调

层次

强化

重复

变化

交替

图形

平衡

一个完整作品的均衡状态——即作品中各个元素之间的比例和谐相称。它所体现的是各个元素及其相互关系的总体效果，表现了它们在重量、颜色、温度、色调明暗以及强度等方面的均衡。平衡并不是完全相等的两部分；举例来说，一幅图的上角有一个小小的深色图案，相对下角放置一个比较大的浅色图案，这样就形成了一种平衡的画面效果。

协调

将各个元素组合或排列成一个令人舒适的整体。这是一种宜人的感觉。一幅协调的作品，其价值体现在方方面面，在所有经过

图1-1 **重复**。重复能有效地吸引观察者的注意。在海恩斯（Haines）停车场草图中，从主要活动区出发的步行距离通过两种方式进行了强化：反复以星号（*）标志主要活动区的位置；在星号周围反复以圆圈表示相同的步行半径

安排的造型之间会产生一种和谐的感觉。

层次

在一个给定的形状中，其色调明暗、颜色、温度或其他特性的变化就形成了层次。当我们在描绘一个物体表面的光影效果时，调整钢笔线条的疏密，就可以表现出从亮到暗或是从暗到亮的光影变化。涂鸦也是一种很有效的技巧，可以绘制出圆形或曲面对象的光影渐变，比如树木等。

重复

在图像化的交流过程中，形状、图形或其他一些元素都会反复出现。通过元素的反复出现，可以产生运动感或方向感；通过相同对象以不同的大小、颜色或其他特性反复出现，与多样性相结合就可以产生相似性。例如，我们可以在画面中反复运用圆形这种形状，但每个圆形的大小或特性又表现出一定的差异性。

图1-2 强化。密苏里号战列舰的外形及其在画面上对称的布局，营造出了一种有意强化的效果；主体造型使用中暗度色调，强化了其主导地位，凸显出强大的战争机器这一信息

强化

是指在同一幅图画中，对某一种特性或某一个元素的影响优于其他元素的强调。在一幅图画中可能是以圆形为主导的，例如一张风景画中有很多树木，或是将很多比较大的浅色形体与少量深色或深灰色形体组合在一起。

变化

指的是不同元素之间的差异性，避免单调或千篇一律。

交替

对两个或两个以上的形状，或是对同一个形状的两种或两种以上尺度有规律地反复使用。交替（以及变化）能够使绘画呈现更丰富的效果。

图形

所谓图形，指的既是各个元素，又是它们之间的相互关系。一个图形元素，就是将各种形状关联并重复使用的结果。图形的本质就是将各种形状放置在相互关系当中。图形化是一个造型的过程，即利用线、点和明暗色调打造出形状，进而构成一个画面。

要素

图像交流中的要素是一种常用的符号，代表的是实体世界中的一种对象。它是描述空间对象的一个基本单位。在钢笔绘画中，图像化的要素就是以形象的方式表现出来的建筑体块或建筑单元结构。当要素与原则结合在一起时，它们所创造出来的总体是大于各个部分（或要素）之和的。

图像交流的基本要素包括：

形状

尺寸

点

线

方向

质感

颜色

色调明暗度

形状

一个对象的形状相较于其他对象，是依据其外轮廓和 / 或色调来区分的。形状可以通过长方形、多边形和曲线等外轮廓线勾勒出来。当我们在描绘一个物体的形状时，切记形状的表现一般来说都"包含着"光的作用，因此，观察者的视点以及光线的方向都会引起观察对象形状外观的改变。下面的实例中包含很多种形状。

尺寸

形状的尺寸特质决定了它会占据多少空间。它也表现了一个形状相较于其他形状的状态：相等、较大或较小。

点

点，即一个直径非常小的圆形标记，类似于英文句子的句号。我们可以将很多点汇聚在一起构成形状，而这样的形状是没有边界线的；通过调整点的间距可以表现不同的明暗程度；还可以随着距离的变化来调整点的密度，表现出距离感。

线

线是利用钢笔、铅笔或其他制图工具绘制出来的一种非常纤细的记号。线是点的延伸，是一种可以辨别出起点和终点的很纤细的形状。在钢笔绘画技法中，线是构成结构的基本单元。线的宽度可以改变；线还可以

图1-3　形状。 在钢笔墨水画中，对象的形状是以轮廓线表示的，就像这些正交方向或斜线构成的建筑轮廓；轮廓线和阴影线构成了曲面的柱子；还有透视图中的树木，包含外轮廓线及其内部比较小的曲线轮廓线，以及随意勾勒的阴影线。每一种形状都与另一种形状相连，构成更大的形状，一直扩展至滨水区的观测点

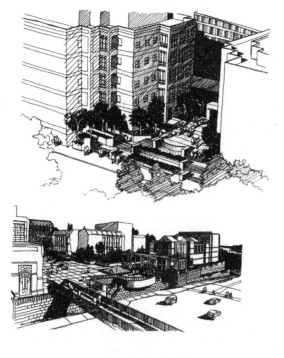

图1-4 线。利用线条描绘建筑构件的形状和样式，既可以用作外轮廓线，也可以描绘其表面的图案。在华盛顿大学草图中，各种线条都是用签字笔（毡尖型）绘制的：比较明亮的地方和稍暗一些的地方都是以对角线方向的阴影线表示的，但前者的阴影线比较稀疏，后者的阴影线比较密集；更暗一些的地方则使用交叉的阴影线来表示；树木等有机体的轮廓线使用曲线；此外，利用密集而随意的线条表现有机体和纹理的效果，例如树木内部，由于增加了线条的密度（每平方英寸内线条数），也能够营造出比较阴暗的色调

图1-5 线的明暗度。线条的明暗度可以有清晰的层次，所以被用来强调特定的空间概念。作者选择线条的明暗度来凸显树墙，而这个建筑就是根据树墙的存在设计的。在上图中，一条垂直笔触的阴影线着重勾勒出背景的山脉以及建筑物侧立面的轮廓。在下图中，类似的垂直方向笔触则用来塑造一面框架树墙，建筑方案中设计了一条缆索穿过这面树墙

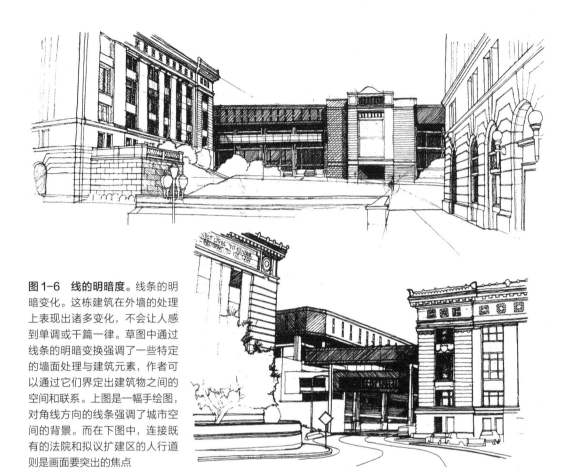

图1-6　线的明暗度。 线条的明暗变化。这栋建筑在外墙的处理上表现出诸多变化，不会让人感到单调或千篇一律。草图中通过线条的明暗变换强调了一些特定的墙面处理与建筑元素，作者可以通过它们界定出建筑物之间的空间和联系。上图是一幅手绘图，对角线方向的线条强调了城市空间的背景。而在下图中，连接既有的法院和拟议扩建区的人行道则是画面要突出的焦点

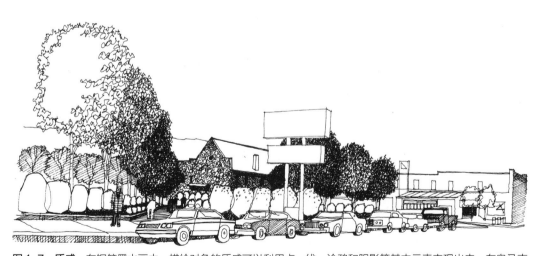

图1-7　质感。 在钢笔墨水画中，描绘对象的质感可以利用点、线、涂鸦和阴影等基本元素表现出来。在奥马克（Omak）草图中，点被用在白色的树木轮廓中，表现出开花或结果的效果；茂盛的树叶用涂鸦的方式表现，而涂鸦密度的变化则反映了不同树木色调明暗的不同；此外，教堂的立面也采用了涂鸦的手法，表现出粗糙石材的质感。白色或未填充线条的部分则表现出光滑的质感

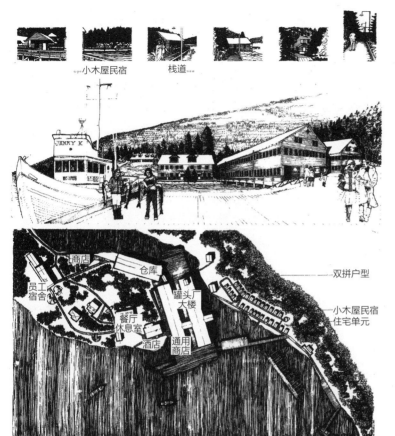

小木屋民宿　　　栈道

双拼户型

商店

仓库

员工
宿舍

罐头厂
大楼

餐厅
休息室

住宅单元

酒店

通用
商店

小木屋民宿

图 1-8　**色调明暗度。** 在瀑布罐头厂区系列草图中，作者使用一种针管笔，通过打圈、直线、涂鸦、打阴影线以及留白等手法，绘制出了包含很多种色调的画面。图中所有深色的部分都是通过密集的阴影线表现的，而非简单地涂成黑色。作者有意识地将深色的部分放置在白色形体之后和／或周围，以增强明暗对比效果。透视图中的山麓以及平面图中的树木这些圆形的对象都是通过增加填充线的密度表现明暗变化，从而塑造出形体的。明亮色调表现的山麓显得更远、更大，而较暗色调表现的山麓则显得较小、较近。在平面图中，作者将水体的色调设定为深灰色，这样就使得作为描绘重点的建筑和风景地貌更加突出、生动

图 1-9　**色调及其组合。** 一点透视图会围绕着单一灭点，在画面内部形成一个焦点，它就位于画面的正中心。图中道路的色调设计进一步强化了（汽车）朝向地平线运动的感觉

放置在其他线旁边或叠加在其他线之上，形成不同的图案。在一个给定的轮廓内部增加填充线的密度（每平方英寸的线条数），但相邻形状内的填充线密度不变，这样就可以营造出色调的明暗变化。线条可以表现为直线或曲线；也可以由一个个相邻而又重复出现的标记构成，例如点、星号等。

方向

方向指的是行进或观察的路径；它是指向或运动的方向。共有三种不同的方向：水平、垂直和倾斜。在画面中，方向是一个占主导地位的元素，在建筑设计中也是如此，它是由所使用的线性轮廓、线条的位置及色调决定的。假设画面的格式与纸张的格式相一致，那么你只要将绘图纸垂直（竖向格式）或水平（横向格式）放置，就建立起了一个主导的方向。在艺术表现上，方向的选择是有一定惯例的：水平向代表静止和稳定；而垂直向则代表庄严与成长；斜向能使人情绪兴奋，可以表现出二维平面的运动感以及三维空间的深度（Webb，1990）。

质感

它是触觉的一种表现，是指会对观察者的触觉和视觉感受造成影响的对象表面品质，其特征可以表现为：

粗糙的

光滑的

平滑的

干燥的

湿润的

在图像化的作品中，对象的质感是通过观察者的视觉而非触觉辨识出来的，这就需要运用线条的描绘复制出与触觉相关的表面品质。平滑的或湿润的表面，可以通过物体在地面的反射而表现出来。

色调明暗度

色调明暗度是图像化作品中一个关键性的元素，其重要性甚至超越了形状、样式和构成。色调明暗度是绘画的结构性元素：它既可以凸显，也可以削弱各种形状和样式；它可以使一种形状在整个画面成为主导，而其他的形状则沦为配角；而且，它还可以将其他一些元素带入整体关系中。这就是我们要将其列为原则之一的理由。

明暗度指的是一幅图画在黑白两极之间变化的关系，而绘画者之所以要设置从亮到暗的变化，就是为了形成对比。举例来说，在钢笔墨水绘画作品中，我们建议设置一个表现亮度变化的刻度尺，从黑色到白色划分为九个区段；当然也可以只划分五个区段，这样画面会呈现出更强烈的对比效果。利用细线条绘制阴影的技巧制作一个表现亮度变化的刻度尺，是一个非常有用的工具。手中有这样一个刻度尺，就可以成为形象化绘图的指南。

对明暗度的使用指南如下：

- 明暗度即是形状：要避免形成各种明暗度的线条或是支离破碎的块；阴影的形状、建筑平面、植物群或植栽区域的边界，以及大面积的地块，这些都可以利用明暗度的变化表现出来；

- 针对色调明暗度的变化预先制定计划：为每一个形状都配置一种明暗度；相邻两个形状的明暗度要有所区别；要将所有的色调打散，使它们可以分布于整幅绘画之中，而不是只出现在兴趣中心这一个地方；

- 将最浅色与最深色安排在相邻的位置（例如黑白相邻），可以形成最强烈的对比效果，吸引观众的注意力；

- 通过在画面中对各种色调进行有效的安排，建立起画面的基础色调：通常，我们会将白色或最浅色安排在画面兴趣中心（或其周围）的位置，并将最深色安排在兴趣中心的附近，以起到衬托的作用；如果这样的安排（最深与最浅的色调毗邻）使画面的对比度显得过于强烈的话，我们还可以在两者之间添加一些浅灰或中灰色进行过渡；在画面的其他地方，使用浅灰色、灰色和深灰色这些中间色调形成辅助烘托的效果；

- 尝试通过明暗色调的变化构成样式：利用不同的色调建构起一种样式，这是一种以光线为焦点的样式。

边界

所谓边界，是指所有形状和图案的界限。它们同时也是不同形状之间的连接元素；是不同材料、颜色、明暗度与质感之间的过渡。边缘是具有能量的，它产生于两个实体的交汇、渗入或相互排斥。

在画面中，边界有如下分类：

硬边界

软边界

联锁式边界

融合式边界

失而复得的边界

硬边界

硬边界是人们最常见的一种边界形式：由于两个形状之间直接的变化与反差，所以很吸引注意力。观察者可以清楚地辨识出，这种边界是一个形状的开始和另一个形状的结束。相较于其他的边界形式，硬边界可以表现出更强烈的反差效果，这是因为从一

图1-10　阴影线与涂鸦。阴影线与涂鸦。在米尔（Mill）广场图中，面对观察者左侧的建筑表面刻画包含了四个层次的阴影线：第一个层次为单一对角线方向的阴影线，线条之间排列紧密；第二个层次包含两个方向的对角线阴影线，将人脸的图案从第一部分中"雕刻"出来；第三个层次是在第二层的基础上又添加了水平方向的线条，以更深的色调突出了"mill square"的字样；第四个层次，"PRODUCE FROM THE SOUTH"，使用了四个方向的阴影线——两个对角线方向、水平向和垂直向。以上所有阴影线都是徒手绘制的，整体风格保持一致。对于快速表现对象的色调和质感来说，前后一致的涂鸦是一种非常高效的技法。只要能保持整体一致，涂鸦的形式并不需要拘泥一格。在威尔逊维尔（Wilsonville）尖顶建筑图中，背景树木在质感和色调上极具变化，而这一切都是靠涂鸦技巧表现出来的。地面上黑色的阴影是通过一层又一层涂鸦叠加起来表现的

个形状到另一个形状的转变是一种突变。被光源直接照射的物体边缘就会呈现出坚硬或尖锐的转角。投射到平坦光滑表面的阴影边界看起来也是坚硬的。当硬边界与其他类型的边界混合在一起的时候，前者会非常醒目，但如果使用过度，也会使画面变得千篇一律，反而损害了不同形状与图案之间的联系。

软边界

软边界具有一种模糊的特性，相较于硬边界而言，前者更多的是起到一种连接的作用，并不太会引人注意。这种柔和的边界形式被用来将两个形状结合起来，仿佛它们会共同流动或融为一体一般。运用诸如涂鸦或打阴影线等技巧，就可以很容易表现出这种相互融合的效果。画面中若是使用了太多硬边界，就会产生类似马赛克的效果：很多片段一个挨着一个，除了色调和颜色以外，彼此之间几乎没有交互关系。软边界有助于不同形状之间的结合与协调，从而将各个组成部分连接成一个更大的整体。

联锁式边界

当两种形状彼此交织在一起，如同十指相交一般，就会出现联锁式的边界。环视四周的环境，你会发现非常多这样的例子，即两个形体之间形成了联锁式的边界：一张照片的边缘突出到另一张照片的矩形"窗口"里；一张纸（形状）插入一本打开的书的书页（也是一种形状）中。这些边界的状态也就是彼此之间连接的方法，它传递的是一种整体的视觉信息，使观察者的目光可以顺畅地从一个形体转移到另一个形体，而不会停留在硬质的边界上。

◎ 态度与工作

我们为什么要讨论态度与工作呢？作者赞同这样一种观点，即人的才华并不是与生俱来的特性。人的才华是动力、舒适、自信以及努力工作的结果，而人之所以会努力工作，则来源于兴趣的驱使。一般来说，如果一个人有意愿从事绘画工作，并且也有能力适应与克服人在接触新事物时自然而然的恐惧，那么随着他花费在绘画上的时间越来越长，他的绘画技能也会成比例地迅速提升，于是，他就被认为拥有绘画的"天赋"。

一旦你拿起笔碰触到画纸，绘画就是一种个人体验，没有其他人可以代替你做这件事情；你的作品所呈现出来的只能是你自己的风格。绘画是一种手工艺行为，是利用一些特定的材料发展相关技能的行为，最终，艺术家达到了超越技能的程度。我们学习所依靠的是与工具的互动和对工具的使用，而非工具的智能化；因此，激情与实践都是必不可少的。

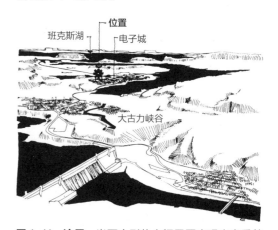

图1-11　涂黑。当两个形体之间需要表现出高反差时（例如大块陆地与水域），运用实体的或不透明的涂层就可以使主体图像生动地表现出来。在大古力峡谷（Grand Coulee）图中，与哥伦比亚河（Columbia River）上大坝相关的河流、湖泊水系就是画面要表现的重点，作者将其设置为纯黑色，这样就与白色的陆地地貌形成了最大的反差

◎ 钢笔墨水绘画的基本技巧

阴影线和交叉阴影线

　　阴影线就是利用很多直线（徒手或利用直尺绘制）紧密地排列在一起，形成一片区域。阴影线当中，个别的线条并没有什么意义，整体的一片区域才是绘画者要表现的信息。如果这些线条排列得过于稀疏，就会产生"条纹"的效果；只有将线条排列得足够紧密，才能创造出"片"或"场"的效果。我们在绘制阴影线的时候要记住以下三项基本原则：

　　1. 每平方英寸的面积上排列的线条越多，就越能产生"场"的效果，其色调也会越暗。

　　2. 我们可以通过线条叠加的方式获得更暗的色调，这些线条的间距和粗细都是一样的，只是方向不同，通常叠加的顺序为：对角线方向、反向对角线方向、水平向、垂直向。

　　3. 在一个形状内填充的阴影线一定要与形状的外边缘线相交，或是超出边缘线；如果没有相交，那么在缝隙的地方就会出现空白的另外一个形状。

　　绘制阴影线的技巧就在于通透。在铺陈了多层阴影线之后，观察者还是可以看到各种形状原来的轮廓，例如，透过建筑物的阴影还可以看到地平面的各种形状，这种技巧是非常有用的。

点画法或点彩画法

　　从本质上来说，点画法和点彩画法是同样的技术，都是利用像英文句号一样的点（.），通过调整其在每平方英寸的密度来表现不同的明暗色调、质感和"片"或"场"。点画法需要耗费比较长的时间才能完成，但这种技法对材料质感的表现是非常有效的，我们可以通过改变点的排列模式，在某些区域比较密集，而在其他区域相对稀疏，从而表现出不同的质感。

涂鸦

　　涂鸦可以用来表现出不同的质感、明暗色调和层次。涂鸦的笔触几乎都是随机的，其特质就是自由而不必拘泥于形式，但如果绘画者可以做到笔触保持一致，那么涂鸦就会成为一种最有效的技巧，使观察者的注意力不至于集中在某些细节上而脱离了整体。有些设计师在做涂鸦式填充时会使用树叶状的图案，也有人用卷曲的线条；关键在于整体要一致。在做涂鸦的时候，可以针对那些限定出形状的初始层使用比较深色的填充。

涂黑

　　当在一个形状内不允许有其他光线或底色透过它显露出来时，我们就使用涂黑的技巧。在这种技巧中，光是最关键：光可以穿透交叉阴影线的区域，照射到画纸的表面，然后再反射回来；但是当光照射到一个完全不透光的图形上时，所有的光线都会被吸收，完全没有反射。在钢笔墨水绘画中，纯黑色的墨水就是不透光的。

勾画轮廓

　　所谓勾画轮廓就是用简单的线条描绘出一个形状的边界，而在这个形状之内并不需要做任何多余的填充。大多数的基本布局图，即以基本形状为人们提供参考与定位的图纸，都是轮廓图。在轮廓图中，作者可以通过改变笔触的轻重绘制出不同粗细的线

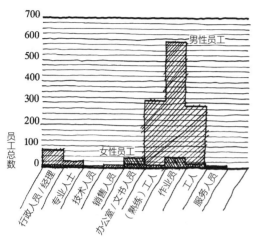

图1-12　彩色马克笔。 在公共会议上,彩色马克笔可以发挥出极富表现力的作用,会后,我们还可以很快捷地将这些图纸复印为黑白图片。在图表与数据图中,使用彩色尖头马克笔(例如记号笔)绘制蓝色 X 轴方向的线条,使用红色、紫色等宽头马克笔绘制数据关系线。这样的图表具有双重用途:彩色的图表便于现场公众交流,而会后,这些彩色图纸又可以很经济便捷地复印成黑白报告资料

条。轮廓图中线宽变化的原则取决于对象形状与地面的距离:水域的边缘、地形、路缘线等使用较细的线条(浅色),而建筑物(距离地面比较远)则使用较粗的线条(深色)。

彩色马克笔的使用技巧

对于需要进行黑白复印的图纸,彩色马克笔是一种很有用的工具。本书并没有安排关于色彩原理的讨论;有关这一主题,我们鼓励读者们参阅其他相关著作。彩色马克笔包括宽头和窄头两种,本书着重介绍了彩色马克笔在绘图和其他图像化表现中的应用,以及将马克笔绘制的作品复制成干净整洁的图纸。

线条的种类

彩色马克笔有尖锐边缘的宽头与窄头、细的和中等粗细的圆头,以及经过处理或用于书法缮写的笔头。适用于钢笔墨水图的线

条粗细原则也同样适用于彩色马克笔:细线表现比较不重要的对象,而粗线条或宽线条则用来刻画要重点突出的对象。将比较细的线条同比较粗的线条放置在一起,就会形成对比的效果。而对比的程度则取决于粗细线条二者之间的间隔距离。画面中对比的力量再怎样强调也不为过,因为它是我们进行图像化交流的一个基本构成。

不管是宽头的还是窄头的马克笔,用整个笔头的宽度在画纸上连续、流畅地描画,这是最有效的方法。如果整个画面的线条都是弯弯曲曲的,那么一条弯曲的线条就不会那么引人注意。只有当你过分追求完美的时候——完美笔直的线条——倘若偶尔出现了一条弯曲的线,才会令观察者注意到差别:那条线画弯了。所以,保持一致。放轻松。

在画面中类似于一片土地或一面建筑外墙这样的区域内,利用很多条马克笔的笔触进行填充,如果这些笔触在水平方向或垂直方向上能够做到一致的话,那么画面就会快速呈现出效果。你可以试想一下在自家草坪上修剪时的情景:你推着除草机一排一排地修剪,每次路线都会与上一次的路线有一点点的重叠,这样才不会遗留下一小条没有修剪到的草坪。使用马克笔也是同样的道理:用重叠的技术"修剪草坪"。如果你真的漏掉了一小块,露出了下面白纸的底色,那也没关系,就不要去管它了——不需要再补上一笔。相较于用马克笔在遗漏的地方又补上一笔所留下的痕迹,一点点的留白其实并不会太过显眼。

当我们使用马克笔进行着色的时候,无论是何种形状,都应该在绘制垂直的或水平的填充线之前(或之后),沿着形状的外轮廓线勾勒一圈,与填充线的笔触连接起来,这样才能形成一个统一的整体。

◎ 图像化的结构

半抽象的结构与写实的结构

半抽象的图像化结构

在本书中，半抽象的绘画和写实的绘画都是掺杂在一起使用的，在持续不断的学习过程中，这两种不同的表现形式可以互为补充，使信息从一种交流形态转换到另一种交流形态。所谓半抽象的绘画，指的是在绘画的过程中有选择地强调对象的某些特质，过滤掉层层细节，并将给定情境中基本的组织、结构以及运动模式以图像的方式表现出来。图画就其本质来说就是一种建构与设计，它是半抽象化的，被广泛运用于设计和规划中，是视觉思维的过程。半抽象的绘画所要展示的是我们要研究的场所或重点场所与它们所在的大环境之间的关系。

写实的图像化结构

写实的绘画通常定义为对实际的（或真实的）对象以及环境背景的表现，它是一种生动形象的描绘。将三维的现实景象转化为图像表现出来，这对于公众参与过程来说是非常重要的，通过这样的方式，不具备专业知识的一般民众由于可以清晰地识别出画面中的场景和设施，所以会产生安全可靠的感觉。由于在短时间内要绘制出完整的结构透视图是很困难的，所以学生与专业人士都会尽量避免制作这种图纸。本章中所介绍的方法可以帮助你在设计初期，通过调研的方式快速将现实场景以图像的形式表现出来，从而揭示出整体情境的客观复杂性。本节中所示范的技术就其本质来说，就是有意识地将半抽象绘画与写实绘画融合在一起，避免读者只会单独使用其中的一种方法。半抽象

绘画允许设计者从复杂的真实场景中选择并抽取出某些部分或某些关系，并以概念化的模式对其进行重点表现与处理。

透视图与轴测图的快速表现

关于结构透视图和轴测图绘画技巧的介绍，市面上有很多优秀的书籍。本书的侧重点在于描述场所和情境的特点以及二者之间的关系，而非介绍如何制作出精美详尽的透视图，因此，本节要讲述的是一些快速表现技法。

透视图

透视图一般多用于展示，很少有人将其作为学习和探索过程中的视觉思维工具，这是因为绘制透视图需要耗费很多时间。平面投影视图，例如平面图，立面图和剖面图，制图速度快，同时也很易于理解。这些机械式的视图会使对象的各个平面构件都呈现出彼此孤立的状态；而这既是正投影图的优点，同时也是它的缺点。我们是通过透视图的视角观察世界的，而不是平面投影图。在形象化的透视图中，蕴含着平面图、立面图、剖面图、结构和各部件组织的融合。在我们所介绍的方法中，通过一些简单的经验法则和/或借助于照片和幻灯片，就可以快速勾勒出一幅透视图的框架。

你只需要区区几个灭点（Vanishing point）就可以创建出一个准确的透视框架图，其中的细节粗略表示即可。绘制这种框架图的目的（灭点在画面之内），是为了缩短依传统方式从平面图一步步绘制透视图的冗长过程。下面我们介绍通过平面投影图设置灭点的传统方法。我们通常会用到的视角有三种；30°/60°，45°/45°（两点透视）以及0°/0°（一点透视）。从立方体的一个平面开始，绕

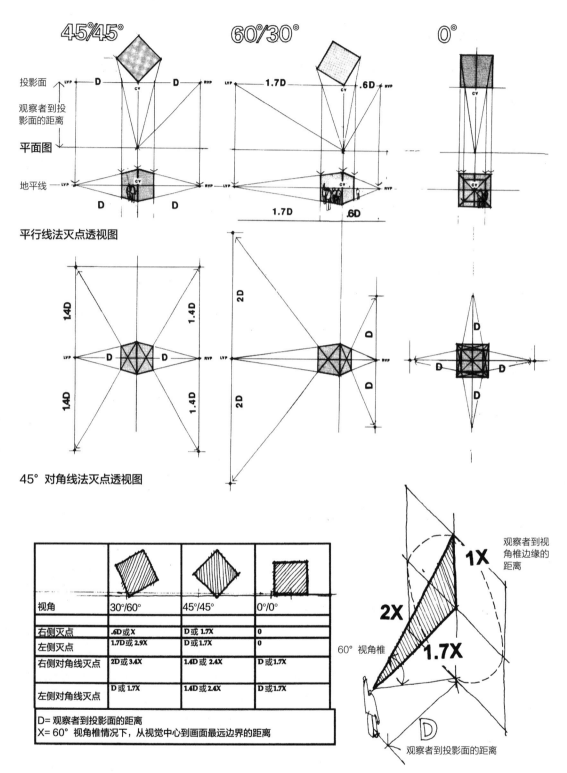

图1-13 灭点位于视图内部。根据传统的平面投影创建透视图，其过程繁复冗长，需要耗费很多时间。在整个设计过程中，平面投影并不能展现出适用于研究的三维直观效果。当我们知道了观察者所站的位置与观察对象之间的距离，以及观察者视角椎的界限，就可以确定几个关键灭点的位置，进而在视图内构建出三维的结构

圈以每一个视角来观察，就会沿着水平线形成一幅透视图。通过第一组透视图可以定位出一到两个关键性的灭点，标记字母 D，代表一个人站立的位置到投影面的距离。接下来仍然保持相同的透视角度，沿着立方体的表面将各个角点连接起来，并以 45° 角的方向将这些线投影到对角线灭点上。同样，所有的灭点都标记字母 D，代表观察者同投影面之间的距离。很多时候，当我们开始绘制一幅透视图时，D 的位置是不易确定的。灭点相对于投影面的关系，简而言之就是在平面投影中找到关键灭点的位置。我们用字母 D 表示灭点，即指一个人站立的位置到他的观察对象之间的距离，也可以用字母 X 表示，即沿着投影面上 X 轴或 Y 轴的尺寸。二者之间的关系 D=1.7X 源自三角形边长的计算，即设定一个人以 60° 的视锥体依垂直于投影面的方向观察。X 代表沿着投影面上的 X 轴，从视觉中心开始到想要包含在画面中的最远边界之间的距离。知道了 D 或 X，就可以得到几个关键灭点的位置，进而创建出透视图，如此，我们就不再需要使用平面投影了。

一点空中透视结构

一点透视（0°/0°），透视结构包含画面中沿着视平线并位于视中心的一个灭点，以及由这个灭点引出的东、西、南、北四个方向的对角线灭点，它们与第一个灭点之间的距离为 D 或 1.7X。我们只需要确定第一个灭点和其他灭点中任意一个的位置，就可以创建出一幅简单的一点透视结构，它可以将很多不同的场景形象地展现出来。举例来说，有两幅图，一个是室内场景，一个是室外场景，比例尺度也都不一样，但无论是室内透视还是空中透视，都可以运用一点透视的方法来表现。首先，投影面上设定一个单一的灭点，以及一个大概的视角椎（即将来画面的大小）。第一个灭点沿着视平线设置，并位于视中心。在室内透视图中，画面高四

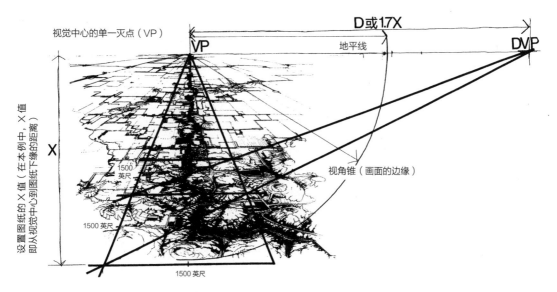

图1-14 **一点透视结构（0°/0°）。**这种透视结构可以凭借两个灭点创建出来，其中一个灭点在视觉中心的位置，而另一个灭点则在第一个灭点的东、西、南、北方向对角线上，与第一个灭点之间的距离为 D 或 1.7X。在上面所示的空中透视图中，第一个灭点位于视觉中心，第二个对角线灭点位于第一个灭点的东侧

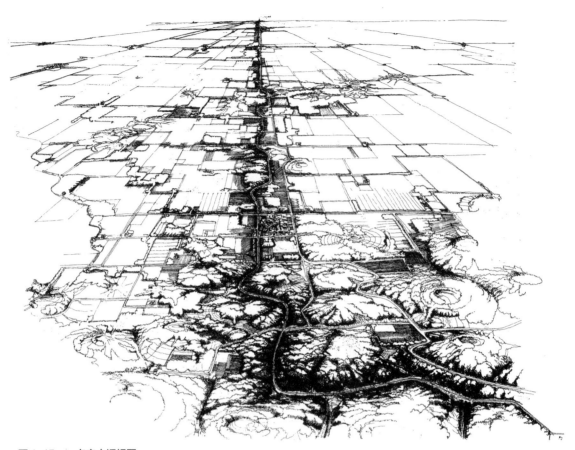

图 1-15　一点空中透视图

个楼层，宽两个柱距（每个柱距 20 英尺），总宽度也就是 40 英尺。视中心的高度与观察者的眼睛高度齐平（约为 6 英尺），位于左侧柱跨的中间。在空中透视图中，画面约为 1500 英尺 × 2000 英尺的长方形只有一个灭点，沿顶部水平线设置，并位于整个构图的中心。

一点鸟瞰透视图

在对华盛顿州斯波坎市中心区一个转运站项目进行可行性研究的过程中，需要提出很多设计概念，以供公众参与以及相关工作人员讨论与选择。研究图纸的绘制方式，要求能够适合在公众会议和研讨会上展示和讨论。由于时间与预算上的限制，迫使我们

必须要找到一种快捷而有效的方法，取得适合于研究讨论的三维示意图。这些图纸都是用黑色派通签字笔在黄色描图纸上绘制的，图纸装裱于泡沫塑料衬板上，并制成了幻灯片。

华盛顿州斯波坎市中心区的建筑多为高层办公楼和百货公司等大型建筑，它们营造出了一种围合的效果，也是从行人视角所看到景观的重要部分，这就是我们要研究的对象。在整个市中心区，场所感被一次又一次地重新定义，我们需要将场所整体的围合效果放到大环境中交流，而这并不是靠一张基地平面图——建筑轮廓被涂上阴影的地平面的图，包含所有现有的和 / 或提案的项目特征——就能全面展示出来的。

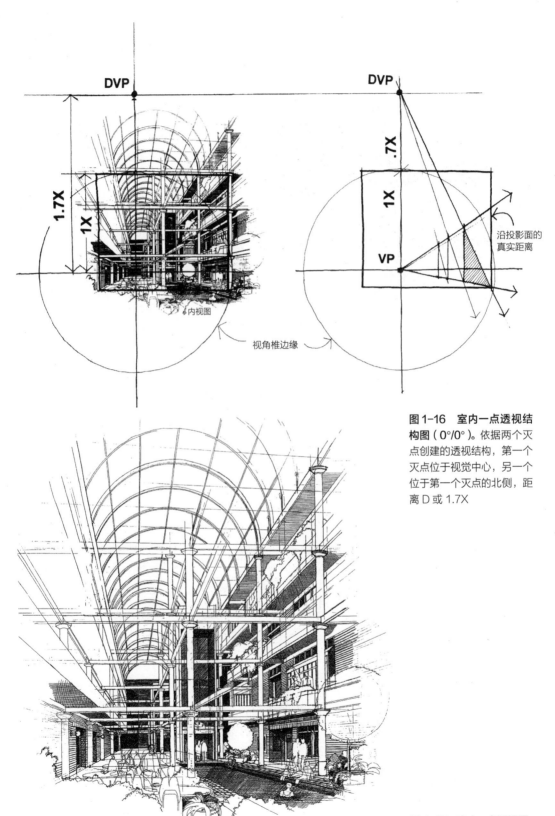

图1-16 室内一点透视结构图（0°/0°）。 依据两个灭点创建的透视结构，第一个灭点位于视觉中心，另一个位于第一个灭点的北侧，距离D或1.7X

图1-17 室内一点透视图

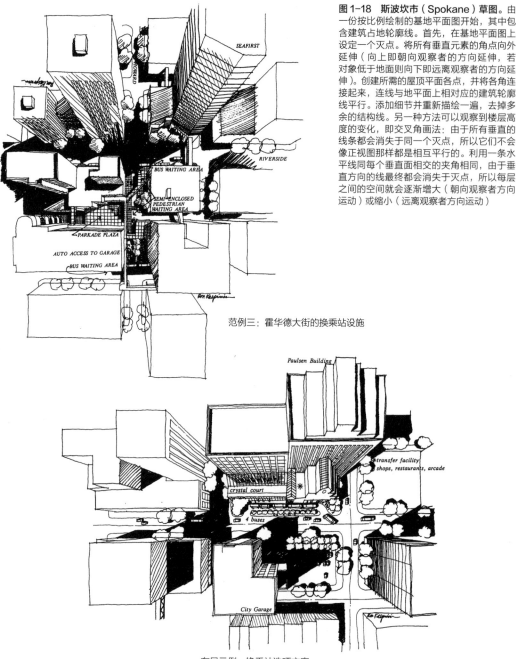

图1-18　斯波坎市（Spokane）草图。由一份按比例绘制的基地平面图开始，其中包含建筑占地轮廓线。首先，在基地平面图上设定一个灭点。将所有垂直元素的角点向外延伸（向上即朝向观察者的方向延伸，若对象低于地面则向下即远离观察者的方向延伸）。创建所需的屋顶平面各点，并将各角连接起来，连线与地平面上相对应的建筑轮廓线平行。添加细节并重新描绘一遍，去掉多余的结构线。另一种方法可以观察到楼层高度的变化，即交叉角画法：由于所有垂直的线条都会消失于同一个灭点，所以它们不会像正视图那样都是相互平行的。利用一条水平线同每个垂直面相交的夹角相同，由于垂直方向的线最终会消失于灭点，所以每层之间的空间就会逐渐增大（朝向观察者方向运动）或缩小（远离观察者方向运动）

范例三：霍华德大街的换乘站设施

布局示例：换乘站选项方案

　　我们绘制了一点鸟瞰的研究图纸，其目的在于将墙体作为参照与定位信息，将步行者所看到的垂直面清晰地表现出来。这些图纸是根据更大规模市中心区附有阴影的平面图绘制的，因为这些原始资料可以显示出更大范围的尺度参考、定位以及场所之间的连接。仅包含建筑轮廓线的二维街道平面图有可能会遗漏某些重要的信息，从而影响到参加研讨会的业主、商人和相关工作人员的判断。

第一张和第二张斯波坎市景观草图都是以一种快速而随意的方式绘制的，在制图的过程中没有使用平行尺或丁字尺，建筑物的高度也是大略估计出来的。作为研究工具，这样的图纸是可以满足要求的，而且根据各个建筑物之间的相对高度，对建筑物高度的估算比例也是正确的。如果在研究过程中，建筑物变成了讨论的重点，要对它们的体量和外形进行调整，那么还可以采用另一种方法来确定建筑物的高度，例如依靠对角线建立地面标线。

要确定一个适宜的基地平面图的比例，这个比例要足够大，图纸才能充分体现出视觉效果。基地平面图中既要包含建筑轮廓线，也要包含其他街道元素（路肩、电线杆等）。在地平面的图上确定理想的焦点，它最好是观察者视线的中心，并且能够展示出水平和垂直方向上的最大信息量。这个决策是需要经过判断的。将描图纸铺在基地平面图上，并在描图纸上定位焦点，这样才有助于确定出最适宜的位置。

利用直尺在建筑物首层平面图上所有转角和焦点之间连线，再朝着远离地面的方向（向上）将这些直线延长出去。对周围所有需要在画面中表现出来的建筑都重复上述操作。还要包含足够数量的背景建筑，这样才能创建出一个具有一定规模和尺度感的建筑群，从而将场所界定出来。假设每个楼层平均高度为10英尺，首层高度为15英尺，那么通过照片和立面图可知建筑物的层数，从而推断出建筑物的高度。

利用你自己的判断，选出一栋关键的建筑物并设定高度限制，看起来比例正确即可。在图中选择一个标高作为最高建筑高度的上限，之后通过这个界限，我们就可以按照比例估计出其他较低建筑的高度。记住，

我们在讨论的是一张透视图，在你与灭点之间，所有的线都是扭曲变形的，它们最终都会汇聚于灭点。随着逐渐接近于灭点，现实中相同的空间在画面中却会表现得越来越小。假定一栋建筑物有20个楼层，首先画出一条合理高度的线作为第二个楼层的高度，随后每个楼层的线条都略高于之前一层的平面。我们需要注意的是在地平面图中与建筑高度相关的信息。建筑物的高度可以大略估计，但相对比例一定要合理。

根据照片，可以补充一些必要的建筑立面和地平面上的细节。若是需要一些颜色，可以使用褐色打印、黑色打印或粘贴复印图。

相关技巧

带有阴影的造型就是表现出明暗效果的造型。它们可以是不透光的（黑色），也可以是透光的。在斯波坎街景草图中，作者运用了几乎完全不透光的黑色阴影来创造强烈的对比效果，进而引起观察者对建筑物形体的注意。在整体黑色的阴影中，树木与路缘线的部分是少数透光的元素（路缘线留白而不是涂黑，会产生一种类似于底片的效果），这样它们就从黑色的背景中凸显了出来。

在建筑物垂直面上运用阴影线和交叉阴影线，可以赋予每个垂直的形体不同的明暗度，越朝向光源的面越亮，越背向光源的面越暗。阴影线排列得非常紧凑，以至于让人感受不到一根根的线条，它们更像是一层带有明暗色调的幕布。地面上的阴影线是平行的，就像地平面的图上建筑物轮廓边缘也是平行的一样。

仍然在薄质的描图纸上，添加一些相对次要立面的细节、地平面上的元素，以及你

认为有必要表现的质感，使图纸的细节程度达到可供信息交流的水平。之后，再用一张干净的描图纸重新描画一遍，这一次，只要画出那些进行图面交流所必需的线条即可，去掉多余的结构线、辅助线和"画错了的"线条，直到形成一幅干净整洁的画面。之后，再补充一些展现特色的元素。

为建筑物增加阴影，尤其是地平面上的阴影。在整幅画面中，阴影应该是最暗的色调，只有表现出足够的对比度，才能与建筑物和其他元素区分开。运用以下方法可以使阴影具有一定的透明度：

- 在预先画好的地平面元素和质感上绘制交叉阴影线；透过阴影线还可以看到些许地平面上的信息；
- 如果想要黑色或是接近于黑色的阴影，那么可以在阴影内部将路缘线留白，并

且不要将树木和其他元素完全涂黑，使它们可以在阴影区中显露出来。我们可以在这些元素内使用灰色度的阴影线，这样它们虽然附属于阴影区，但还是会从地平面上浮现出来。

将最终的画面描摹在聚酯薄膜或优质的描图纸上，当描摹下面的图纸时，可以徒手绘制，也可以利用直尺。我们推荐使用手绘风格，这种技巧既可以节约时间，又便于在绘制的过程中增添一些线条的特色。如果不使用丁字尺或平行尺而单独使用直尺，又想要画出完美的直线，那么一旦出现误差，反而会更加明显。

利用对角线或是选择其他的角度，都可以有效地在视觉中心和观察者之间等距离划分出若干间隔。在视高与眼睛高度齐平的一点透视图中，建筑物从地面层向上拔起，

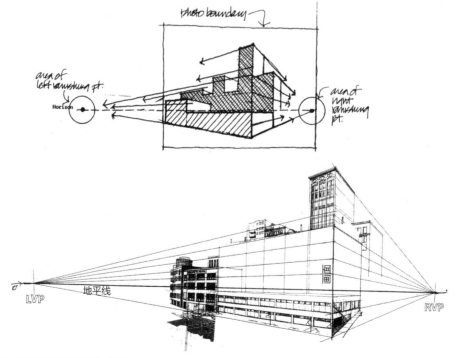

图1-19　经由照片绘制的透视结构图。 在任何一幅摄影作品中都可以找到画面的灭点。在幻灯片所示的既有建筑环境中，我们可以找到地平线上的两个灭点。下面的视图是在通过左右两个灭点创建的三维框架内发展出来的建筑方案，还有一张建筑转角处的透视图，透过这些画面，我们就可以了解到与方案相关的所有尺寸

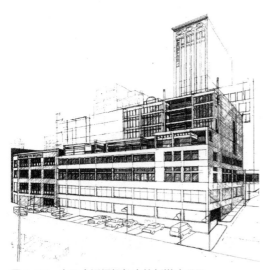

图1-20 在两点透视框架内的新增建项目

图1-21 室内透视图。这张室内透视图是根据一幅室外环境照片，沿着一个单独的灭点绘制出来的

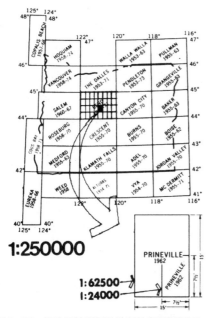

图1-22 借助于地图照片绘制的鸟瞰透视图

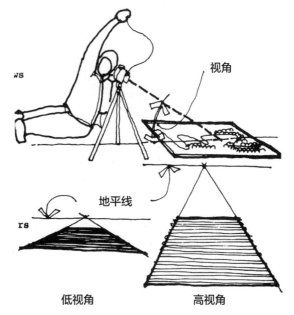

同一栋建筑的各个楼层高度原本是相同的，但是在透视图中它们却会发生扭曲变形，要确认建筑物的楼层，就类似于在大小相同的地砖之间选择间隔：记住，在观察者所在位置和灭点之间，由于所有的线条都会朝向灭点消失，随着越来越靠近灭点，线条上原本相同的距离也会变得越来越靠近，所以在平面图上相同的距离，在透视图中就会表现得逐渐缩短。

操作步骤如下：从地平面的图开始，使用上文中介绍的方法，利用焦点，从建筑物的每一个转角处向上引出垂直线。从重点要表现的建筑物一角开始，利用一只可调节角度的三角尺（推荐）或45°、30°或60°的

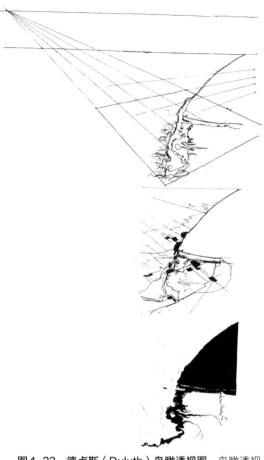

图1-23 德卢斯（Duluth）鸟瞰透视图。鸟瞰透视结构的创作来源于翻拍美国地质勘探局（USGS）地图的幻灯片。要想完成与扩展鸟瞰透视图，可以将网格线延伸至地平线相交而得到两个灭点。画面中的地势状况、住宅区和水面都是用不同深浅的线条表现的。最后一幅画面着重表现的是住宅区的聚落形式，在水陆交界的区域使用了最深的色调

三角尺，并将三角尺的水平底边对准建筑平面图的水平线（即建筑前侧的线，也就是靠近你的线）。从基准线的一个角开始，沿着指定的角度（即30°）画一条线，延长这条线，使之与从同一个垂直面另一个转角处引出的垂直线相交。得到的这个高度就代表下一个楼层的高度。返回到新楼层平面的转角处，并沿着这个垂直面向上重复上述操作，直至得到正确的层数。如果我们希望每个楼层线可以更靠近一些，就可以将设定角度从

30°减少至5°，反之，如果将设定角度从30°增加至45°，得到的楼层线间距也会变大。具体的操作要根据经验，靠眼睛判断出适宜的关系。

按照前例，再重复其他步骤。

幻灯片和透视的快捷组合

一个真实场景的幻灯片、一个常视高的城市街景，亦或是一幅从空中拍摄的河谷照片，都可以为我们提供灭点和透视效果的画面，成为建构替代方案和构思的基础。通常，以正常人眼的高度以及低角度的倾斜鸟瞰，都是可以看到地平线的，所以你并不需要人为地设定一条地平线。一旦地平线得以确定并勾画出来，我们就可以将主要的网格线、建筑物的边缘线或平行的街道延伸至地平线，它们形成的交点就是画面的灭点。另外还有一个关键的要素，就是要创建一些网格系统（农田、城市网格系统、路网等），形成一套符合透视关系的网格，这样就可以估计出大致的比例，进而根据画面信息进行分析，并发展出新的概念和想法。这种符合透视关系的网格一经绘出，后续的方案调整、变更和研究工作都会变得比较容易进行。

借鉴现有的建筑情境绘制透视图：德卢斯

在这个案例中，我们通过一幅历史建筑情境的绘画来研究新的增建项目。首先，通过待考察区域的幻灯片，我们将历史建筑区块描摹下来。在既有的视图中，通过多条相互平行的建筑线找到了地平线上左右各一个灭点。形象化的图纸提供了大范围的建筑环境以及透视结构，我们可以在这些信息的基础上对新增建项目的设计方案进行研究。这种形象的、直观的历史建筑情境为新

图1-24　鸟瞰透视图，明尼苏达州德卢斯

建筑的体量、比例和规模决策提供了重要的参考。我们要提前将新建筑周遭的环境形象化地表现出来，而不是等新建筑方案完成之后，再在其周围添加上环境。通过透视结构，现有的地面标线、窗户的比例以及屋顶轮廓等信息都可以纳入基地相关信息，用于参考。

与外部情境相连的室内空间

在建筑设计提案中，对室内空间的研讨也可以应用同样的方法。首先，建筑外部环境的视图——这在提案中是最重要的信息——是从临近建筑上拍摄的全景照片中提取出来的。由以计划增建的基地是现有城市网格中的一个区块，所以我们可以在全景图中找到一个共同的灭点，并依此创建一个简单的一点透视图，用以探讨室内空间的设计。透视图最终表现的重点其实是室外的天空，而非室内空间本身。

拍摄地图制作空中透视图

空中透视是一种很独特的方式，它可以让观察者有机会感知到整体的情境，并揭示出各个局部之间的联系，否则人们很少有机会能在短时间内形象直观地体验到很大规模的情境状况。利用图像化的方式将这些信息记录下来的过程为设计者提供了一个机会，使他们能够获得对一个地方特有的理解，而这是单纯靠翻阅地图和计算机打印图所无法实现的。空中透视可以将一个对象置于近景当中作为参考，同时，又将近景与无限远处的地平线联系在一起。地形状况是以一种连续的模式呈现出来的，在这样的背景下，住宅区不再是一个孤立的实体，而是成为一个互有关联的系统中的一部分。

我们可以利用照片或翻拍于地图的幻灯片绘制出空中透视图的结构。美国地质勘探局拥有涵盖整个美国的标准地图。文化特征（道路、铁路、城市、乡镇）、土地特征（山丘、山脉、山谷、植被）以及水文特征（河流、湖泊、盐质水体），这些信息在地图上都有不同的颜色，便于参考。即使是最新的信息也有颜色标注。

根据地图的比例以及地形起伏程度的不同，等高线地图也相应有所区别。在美国的一些地区，包含阿拉斯加州，都有浮雕式的等高线地图。最常见的比例包括1：250000、1：62500和1：24000几种。

拍摄地图

一台35毫米的相机配备标准镜头，用来拍摄地图就足够了。但是，想要制作出高品质的幻灯片，就必须要有一幅优质、清晰的图像。当待研究区域包含在一张地图当中时，我们建议要将拍摄的区域扩大，至少在每个方向分别向外扩展到另外一张地图，如此才能获得更大的视野。照片视角方向的地图越多越好。拍摄的内容要包含可以用来参考和定位的关键元素，例如山脉、河流和其他居住区，即使它们并非设计的对象，也还

是要拍摄下来。切记，情境与关联。在拍摄的时候，可以用胶带或平头钉将地图固定在一起，铺在水平表面或垂直墙壁上。最简单又有效的方式就是在户外利用自然光拍摄，但要避免太过强烈的光线，因为这样会因为地图上的小皱褶而形成阴影。尽可能使用最大的景深（f光圈），以获得最佳的清晰度。如果你使用的是低速胶片，那么要同时使用三脚架。

以这种方式制作空中透视图的时候，地平线是非常重要的。它可以为所有视图设定一个地表的参考点，这样就可以避免画面出现断裂或分离的问题。只要将任意两条平行线（使用三条平行线精度会更高）延长，就可以找到地平线。视角越高，地平线越窄；视角越低，地平线就越明显。在拍摄幻灯片的时候，并不需要试图找到最完美的拍摄角度：我们推荐采用螺旋下降的方式逐渐靠近地图，边下降边拍摄大量的照片。首先从一个高角度开始拍摄，之后采用螺旋下降的方式逐渐靠近地图，并不断变化拍摄角度，以获得各种位置上视图的变化。拍摄好的幻灯片可以用不同的比例放映，便于选择与临摹。它们也可以成为公共会议上很好的参考资料。

案例：两点空中成角透视

在这幅空中透视图中，水域的边界、大概的地形和城市网络布局等基本构成，都是从美国地质勘探局（USGS）地图的幻灯片中描摹取得的。在描摹出来的正方形透视图中，将两条平行的边线延长与水平线相交就能得到两个灭点，这里所谓的平行边线，指的是表现画面深度的线。这条水平线是人为设定在某个选定点上的，依靠它控制图面的大小，并使地平面表现出一定的曲度感。在

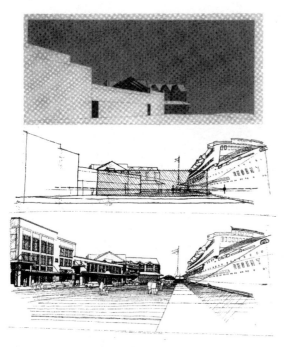

图1-25 通过计算机图像创建的透视图,并结合草图、计算机打印输出和摄影等方式。一个单一灭点和一幅图片,再结合计算机打印输出的建筑设计图,以及一张根据邮轮的照片绘制的草图。拟建项目的立面是在合成图上徒手绘制的

本例中,观察者与摄影地图之间存在着一定的夹角。这样我们就会在画面中获得两组平行线,一组逐渐消失于左侧,一组逐渐消失于右侧。而这两个灭点都处于水平线上。如果以平行于地图网格的角度观察,那么只会在水平线上看到一个灭点。

以下系统绘制的重要性等级:

- 陆地和水域的边界——苏必利尔湖(Lake Superior)及其支流;
- 主要的山麓地形;首先,在地平面图上绘制出平坦的地平线,随后沿着山峦线的底部运用渲染技术表现出深度;在地势的高度上与实际状况存在些微差异,并不会影响到整体画面的内容;
- 聚落的模式、城市网格和铁路线等。

在这幅形象化的图纸中,作者在水域和陆地的边界使用了最深的色调。由这个线性边界所围合出来的界面决定了该片居住区的特色;相较于苏必利尔湖的水面,前者才是画面要表现的焦点。

透视原理、计算机作品及摄影

构成物质世界的自然元素和建筑元素都存在于有限的组合当中,从表面上看,似乎不太可能获得三维的形象效果。利用计算机技术可以快速打印出透视结构,操作者甚至不需要了解透视相关理论就可以完成透视作品。若能凭借透视理论的一些知识,再结合手绘、摄影和计算机技术,就能够创造出无限种可能。然而,不依靠计算机,将其他多种媒介结合起来,也可以实现对图面迅速调整、探索各种变化产生的不同效果。阿拉斯加州的凯奇坎(Ketchikan)草图是一幅滨水区设计方案的透视图,其中拟建项目的体量是由计算机打印输出的,街区立面采用手绘,而经常巡弋于该区域的邮轮则取自照片。作者通过一个一点透视的框架将上述三个部分整合在一起,在这个框架内,可以将这三种元素与画面进行比较,按比例缩放尺寸。

与周遭环境相连的剖面透视图

通常,剖面透视仅用于直观地表现穿越建筑的画面。此外,它们也可以用于城市设计中,展现场地和区域规模的尺寸。本质上,剖面透视就是使用了两个相同灭点的一点透视;第一个灭点位于视觉中心,另一个位于前一个的东、西、南、北侧,距离 D 或 1.7X。在这个罐头工厂改建的案例中,透过剖面透视的概念,使建筑的结构、材料和空间组织等相关决策信息统统整合在了一起。单独的建筑空间、临近建筑物的立面,以及与之相

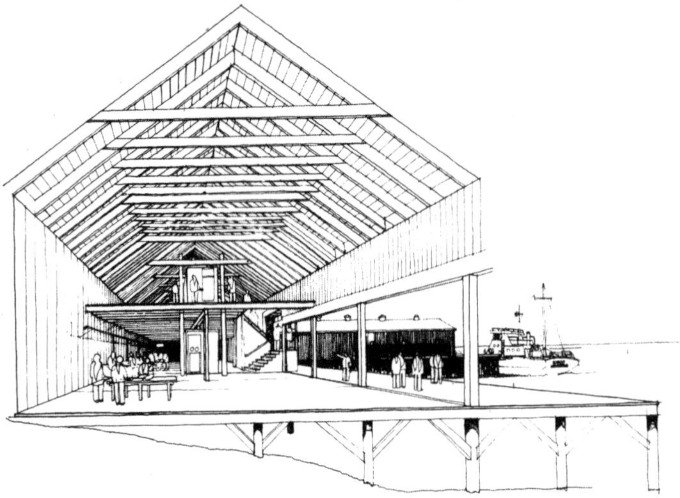

图1-26　克劳沃克（Klowok）剖面透视图。在剖面透视图中，既包括建筑外立面和周遭的环境，又包括罐头厂码头内工作车间的场景。对剖断线的部分用较深的色调表现，可以突出传统建筑剖面图的感觉。此外，线条的宽度还有助于强调出剖切面处三维室内空间的景象

连的滨水码头活动的场景，都被形象化地表现了出来。

由平面图绘制轴测图

　　轴测图是一种平行线立体结构，其中所有对象的投影都以直角方向与投影面相交，而且各个投影线之间相互平行。在一张轴测图中，同一个正投影平面会产生很多个垂直面；基本上，从你（即观察者）站立的位置上至少可以看到对象的三个面，而在绝大多数的平面图、立面图或剖面图中，你能看到的面只有一个。轴测图可分为四种类型：正等测（isometris）、二等测（dimetrics）、斜轴测（trimetrics）和变轴轴测（transmetrics）。这里列举了三幅图例作为快速学习的指导。

　　快速易行的方法。想要快速学习绘制轴测图，这里有一种快速易行的斜轴测法。这种方法在高度表现上并不会完全准确，但是当我们进行概念研究的时候，利用这种方法可以直接从平面图绘制出轴测草图。步骤如下：

　　步骤一：选择一张合适的底图，其比例尺通常在1英寸＝20英尺到1英寸＝100英尺之间。

　　步骤二：将底图（或是你的平面图）以与水平线（或X轴）呈30°/60°角的方向铺放在桌面上；选择从哪一个方向能够尽可能多地将从地图上竖起的垂直面暴露出来（即，我们可以将平面图中的对象向前或向后旋转30°或60°，以获得最佳的视角）；将底图或方案平面图用胶带固定在桌面上。

　　步骤三：将薄质描图纸覆盖在底图上并用胶带固定，开始进行第一次绘制。

　　步骤四：切记，在一幅轴测图中，所有从平面图上引出的垂直投影线都要与水平的X轴（即投影面）相垂直——无论平面图上外轮廓线的方向如何，都不例外；同样，平面图中所有相互平行的水平线在轴测图中也仍然是相互平行的；而且，由平面图提升起来的水平线，例如屋顶的轮廓线和屋脊线，也都要与平面图上相应的线条平行。只要你找到了斜屋顶的最高点与最低点，那么斜屋顶的绘制也是非常容易的。

　　步骤五：在你的第一张描图纸上，从建筑物的每一个转角向上引出垂直的高度线，这些高度线都垂直于X轴或水平线（一次画出所有转角处的高度线，可以避免以后的图面出现混乱，最终的完成图面上不要有太

多的线条）。

步骤六：对大多数多单元住宅建筑的外形来说，只需要测量一次高度就够了；依照你的比例尺测量高度，并在由建筑平面图转角处引出的高度线上做一个标记，然后从标记点开始延长下一条平行线，使之与下一条垂直高度线相交，以此类推，直到又回到第一个标记点完成一周圈；现在，所有的屋顶线与平面图上相应的线都是平行的。对建筑高度的估算，我们可以参考图纸、照片和进行实地考察（假定住宅建筑每个楼层高度为9英尺，商业建筑每层高10英尺，首层零售空间层高为12—14英尺）。

步骤七：地平面或没有抬高的地面特征，就保留它们在平面图中的原貌；路缘线、人行步道、栅格等都保持平面图中的原貌。

步骤八：在薄质的描图纸上，以垂直线的形式添加树木（相当于从树木底部到树冠的垂直高度）、汽车（在一个大盒子上面顶一个小盒子）、阴影及一些其他的特征。

步骤九：在优质描图纸或聚酯薄膜上，描摹出最终的画面（推荐手绘），去除原描图纸上多余的结构性线条：

- 用细钢笔勾画所有的轮廓线；
- 用细钢笔或中等粗细的钢笔绘制阴影线和交叉阴影线；
- 在绘制过程中，先画比较浅色的部分，后画比较深色的部分，最后再添加更深的色调。

设计师为不同的线条、图案配置不同的轻重度，其实就是在向观察者传递某些关于层次的信息——要深思熟虑。如果你在轴测图的垂直线上测量建筑物的实际高度，那么这些垂线可能略有一些扭曲。但是，对于快速研讨来说，这个扭曲的程度是非常细微的。在平屋顶的建筑外轮廓中，你可以从建

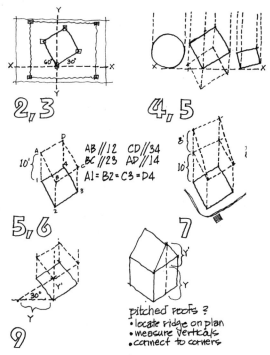

图1-27 轴测图。正等测（Isometric）：绘制一个正方体，将每一条水平轴或水平线进行旋转，使之与0°/180°的水平基准线呈相同的夹角，通常，直接投影的角度为30°/30°。二等测（Dimetric）：0°/180°的投影面和经过旋转的水平线之间的等角轴测图，通常旋转角度为45°/45°或15°/15°。采用15°/15°时，显露出来的屋顶平面比较少。斜轴测（Trimetric）：在0°/180°的投影面和经过旋转的水平线之间有两个不同的角度，通常为30°/60°（可互换为60°/30°）。通过测量平面上的点到0°/180°投影面之间的准确高度，可知对象的高度会按比例逐渐减少；反向延伸一条30°角的线会从该点延伸的垂线相交

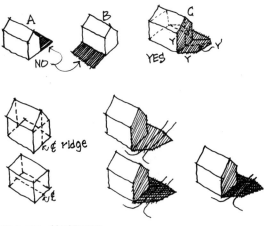

图1-28 轴测图阴影

筑物的转角处测量距离 X 轴的高度，并从测量点开始引 30° 角的延长线来截取垂直面转角处的高度。

阴影。有关阴影的一项基本原则，就是可以在任何有利于凸显建筑造型的方向上使用它们（除非你的研究对象是临近建筑的阴影）。在设置阴影的时候，要注意避免让阴影的投射角度与主要形状的长、宽方向一致，或是只在一个立面上打阴影。

步骤一：选择一个阴影的投射角度，它不要与对象外轮廓的主要方向呈 30°/60° 夹角，也不能太过醒目（比如让视图中所有的立面都处于阴影当中）；为方便操作，当建筑形体布置方向为 30°/60° 角的时候，我们一般将其阴影方向设置为 0°/180° 或 90°；沿着设定的方向将建筑物在地平面上的每一个转角都画出阴影线，并且在阴影线上量出建筑转角处的垂直高度；将这个代表建筑高度的距离做一个标记；每一个建筑转角都要重复上述操作，包含建筑后部看不到的转角；从每一个标记开始划线，要求与相应的地平面线相互平行，遇到斜屋顶也是如此操作（斜屋顶属于下一步骤的内容）。

步骤二：在处理斜屋顶的时候，先将（斜屋顶下方）建筑物正方体或长方体部分的每一处阴影都画出来，这样，后续的操作就容易多了；然后，找到斜屋顶的最高点（观察立面图、照片等上面的屋脊线）并将其投影位置标记在平面图上；从这个标记点开始引一条垂线，测量这个最高点到地面的距离，并标记下来；从平面图上的标记点开始重复上述操作，并测量、标记；将斜屋顶的最高点与下方建筑物正方体或长方体造型的上角连接起来，这样，斜屋顶及其阴影就绘制完成了。

在绘图的过程中遇到问题时，可以将建筑物复杂的形体分解为基本的几何造型，先绘制它们的投影，之后再添加其他比较复杂的构件。

阴影的明暗度。在设置阴影的明暗度时要切记：在形体和阴影之间要表现出足够的反差。投射在地面的阴影要比处于阴影中的垂直面更暗一些。绘制阴影线要做到一致、紧密，一次性绘制出所有阴暗区域的阴影（地平面，以及处于阴影中的垂直面），这样会产生比较好的效果。如果整体涂布所有区域的阴影线，会使它们看起来像是一个整体的形状，那么可以针对这个整体中的某些部分添加第二层阴影线。如果在绘制阴影线的时候，每个形状内的阴影线方向都不一样，那么观察者就会感到混乱。记住，阴影也是一种语言，我们要正确地利用这种语言的文字与特性。

相同透视图的前后对比或二者择一

在公众参与的过程中，将同一视角的透视图以前后对比或二者择一的方式展现出来，对于非专业人士来说是很有帮助的，他们可以通过这样的对照分析辨识出参照与方向，从而对变化产生整体的认识。将照片或幻灯片打印出来，这对于缺乏经验的新手设计师或规划师来说是一种很有效的工具，他们可以利用这些现成的素材建构透视图，并添加新的变化。这项技术包含对现有景观视图的幻灯片进行描摹（也可以根据打印照片或现场素描重建视图），并确定图纸的尺寸以及三维情境的组成和规模，三维情境可以帮助观察者建立参照和方向感。先使用薄质的描图纸，以背景信息和平面图作为参考，设计师可以在现有的三维情境视图中探索各种各样的变化，直到确定一个首选方案。运用这种方法可以在短时间内尝试多种选择，非常高效。一旦选定了设计概念，就可以用最后的描图纸或聚酯薄膜覆盖在草图上绘制出正式图纸向公众展示，最终的作品可以是绘图，也可以是幻灯片形式。在威尔逊维尔（Wilsonville）银行区（图1-29），这是一个虚拟的城市区块，工作人员为了研究街区和周围的街道，建立了一套透视网格。这个例子就是公众意识形象化和以图画的形式讲述故事方法的一部分（AIA，1992），演示了在一个小城镇特定的街区内不同模式的发展动态。设想在这个区块要开发一个银行项目，与很多小型居住区一样，银行位于零售面相对的一侧，即处于街区的中央，周围环绕着停车场。在第二种设想中，则把银行和零售建筑全部沿街布置，就像历史上常见的做法一样，而街区的

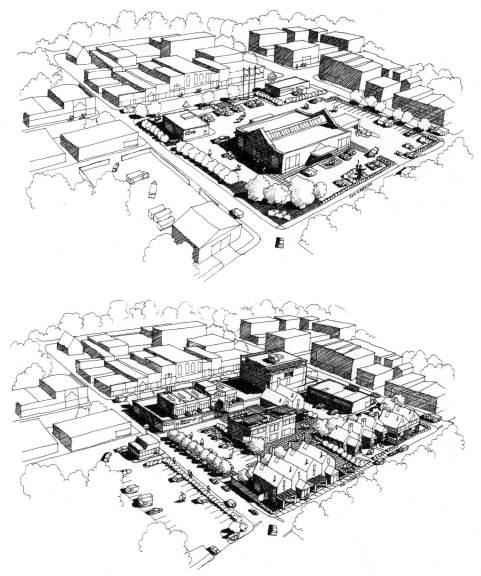

图1-29　威尔逊维尔银行区。同一地点的不同视图类似于前后对照的视图，阴影线使用针管笔和印度墨水绘制。背景建筑只以带阴影的块来表示，几乎没有任何细节

内部安排的是广场和住宅。

使用这一类方法进行设计有两个很重要的方面：1）设计师通过对项目和周遭环境进行评估，确定项目的形式，在一个整体的环境框架中探索各项资料的空间意义，这就类似于使用全息图工作一样。在全息图中，可以观察到局部与整体之间，以及各个局部之间的相互关系；2）最终完成的图纸就变成了一种协助公众参与交流的语言。

无论是创建新的建筑，还是评估建筑拆除所造成的影响，三维情境信息都是一种有

效的形象化资源。在通加斯（Tongass）高速公路项目中（图1-31），为研究贯穿阿拉斯加州著名历史街区凯奇坎的国道拓宽会产生怎样的影响，设计人员就几个关键的节点进行了图像化分析。这三张草图描绘了公路进入城市入口的方案，其中公路的一条车

图1-30 威尔逊维尔城镇绿地。形象化地表现了基地现有的状况，画面中还保留了当地的人工构建品和遗迹残貌，以文化处理的视角表现出了该地区开发为城镇绿地之前的面貌。在"之后的"视图中添加了比例信息、树木的尺度（略去了细节）以及人行道的活动，通过这样对比的方法表现该区域物理条件和街区使用状况的改变

图1-31 凯奇坎的通加斯公路研讨。这些草图最初是用淡色铅笔在厚纸上绘制的。视图中某些部分用墨水着色，用剪刀剪下来再经过复印，准确地表现出了在公路进入城市"狭窄的"入口处，将原有历史建筑拆除前后的景观对比

路要从两栋历史建筑中间穿过，另一条车道要穿过一块突出地表的巨大岩石开凿的隧道。利用现有状况的图像，从第一张图中将突出地表的巨大岩石描摹下来，仿制了第三张视图，即拆除了原有的建筑，并利用拆除后的空地拓宽了公路。

全景视图的研究

当观察对象的垂直尺度非常巨大时，全景视图是一种很有效的参考和沟通工具。这里所谓的垂直尺度可以指建筑造型，也可以指地形，或是二者的结合。在案例分析中我们列举了大量实例，验证了它们作为参考框架的价值。全景视图为观察者提供了一个可以站到场景的后方去看一看的机会。

图1-32 凯奇坎市入口景观。这两张草图都将焦点放在"框架内的视野"上，这就是尺寸受限的狭窄场地的特性。下面的草图着重描绘了容纳一个车道穿行的隧道入口，以及限制了另一条车道拓宽的历史建筑立面。上面的草图是从隧道上方的建筑窗户向外眺望所看到的场景，其视角指向主要街道的轴线

在阿拉斯加州的佩利肯市（Pelican）（冬季125人，夏季600人），要着手进行一个名为"海岸区管理计划"的项目（图1-33），工作人员从生物物理学的角度对该地区的建筑形式和文化进行了评估。这座城市的结构和所在环境都是非常独特的：陡峭的山脉覆盖着茂密的森林，沿着山脚下一条12英尺宽的木板栈道，排布着一组组的住宅和罐头工厂。这种城镇/山脉之间线性的关系可以通过在一个视点拍摄的全景照片向城镇居民进行演示。

站在一个（废物）填注池中向水面伸出的碎石桩顶部取景，拍摄了一系列幻灯片，可以看到小镇整个木板栈道的景观。利用投影，用铅笔描摹出每一张幻灯片的场景。将所有描摹的图纸都粘在一起，地平线取平，去除地平线发生弯曲变形的部分，这样就完成了一幅长长的全景图。这幅用胶带粘在一起的全景图长度约8英尺，将聚酯膜覆盖在上面，再佐以针管笔技巧，就完成了最终的成品。

在原始图上的基本操作，包括三到四个层次的绘制（用钢笔墨水）：

- 所有主要形体的外轮廓线图；
- 在薄质描图纸上确定不同色调区域的位置，以粗笔触快速绘出深色和中等深色区域的形状；
- 添加第一层的质感和形体特征（例如，前景中树木的造型）；
- 再添加一层或多层较暗的色调，以更亮或更暗的色调将主体造型衬托出来。

在最终展示图中会运用到的技巧包括：

- 以针管笔勾勒沿木板栈道布局的建筑物外形；
- 以独特的刷树技巧绘制前景和中景中的树木造型（这样的画法会有一条垂直的

图1-33　**佩利肯。**位于阿拉斯加州东南部的海滨小镇，铺设着木板栈道，这幅全景式的立面草图为设计团队和居住区提供了小镇整体的透视感。注意画面中树木的质感与造型富有变化，强调了森林覆盖的山脉是这个居住区形式中引人注目的背景

中心线，沿着这条中心线绘制呈角度的水平笔触）；

- 以卷曲的线条描绘更远处、在比例上显得更小的树木茂盛的山坡；
- 以卷曲、随意的笔触绘制出各种明暗色调的层次。

随着从视觉中心开始向水平方向的左右两边分别延伸，最终得到的画面效果是扭曲的，但这并不会削弱城镇形态和地块形态二者之间的紧密关联。在画面的左右两侧均以山脉作为背景，这对于建立一个大型的情境背景是至关重要的，可以避免一个大尺度的形体孤零零地矗立在画面的中央。

相同视图的放大

对同一个视图越深入探究越好，无论对设计者还是非专业人士来说，这都是一种很好的启示工具。一层又一层的信息被添加进去，就像一个人沿着阶梯不断上行或下行，直到信息量过大，超出了理解或掌握的范围。例如，对设计师和规划师来说，以单一的一种比例记录大量情境信息是很常见的做法，而当初设定的这一比例到最后却被遗忘了，甚至还有可能与随后设计工作所使用的比例发生了冲突。这一系列形象化的视图将俄勒冈州波特兰市的同一幅鸟瞰图放大了几倍，直到一个建筑体块清晰地出现在视野中。所有的图纸都是覆盖在第一份空中透视图上，并依城市的尺度描摹下来的。在城市街区的尺度下，景观被抽象并分解成了若干易于理解的片段及其相互关系，便于民众在城市区块的尺度下针对设计方案进行讨论。这种抽象的图示既是一个提示，同时又是联系与编辑工具，它以被选中的理念为焦点，并将这个理念带入下一个比例当中。

图像化的纲要性信息

所谓纲要性信息，指的是一个既定项目需要什么，以及需要多少。项目建设一定要占据空间，所以也会对空间产生影响。对这些信息进行探讨，并将其融入设计中，这是设计过程中非常重要的一个步骤。要记住，"信息"是由从度量中抽象与分离出来的精华组成的。在一定的关系下将它们放置在一起，并重新与背景环境建立联系，这就构成了一种重要的设计行为，同时也重新塑造出

图1-34 城市与区域放大图。将一个城市区域在其所处的情境背景中直观形象化地表现出来，定义并赋予其特性与同一性。城市区域进一步放大，用图解的方式解释其不同的部分或子区域，并研究区域中心一块空置地块目前的状况

了一种现实感。确定一项空间计划并不是不可或缺的步骤，但它却是经由设计实验到设计完善的一个起点。从最常见的信笔涂鸦到气泡图，再到轴测图，我们有很多实用有效的方法以图像化的方式对纲要性信息进行交流与探索。

矩阵，图表和图形

矩阵是一种对照式的示意图，通常采用网格的形式，用于将众多数据信息形象化的分类。图表和图形则是将两组或两组以上的信息以网格状的形式绘制出来，形象地揭示其中的关系，并指出其动态趋势与层次结构。这些种类的示意图一般都是用计算机制作的。为了方便与非专业人士之间的交流，设计师通常都会将这些信息与其他一些图示合并，一起纳入展示图中。单凭一份计算机生成的实用性图表是不够的，但预算有限，往往没有能力制作更吸引人的计算机彩色图表。至于更复杂的方法，我们也没有足够的时间去操作。所以，以手绘的方式准备可视化的信息可能是一种更加快捷且同样有效的交流方法，如下例所示：

这是为阿拉斯加州费尔班克斯（Fairbanks）的塔纳纳谷居住区学院（Tanana Valley Community College，简称 TVCC）总体规划而准备的信息资料，TVCC 项目规划 / 空间类型矩阵图（图 1-35）是一份初级的工作用图。它只是一份流程图，所以并不必拘泥于形式，可以随意勾画，也可以制作成幻灯片或是进行黑白复印。这是一份利用彩色毡尖笔徒手绘制在深色描图纸（为了透明描摹）上的网格图，即在这张描图纸的下方垫了一张方格纸。因为要用于业主会议，所以图中的文字和数字都采用手写并以颜色标识。该矩阵图提列了空间设施、这些设施需

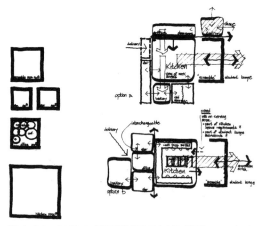

图1-35　TVCC 项目规划纲要 / 空间类型。用彩色尖头记号笔在深色描图纸上绘制，可用于形象化思考、业主会议和研讨会。在绘制的过程中使用方格纸作为衬底，以保持行距和字体的一致性。手工绘制可以做到像计算机制图一样快捷，同时又兼具亲手整理的优势。
食品工艺草图。 使用彩色尖头记号笔和宽头马克笔在网格描图纸或其他类型的透明纸（例如，深色描图纸）上绘制，这种纸上的草图和信息可以被直接描摹到展示图上

要的频率以及预算等信息，对理论上的规划类型进行了对比，可以在与业主专案组进行脑力激荡的会议上使用。

区域的需求

确定所需的设施和活动需要的空间，以充分发挥使用功能，这是规划设计过程中纲要阶段的一部分，无论设计对象是城市中的一个区域还是单独的一栋建筑。为了达到理想的整体功能性，就要求各个部分有足够的大小，并且形成相互兼容和谐的关系。将这些需求和相互关系以形象化的方式表现出来，是进入设计过程的另一个起点。在这个阶段，将定量的需求与定性的关系契合在一起，就构成了建筑图形。在这个过程中，如果规划师和设计师低估了空间需求和相互关系的重要性，仅使用图表、表格或没有什么参考意义的气泡图来表示，那就可能会错

失良机。下面的例子展示了使用具有双重用途的图形工具（彩色马克笔,便于黑白复印）探索空间需求关系的简单而有效的方法。

食品工艺草图（图1-35）是由两部分构成的需求图示,包括：1）正方形的区域,按比例表现了TVCC综合项目所需厨房的指定构成,用彩色双头马克笔勾勒轮廓,并注释空间名称和建筑面积相关信息；2）相互关系图示,对将各个部分集合成一个整体的两种备选方式进行了探讨,而这个集成的整体最后也会与其他部分共同放置于更大的关系中。

每一张示意图都是用彩色马克笔在透明或半透明（例如描图纸、深色描图纸）的纸上（下面铺设网格衬底）徒手绘制出来的。对每个组成区域的外形和相互关系的思考其实就是一种小规模的设计,即以形象化的方式评估各部分的相对尺寸、边界之间的关系,以及活动兼容性的安排。边界间的关系会提供一种活力,将各个部分连接或关联在一起。使用的绘图工具包括粗细双头马克笔和中等粗细的彩色毡尖笔。

TVCC项目测试方案一（图1-36）,将所有部分以图示的方式全部布置在一个整体当中,要求所有部分能够相互兼容地连接在一起,由此制成一份测试方案图。测试方案图中的资料都是可以量化的,彩色标识使图示更便于交流,布局模式考虑了总体的形态（图中未展示）。示意图中提出了三种规划草案,每一个规划面积都超过10万平方英尺。这些示意图的品质很适合用于业主研讨会和学术会议上的分析与讨论。运用一种形象的、图像化的方法,针对每一项方案都进行了测试。测试图包括主要的内部交通网络、沿外围周圈布置的民众访问入口,以及服务入口。在这个由三部分组成的图示中,还涵盖了技术类建筑群、教育类建筑群和面向居住区的各类设施,之后可以凭借这些信息,对每一项方案的可行性进行进一步的测试。图中以虚线标记的圆圈有助于参与讨论的非专业人士对这些建筑群的理解。

实例：明尼阿波利斯市的建筑区块草图

在脱离情境背景的情况下将信息以图像化的方式表现出来,这可能是很抽象的,特别是对非专业的人来说更是如此。设计初

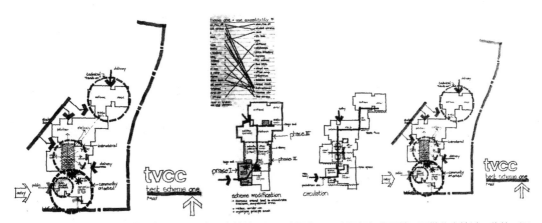

图1-36 TVCC项目测试方案一。以彩色马克笔绘于透明底图上——空间组织的开端,可供业主检讨。此外,还对基地的功能条件进行了初步的定位

期，在一个更大规模的三维情境背景中将相关的纲要信息以图像的形式表现出来，可以将很多数据资料置入透视图中。这些图示汇聚了信息文档，以及各种形体创建的可能性，可以成为我们进入正式设计阶段的起点。第一步，将明尼阿波利斯市开发案的规模和交通系统在平面图与剖面图中形象化地表现出来。第二步，在一个可以识别的环境背景下（包含周围的区块），以轴测图的形式进行规划设计。我们要先将周围的建筑环境绘制出来，并将其作为一套可供参考的关系，而不是作为规划方案的装饰，直到后期才添加进去。在三维的建筑环境中，借助于幻灯片，将现有的尺度关系扩展到待分析的区块，协助推敲拟建的建筑形式。第三步，也就是最后一步，将提案区块中的一些部分绘制出来，并插入透视图中一些关键的节点处；区块与公共道路相交的地方，以及区块与天空交界的地方，创造出了新的城市轮廓线。在这些透视图中，我们的视角应该把现有临街面的景观，以及现有的城市轮廓线都包含进去，与新的建筑设计进行对照与参考。

◎ 示意图

用作可视化工具的示意图：绘图与模型

　　草图就是说明各个部分大概轮廓及其功能与相互关系的图解。草图可以是写实的，也可以是半抽象或抽象的。通常，写实的草图所表现的是自然的面貌；是与真实景象非常相似的画面，其中常常包含很多细节。半抽象和抽象的草图是有选择地突出对象的某些特性进行表现，所以通常没有太多细

节。而半抽象草图和抽象草图之间一个重要的区别，就在于它们与所参照的现实框架之间的联系程度。在半抽象的绘图中，保留了足够的真实坐标系参照和定位，这些资料都具有可识别性，因此也较容易为一般民众所理解。设计师在半抽象草图中挑选出他或她认为的描写对象更重要的特质（相较于其他特质而言），这是一种主观的设计决策，并不会受到细节层次的影响。设计师挑选出来在草图中重点描绘的特质，可以界定为组织结构或顺序——其中包含各个组成部分和它们之间的相互关系，以及有助于体现整体内在价值的物理特性——结构加特质。应用在城市设计领域，设计师使用的草图一般多是写实的或半抽象的。

　　通过草图，可以表现出设计的本质。以图像的形式将情境背景的方方面面形象地表现出来，可以使设计师在分析过程中创造出新的形体。从语法上解释，设计中的图示就是图纸上的空间等价物。设计师的图形语言是一个系统，就像语法一样，这个系统中包含形状、顺序或结构，并根据各部分之间的关系勾勒出外形。绘图是一种方法，它可以帮助我们通过形体区分不同的事物；还可以帮助我们将形体的样貌、差别和演化一一描述出来。

　　凯文·林奇在《城市意象》（*Image of the City*）（MIT，1960）一书中，通俗化地介绍了半抽象和抽象绘图的使用，他通过视觉符号，以不同的符号代表道路、边界、节点、区域和地标。规划和设计专业的学生们使用他的这种技巧，作为理解城市街区与居住区空间的第一步工作。所谓符号，就是具有一定色调的图形，设计师可以用其表示建筑形态。它们可以表现出比例、方位和街道网格，能为设计者提供重要的参照与导向。

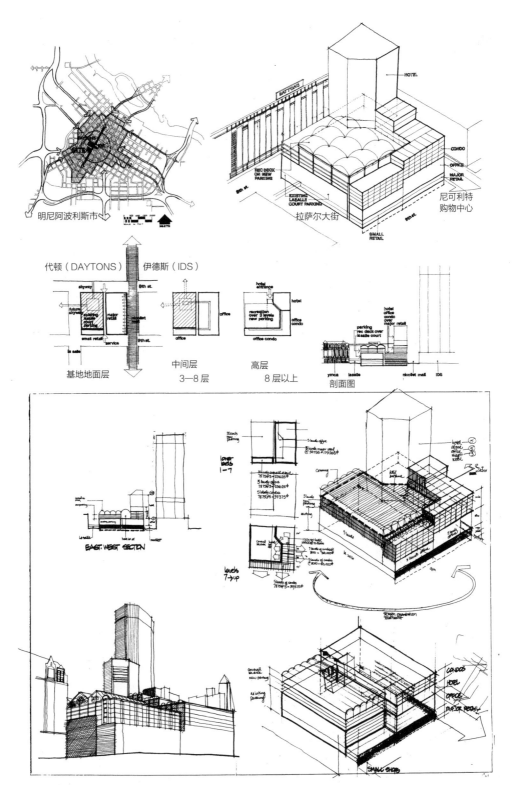

图1-37 建筑区块草图。在现有的城市区块环境背景中，将建筑设计方案的三维效果以图示的方式表现出来。在与现有建筑环境的相互关系中，作者将拟建项目的体量形象化地表现出来，使之有机会在大环境中成为一个独特的"建筑组成构件"

由于凯文·林奇认为在这一阶段，边界—区域—节点才是应该关注的焦点，所以细部造型都被过滤掉了。这种类型的草图是对传统的土地使用气泡图的扩展。

说到真正的写实—抽象绘画大师，或许应该是戈登·卡伦（Gordon Cullen）。他所运用的技巧，即使对非专业人士来说也是简单易懂的。在其众多作品中［《城镇风光》（Townscape）、《阿尔坎》（Alcan）、《伦敦城》（City of London）等］，他将写实（三维立体模式）与半抽象的手法混合在一起，过滤掉城市景观中的细节和个别片段，从而创作出一种具有参考价值和导向性的画面，对挑选出来的特质进行了细致的描绘。卡伦的绘画

作品运用了一系列相关的技巧：主要形体的轮廓线使用细针管笔；只有当对本质特征的表现有影响的时候，才会用钢笔描绘出对象的纹理和质感；阴影、带有明暗变化的形体，以及预先印制的图案，都是以墨水和/或铅笔共同绘制的。他的绘画风格轻松随意，但对空间品质的捕捉却是经过深思熟虑的，而要实现这样的结果所依靠的就是视觉思维。

下面的例子借鉴了卡伦作品中将写实与半抽象的手法结合在一起的技巧，是在预算限制、时间和居住区参与需求等条件下，根据作者对于情境快速表现的经验绘制出来的。在探索"情境"的过程中，草图就是工作的核心。对情境进行观察，承认它的复杂

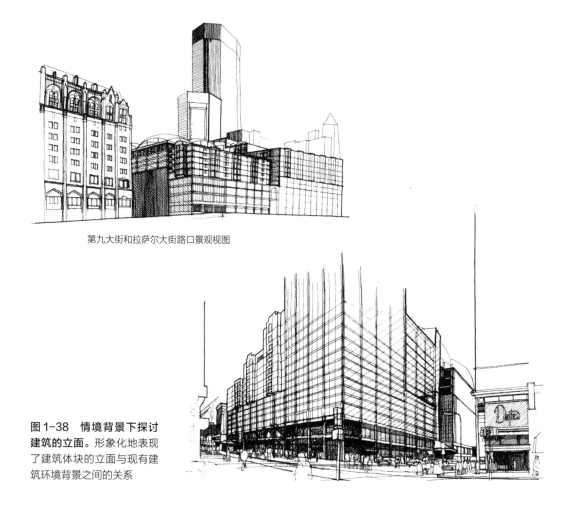

第九大街和拉萨尔大街路口景观视图

图1-38　情境背景下探讨建筑的立面。形象化地表现了建筑体块的立面与现有建筑环境背景之间的关系

性，将其特质淋漓尽致地表现出来，选择出适当的情境，以便于观察者理解，并运用焦点的范围作为区分其中各部分的工具。

草图有三种主要形式：二维平面图、三维透视图，以及三维轴测图。

二维平面图

在这些实例中使用的平面图，其结构性轮廓、各个局部以及它们之间的相互关系都是以半抽象的手法绘制的，还有一些精细描绘的真实特质，这部分的结构和局部之间的相互关系都隐藏在现实主义的表现手法中。这样的表现手法就引发了一个有趣的现象：对设计师和外行的观察者来说，一个是精细的、形象化的画面，一个是抽象的表现局部关系的画面，他们从哪种画面中能汲取到更多的信息呢？

半抽象平面图

对于未接受过专业训练的普通民众来说，定位图是一种非常重要的图纸类型，它

可以为人们提供重要的参考信息。在霍奎厄姆市（Hoquiam）的定位图中（图1-39），华盛顿西部沿海地区居住区的基础环境都是用细针管笔绘制的：在奇黑利斯河（Chehalis River）与太平洋交汇的格雷斯港华盛顿海岸的三个居住区，以及普吉特湾（Puget Sound）辛克莱尔（Sinclair）的两个居住区。作者将美国地质勘探局（USGS）的地图作为参考基础，在这份地图中提供了水道和街道的形式。在霍奎厄姆市的实例中，港口的景象对三个居住区所在的大环境来讲都是至关重要的；作者使用相同的针管笔，通过线条排列的疏密程度不同，表现出了河道与较浅的滩涂地之间的差别。水面部分的处理，则是利用统一的水平线条一层层紧密排列在一起（这样可以增加线条的密度）来表现的。

基本结构关系图

在草图中，我们可以大面积使用半抽象的手法，表现出交通流线和土地的使用情况。图1-40右面的四张草图分别描绘了四个位于

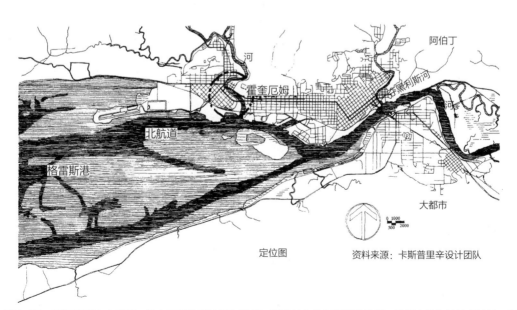

图1-39 **霍奎厄姆市定位图**。作者不惜笔墨地详细描绘了滩涂地和格雷斯港的航道，并以之作为情境现状的一部分

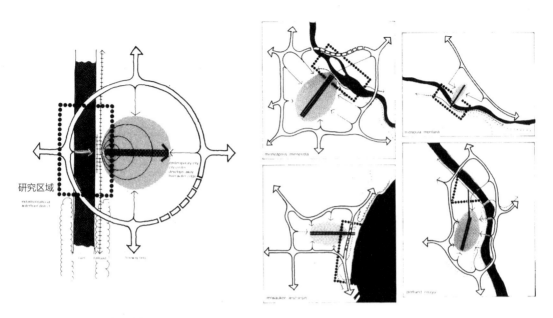

图1-40　城市／河流区域草图。 图纸表现了待研究区域内河流与市中心区之间的相互关系；还包含外围的高速公路系统和城市的水道。此外，我们还可以在这幅图中看到待研究区域与市中心区之间存在着潜在的联系。几张图纸中所包含的元素都是相同的：城市中心区、主要街道、外围环状的高速公路、河道和铁路线，通过四种不同的城市规划方案进行对比。每一张图纸都表现了相同的既定元素完全不同的布局方式

水岸边的居住区，以及它们的中央核心、主要公路系统和连接、水岸边的工业区和水体之间的相互关系。所有的关系交织在一起相当复杂，我们很难用语言描述出来，但通过过滤掉一些不太重要的资料，我们就可以利用图纸建立起位置、大小、方向、运动、连接和其他一些因素的关系网络。这是一张基本的"脏器图"。其中运用到的基本技巧包括：用细针管笔勾勒水岸和重要的开放空间（环线技法）；用中等细度的针管笔绘制道路网，用带有箭头形状的空心线代表运动的方向，用实线与虚线分别表示现有的和拟建的网络区块；水体的形状以提前印制的点图案填充，呈现深色的效果；中央核心区则是以比较浅色的点图案填充的。色调变化的目的在于表现出形状的层次：水体（及水岸区域）是最需要强调的重点，接下来的层次分别是工业区、连接核心区的主干道，以及核心区的形状。

从色调的层次上来看：深色的形状（水体）—深色的线（工业区和核心干线）—灰色的形状（核心区）—深色的轮廓线（道路系统）—浅色的轮廓线（开放空间）。

建筑占地轮廓基本平面图

在草图中将建筑物占地状况（即在平面图中标出建筑物占地面积的轮廓线）添加进去，即增添了关于相对尺寸和面积比例的信息。在建筑占地轮廓图中添加阴影，就可以表现出各建筑的高度比例，补充了基础信息的容量。再添加带有路缘线（由此可以表现出人行道的形状）的区块配置状况、主要的地形地貌（例如水体或重要地形特征的边缘），从而进一步完善了基础信息。无论是对一般民众，还是对规划师或设计师来说，基础信息越完善，就越有利于信息的交流。

定量的空间效果图

人类社会中的经济、社会、文化和政治活动都有其空间的表现形式，可以用图解的方式表现出来，这样，无论是对非专业人士，还是对规划师或设计师来说，都会更易于理解。谢尔顿（Shelton）商贸区（图1-42）是为普吉特海湾水岸居住区（14000人）服务的商业零售区。该地区的规划方向就是通过由经济学家和希尔顿市规划人员执行的电话满意度调查结果确定下来的。工作人员将一张透明的图纸用图钉固定在基础地图（包含该地区的道路系统和排水系统）上，并将调查的结果以二维平面图的形式绘制在透明图纸上。首先，将整个商贸区的大致轮廓勾勒出来，之后根据对土地和现有住宅开发实际状况的分析，确定出主要商业区的位置并绘制阴影线。标注出距离半径可以使图纸更具现实参考性。这张草图的基础地图是用专业的细头针管笔绘制的。覆盖在基础地图上的图纸中，区域轮廓用比较粗的针管笔绘制，而阴影部分则是用中等粗细的针管笔绘制的，由此，各种线条表现出了明显的层次感和足够的反差（基础地图、主要区域、次要区域）。

在斯波坎的例子中，设计师用黑色的派通签字笔（Pentel）绘制了市中心的核心区域以及周围的街区布局，之后又在待考察区域内标识出了建筑物的占地轮廓线。最后，为核心区的建筑绘制阴影，这样，整张基础图就完成了。因为这些图纸将来要展示给一般民众阅览，所以又用彩色派通签字笔在黑白图上添加了一些信息，包括在路权区域范围内交通路线的选择、待考察区域内交通转运设施的位置，以及重要站点的距离半径。有了这样的一张基础图，设计团队就可以快

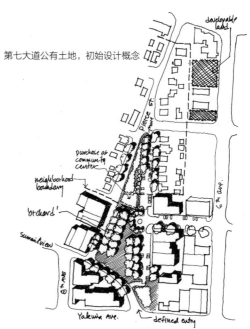

第七大道公有土地，初始设计概念

图1-41 第七大街居民区草图。这是一幅用派通签字笔在薄质描图纸上快速绘制的草图，用于研讨会。其中彩色马克笔的部分是绘制在描图纸背面的，这样可以使色彩呈现出比较柔和的效果

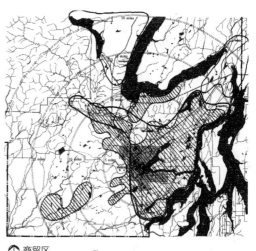

图1-42 谢尔顿商贸区示意图。谢尔顿商贸区的设计项目中（通过电话调查确定规划方向）使用了一张流域图作为基础地图。设计师使用针管笔和鸭嘴笔在聚酯薄膜（覆盖并用图钉固定于基础图上）上绘制出与商贸区相关的各类信息。利用图钉，可以将不同的图像信息叠放在一起进行比较

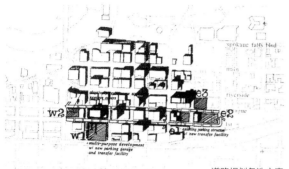

道路规划备选方案

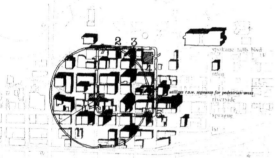

环路规划方案三

图1-43 斯波坎市交通转运设施系统草图。这三幅草图都是根据同样的基础占地轮廓地图,用彩色派通签字笔绘制的。每一个系统的备选方案都快速绘制于黄色描图纸上,并覆盖在基础地图上拍照复制

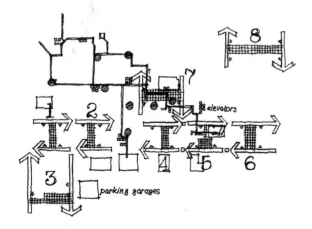

图1-44 斯波坎市核心区设计方案选项。放大图。草图使用彩色派通签字笔和薄质描图纸绘制,内容包含主要建筑物、场地、高架公路系统和各种方案选项

速设计出很多种不同的方案,供公众讨论与选择。由于制作时间有限,整张图纸都是用一种粗细的线条绘制的,为了追求一致的效果,画面中彩色的线条也是用同一种钢笔绘制的。

建筑占地轮廓图是非常有用的,借助它可以勾勒出简单的边界线,例如奥查德港(Port Orchard)活动区域示意图(图1-45);还可以说明简单的建议,例如奥查德港滨水区道路网络示意图(图1-45)。利用足够多的参考信息(码头的景象包括船只的大小、街道的布局模式和建筑物等)绘制占地轮廓图,这种方法可以使规划师和设计师在同一张基础图上通过覆盖叠加的方式替换各种不同的信息进行分析。基础图的轮廓线是用细针管笔绘制的;而上层图纸(无论主题是什么)则使用了两种笔,一种是尖头钢笔(本例中使用的是鸭嘴笔),另一种是平头并带有锐利边缘的钢笔。画面的明暗对比简单而反差强烈。灰色调用于一个环形区域内(有机的形体)的阴影线填充,这里代表开放空间。

基地研究平面图

在进行城市设计和建筑设计基地研究的时候,可以先从草图入手,将项目需求、基地条件、区域情境背景和其他因素转化为结构性的概念。在绘制草图的过程中,我们会使用到很多符号,从简单的常规性符号(如圆形、箭头和星号)到比较特殊的几何形,而这些符号从纲要规划和基地分析阶段开始就会一直出现在图面当中。在TVCC城市设计概念图(图1-46)中,根据之前讨论过的空间规划草图,综合体各部分的几何造型都已经很清楚地表现在城市设计概念图中了,但是,这些部分又是如何整合在一起

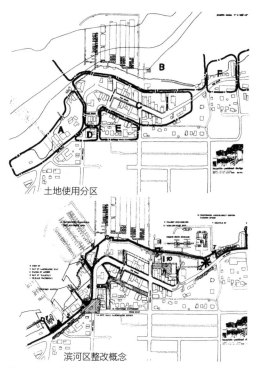

图1-45 奥查德港活动区域示意图。奥查德港滨水区道路网络示意图

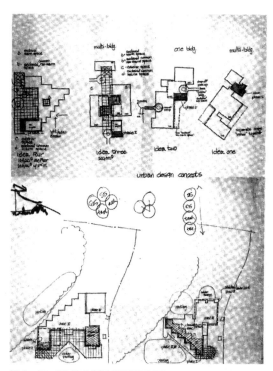

图1-46 TVCC城市设计概念图

的呢？通过业主会议、方案分析、研究基地要素（例如，增强日照和阳光直射，用备有遮阳设施的不受热区域连接各个建筑组团）这些方法，二维草图所要表现的重点，是在整体的综合体中设计各种不同的连接空间，并对它们进行测试。在本书提供的实例中，作者使用彩色中等粗细的毡尖笔绘制各元素的轮廓线及其相互关系，包括内部和外部的诸多因素。教学区域用黑色，交通部分用蓝色，封闭的不受热连接区用红色网格，代表透明的或半透明的结构。利用这些技巧可以绘制出很多草图，供设计师与业主团队演示与讨论之用。使用马克笔绘制的图纸也非常便于进行黑白复印。一支中等粗细的马克笔可以画出两种不同的线宽效果：当握笔方向接近与纸面垂直，利用画笔的尖头可以画出比较细的线条；而握笔方向与纸面呈

45°角时，就可以画出比较粗的线条。要想画出很宽的线条，可以使用宽头马克笔，使笔头平贴纸面拖动即可。我们这里所说的都是用于快速研究的概念性彩图，这就意味着只要做到比例准确即可，细节的缺失并不会对研究造成什么阻碍。

规划策略草图

规划策略，或是设计说明或过程，都可以用图像的形式进行探讨与汇总，并配合文字说明作为辅助。半抽象的草图就是一种很有效的方式，设计师可以运用符号或某些特定的形状，将比例尺度、空间参考和方向等信息表现出来。用符号的形式表现设计策略，可以避免设计师过早地将自己陷入具象的建筑设计框架中。在草图中，人行广场、建筑外观、交通动线以及入口设施都是项目

中需要定位与参考的重要部分，其中广场与建筑外观又是重中之重。TVCC 项目的组织原则示意图（图 1-47）和基地交通动线示意图（图 1-48）仍然延续了草图的风格，只是添加了建筑占地轮廓线，并没有什么细节的表现，很容易将观察者的注意力吸引到广场区域。三城市草图（图 1-49）表现了市区的土地利用状况。

三维视图

三维视图是以透视和轴测形式展现建筑结构体的画面。相较于二维视图，三维视图使设计师有更多的机会将项目信息整合到有意义的情境背景当中。在三维平行视图中，所有的线都是相互平行的，而且合乎比例，它们能够同时表现出定量和定性两方面的特质。

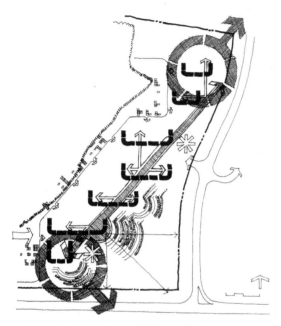

图 1-47　TVCC 项目组织原则示意图

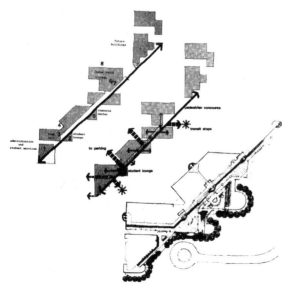

图 1-48　TVCC 项目基地交通动线示意图

资料来源：卡斯普里辛 - 佩蒂纳里设计工作室

里奇兰地区开发备选方案二

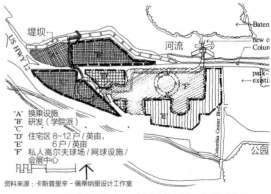

资料来源：卡斯普里辛 - 佩蒂纳里设计工作室

图 1-49　三城市草图。派通签字笔绘制，表现了土地利用状况、开发阶段与配置情况以及土地使用强度——图纸上所有的信息都是可以量化的，适用于公众研讨会。阴影、箭头和边界的形状，这些标记都是依惯例使用的

三维鸟瞰成角体块透视图

当我们要处理的对象是比较大的区域，或是在一个区域内包含很多种形式（如建筑），不适宜将细节一一刻画出来的时候，体块图就是一种非常有效的方式，可以将交通模式、聚落模式、建筑物，以及开放空间大致的空间特性和模式快速展现出来。在综合办公区草图中（图1-50），一套交通设施被整合到一片现有的、进行了扩建的大型综合体（含购物中心和外围商圈）当中。在画面中，交通系统和购物中心的核心区就是最重要的造型元素。在这个视角下，购物中心的造型、临近的商圈、住宅以及办公建筑，都被清晰地表现了出来，虽然没有立面上的细节，但这并不会影响各个部分的比例尺度。作者为建筑背光源的表面打上了阴影，这样就从明暗度上做出了反差，使建筑造型从白色的地平面中脱离出来。线形的交通系统是由带有阴影的中空线表示的，代表这是一个高架的结构。购物中心内部的步行区用小网格的图案来表示，网格的尺寸很小，这

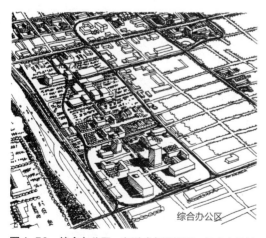

图1-50　综合办公区。鸟瞰成角透视图，包含主体综合中心（MDC）或区域性购物中心、二级带状中心，以及穿越综合办公区的个人快速交通系统（PRT）。图纸绘制得非常形象，将现有的建筑、将来可能开发的建筑以及上层交通系统都以直观的效果展示给了读者

样才能与较大的建筑形体明显地区分开。树木和公园区域都用小圆圈表示，并且沿着外边缘线还做出了阴影效果。停车场并没有画出一个个的停车格，而是用小的椭圆形图案表示，看起来就像是停放着的汽车。

基础图是根据该地区照片的复印件绘制出来的。一旦将基本的区域网络或街道布局大致勾勒出来，再添加建筑与停车区网格就相对容易了，新的研究图纸可以叠放在基础图纸之上使用。

相同视角不同方案的草图

设计师提出多个不同的体块配置方案进行研究，这对于居住区和业主来说都是一种更友善的态度与做法。一旦建立了基本的三维立体框架，就可以利用之前确定的灭点和透视网格，快速地将不同的体块配置方案插入进来研究。在亚基马·默西（Yakima Mercy）街区系列草图（图1-51）中，市中心区的一块空地是一个很重要的街区，设计师提供了八个体块配置方案供业主选择。设计师在业主参与的讨论会上利用可视化的方法，探讨最理想的配置方案，使拟建项目能够与所在基地以及邻近和周边环境形成和谐互补的关系。这一类的草图需要表现出一定程度的细节，才能使与会人员清楚地了解项目的尺度和比例，以及它与周围既有建筑之间的关系。草图上大致的轮廓线、阴影线，以及表示街景和山脉背景的半抽象形体，都是用黑色派通签字笔绘制的。

汤森港（Port Townsend）插建项目草图（图1-52）是用针管笔绘制的，相较于其他的体块草图，这幅图运用了更丰富的建筑语汇，因为这些建筑都具有很重要的历史和建筑意义。设计师对细节的表现还是尽量控制到最少，画面要烘托的重点在于体块内部和

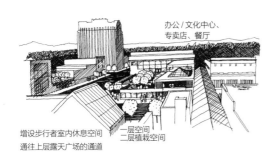

增设步行者室内休息空间
通往上层露天广场的通道

办公 / 文化中心、
专卖店、餐厅

一层空间
二层植栽空间

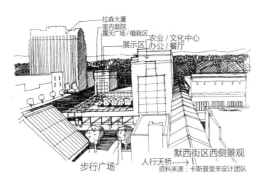

拉森大厦
室内庭院
露天广场 / 植栽区
农业 / 文化中心
展示区 / 办公 / 餐厅

默西街区西侧景观

步行广场
人行天桥
资料来源：卡斯普里辛设计团队

图1-51　亚基马·默西（Yakima Mercy）街区系列
草图

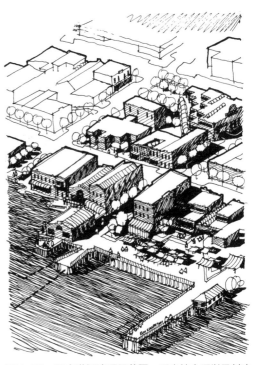

图1-52　汤森港插建项目草图。历史核心区以及其中
可能的插建项目，都是用针管笔绘制的

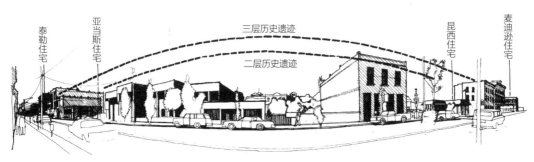

泰勒住宅
亚当斯住宅
三层历史遗迹
二层历史遗迹
昆西住宅
麦迪逊住宅

图1-53　汤森港历史景象草图。将一系列的幻灯片图片和描摹图拼合在一起，这张图表现了该地区历史时期的建筑高度配置状况，它对新的开发案有一定的影响。该草图用于公共研讨会上的展示

体块之间的关系。针对这同一块基地，作者绘制了很多草图供选择，也可以用作体块、高度、特性和空间组织的分析图，以非专业人士能理解的语言讲述设计的故事。

常视高草图

汤森港历史景象草图（图1-53）是一幅常视高草图，也可以说是一幅写实风格的草图。它利用照相机的视角，从一个视点开始逐渐旋转镜头，以获得一个曲面的全景视图。幻灯片描绘的是一个街区的场景，其中有新建筑，也有历史建筑和空地。这幅图是用针管笔描摹绘制的。相邻街区中主要的历史建筑是用中等粗细的针管笔以虚线绘制的，呈现比较深的色调。这张草图的目的在于，根据历史建筑的现状推敲新建筑的高度设定，草图中的参考资料都是当地居民非常熟悉的场景，所以很容易理解。

明尼阿波利斯市规划图

背景

这些草图都是市中心核心区规划研究资料的一部分，旨在明确明尼阿波利斯联邦大厦周围新建设项目的开发会造成怎样的空间影响。

过程

这些空中成角透视图最初都是根据描摹幻灯片绘制出来的。通过将主要的网格线延伸与地平线相交，可以确定画面灭点的位置。灭点找到之后，就可以在透视网格／块系统中依正确的比例将假想的透视体块一一绘制出来进行研究。

技巧

根据幻灯片中的空中成角透视图片，用铅笔描摹出透视图的基本框架。建筑体块的轮廓线和其他形体（街区网格、河流、高速公路系统等）都是用针管笔绘制的。这就为接下来的体块研究工作提供了基本的工具：图纸本身并不是最终的目的，它仅仅是设计师进行视觉思考的一种基本工具。事实上，下一个层次要绘制的内容才算进入视觉思考的过程：用比较粗的笔（在这里用的是记号笔）勾勒出重要的既有建筑的轮廓线，并将可能兴建的新项目叠加在现有的框架之上。

规划可能性分析图

较大规模的规划可能性分析图可以用于设计的初期，描述各种概念和设计规划方向。前期工作要准备一张标有尺寸或比例的基础图，图中的内容既可以量化，又可以表现出相互关系。马更些 AMSA 规划图（图1-55），用于阿拉斯加州马塔努斯卡 – 苏西特纳自治区（Matanuska–Susitna Borough）的一次公共信息交流会上，针对一个面积

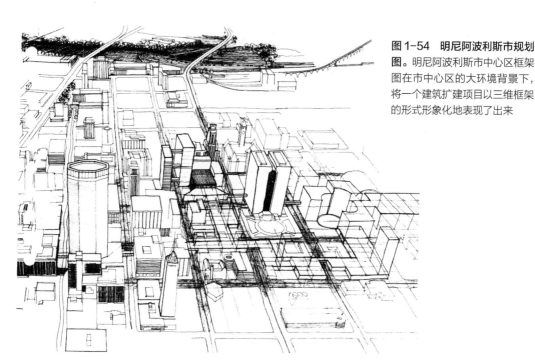

图1-54 明尼阿波利斯市规划图。明尼阿波利斯市中心区框架图在市中心区的大环境背景下，将一个建筑扩建项目以三维框架的形式形象化地表现了出来

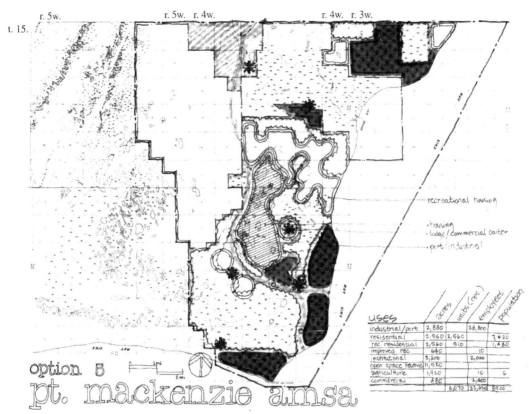

图1-55　马更些AMSA规划图

3万英亩的区域提出了八种不同的设计概念。为了制作快捷同时又能显示彩色的标记，图面使用了彩色马克笔。在绘制各种符号的时候，笔尖的宽头部分和细头部分都是非常有用的。图中更细的线条是用派通签字笔绘制的。在塔基马（Takima）项目规划可能性分析图中（图1-56），作者用派通签字笔和彩色马克笔快速而准确地描绘出了土地使用和交通开放空间的规划示意图，并标注了建筑占地轮廓线，以便用于公共信息和讨论。

模型图

　　模型图是一种三维的立体结构，由硬纸板、刨花板、泡沫板、插图板等材料制成。我们在这里对它进行讨论，是将其视为一种

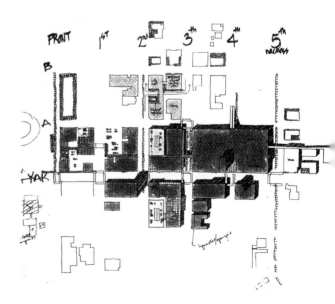

图1-56　亚基马项目规划可能性分析图

快速评估工具，而非最终的展示成果。这些模型可以在业主会议中使用，但它们最主要的目的是在设计师或规划师进行造型设计的过程中提供形象化的协助。当一些交通构件（例如行人、汽车和交通设施的垂直划分）需要以一种三维视角进行观察时，规划师就可以使用模型图。此外，它还可以用作土地价值模型、建筑扩建密度和 / 或分区模型，以及大型区域（如市中心区）的建筑模型。建筑师和景观设计师都很熟悉利用模型作为研究工具。模型对于情境研究的帮助表现在以下几个方面：

快速研究体块模型 / 幻灯片制作

用于快速研究的体块模型组装操作简单，但用途却非常广泛。项目的需求被转化为三维的形式表现出来。最常见的模型是用瓦楞纸板制作的，并将每一层纸板的高度设定为一个比例单位（例如，可以设定瓦楞纸板 1/8 英寸的高度相当于立面图上的 20 英尺）。当研究项目是总体规划设计或大型建筑综合体时，基地模型中还要包含地形、道路、建筑物和植物等要素。将规划方案切割为一个个正方形的单位"片段"，用彩色笔标注用途或用途代码，以及每一个小方块所代表的面积（并不是所有的小方块都需要标

注），这样就可以开始准备"游戏"了。游戏开始，一位或多位参与者，设计师和居住区居民，围坐在一起进行脑力激荡，将活动挂图或黑板作为涂鸦板，利用硬纸板小方块将设计理念或经过优选出来的切入点组装起来。当一个方案或想法已经足够清晰（并不需要完全制作出来），就可以用三脚架支起照相机，将体块模型拍摄下来存档。之后，模型被拆解，游戏再次开始，在之前思路的基础上，或是受之前思路的启发，另行组建其他的模型。

在脑力激荡会议结束之后，将会议成果制作成幻灯片，与会人员再针对幻灯片进行回顾、商讨与辩论。使用即时显影剂，经过 10 分钟的曝光时间就可以完成幻灯片的制作，随时准备接受检视与讨论。如果讨论达成了一致的意见，就可以在现有模型的基础上添加一些层次的细节，组装成新的模型，也可以将概念性幻灯片投影出来，再用描图纸描摹，用作下一步绘制更详细的三维草图的基础资料。这个过程无论是对设计工作室还是公众会议来说，都是非常有用的，在满足群体互动需求方面，它比计算机生成的图像系统拥有更多的优势。相较于坐在电脑前等待重新生成画面，很显然，一个有趣的模型要高效得多。

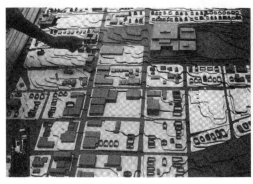

图1-57　罗斯福岛及海岸

体块关系模型

在面对比较复杂的规划和基地条件时，体块关系模型能为我们提供的视角是透视图或轴测图所不能比拟的。在 TVCC 项目的模型中（图1-58），设计师将用纸和硬纸板制成的八个模型同平面图及草图组合在一起，提供给业主专案组进行研究与审查。模型的制作很简单：将平面图打印出来，并粘在一张硬纸板上；建筑占地轮廓是用瓦楞纸板（也可以用泡沫芯板）切出来的，上面贴一张白色铜版纸，手写标注该建筑的面积；停车场用灰色的刨花板制成，分割成特定大小的块，并标明空间编号；模型中一条

红色的线代表建筑之间封闭式不受热连接区域可能的位置。每个模型的制作时间大约需要两小时。

交通模型图

交通模型图是一种三维拼贴模型，即利用带有编码的彩色图或海报板来表现交通系统的层次。在21世纪交通示意图（图1-59）中，设计师针对俄勒冈州波特兰市中心的威

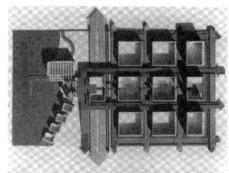

图1-59 21世纪工业区草图，俄勒冈州波特兰市中东部工业区。很多时候，由于城市系统太过复杂，以至于很难通过三维视图形象化地表现出来。在本例中，设计师用不同颜色表示几种叠加在一起的不同类型的交通系统，即这个跨城市大型工业区的交通运转现况。现有条件是以区域比例表现的，而提案的配置方式则是以街区的比例表现的

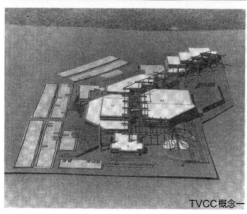

TVCC概念一

图1-58 TVCC项目研究模型

图1-60 **透明模型：纽约市与俄勒冈州阿斯托里亚市。**模型制作一般都是利用实体的表面形象化地塑造出空间的形体。在这些实例中，模型都是以透明材料制作的，所以水面上空间的本质就被直观地表现了出来；水面由一个塑胶平板表示，从它的下方打光，光线通过建筑物下方必要的支撑结构穿透上来。水面以下的地形被水覆盖，而水平面是不断变化的。码头的地下结构、建筑物的基础以及运输管道，这些虽然都是平时很少有机会看到的东西，但正是它们构成了这些地方的特色

拉米特河（Willamette）东岸的一部分区域制作了重新规划的模型，该模型用于公共会议上向与会者展示方案中交通系统与步行空间的层次。插画板和海报板模型由以下部分组成：

- 将灰色的刨花板基材粘在胶合板上作为背景，使之具有足够的硬度；
- 用蓝色的板材表现水域；
- 在城市区块网格内，用白色的板材表现建筑占地轮廓，将情境背景的尺度和形态清晰明确地表现出来；

- 区块网格内橘红色的人行道；
- 绿色的板材代表规划方案中海岸线向外扩展的地形（半岛形态）；
- 带状的橘色海报板表示东部重新规划的高速公路；
- 带状的红色海报板表示横跨高速公路和河流的东西主干道；
- 灰色条纹代表当地的街道。

模型为观察者提供的是一个交通系统的三维情境视图，它与其周围的建筑形式／式样和开放空间联系在一起——并非是一个

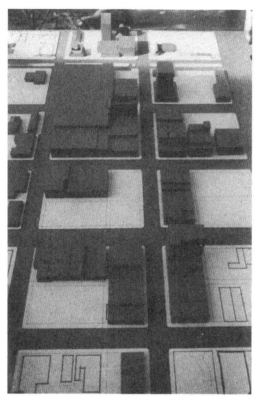

图 1-61 亚基马项目模型

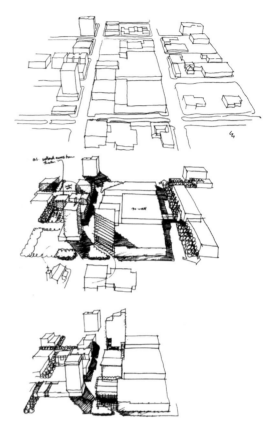

图 1-62 亚基马市中心区规划可能性体块分析图。由模型拍摄幻灯片，再利用派通钢笔经由幻灯片描摹草图

与周围环境背景脱离而独立存在的基础设施网络。三个基地的研究模型在概念上是相似的，重点表现了河边的界面区域、整体化的建筑、公共通道、开放空间，以及交通系统的配置。

拍摄用基础模型

由体块模型拍摄而得的幻灯片，可以成为设计师绘制复杂区域三维草图的基础素材。在亚基马（Yakima）项目模型（图 1-61）中，设计师利用刨花板创建了一个市中心区的体块模型，比例为 1 英寸 =50 英尺。通过类似模型拍摄的幻灯片为草图研究提供了基础，而模型本身也是一种可以用于公共会议上的工具，能够为与会人员提供居住区参

考和定位。待研究区域可以用白色刨花板制作，再将其插入灰色的基础模型当中，以展示新项目的建造所带来的变化。建筑物的细部尽量简化，需要表现的只有特定的历史建筑立面，因为它们属于非常重要或关键的公共信息。

参考文献

American Institute of Architects. 1992. *Designing Your Town*. Contributors: William C. Apgar, Jr., Joint Center for Housing Studies, Cambridge, Massachusetts; Ron Kasprisin, University of Washington; Alex Kreiger, Harvard University; Mary McCumber, University of Washington; Ted Peck, Joint Center for Housing Studies, Cambridge, Massachusetts; Charles Redmon, FAIA, Cambridge Seven Associates; Robert

Sturgis, FAIA, Architect; James Vaseff, AIA, Georgia Power Company; Sherry Kafka Wagner.

Arnheim, Rudolph. 1969. *Visual Thinking.* Berkeley, Los Angeles, London: University of California Press.

Bettisworth, Charles and Company. 1982. *TVCC Master Plan.* Fairbanks

Ching, Francis D.K. 1990. *Drawing.* New York: Van Nostrand Reinhold.

Cullen, Gordon. 1961. *Townscape* New York: Reinhold Publishing Corporation.

Donette, James/Zuberbuhler, Douglas R. 1975. *Design Graphics Laboratory 310.* Seattle: ASUW Publishing.

Forseth, Kevin. 1980. *Graphics for Architecture.* New York: Van Nostrand Reinhold.

Gosling/Maitland. 1984. *Concepts of Urban Design.* New York: St. Martin's Press/London: Academy Editions.

Ramsey/Sleeper. 1981. *Architectural Graphic Standards, Seventh Edition.* New York: John Wiley and Sons.

Webb, Frank. 1990. *Webb on Watercolor.* Cincinnati: North Light Books.

第2章 处于情境中的图像化场所

◎ 引言

情境：场所定义中内在固有的东西

"情境"和"场所"，是城市设计领域很常用的两个术语，代表物质世界中复杂的空间概念。它们包含空间"设施"内的亲密性、多样性，以及人类对自己行为活动的反思。它们代表着人类居住区与其所在环境之间的相互关系，并反映出居住区在生物物理、社会文化和经济-政治等方面对环境造成的综合影响。专业人士使用这两个术语描述建筑空间的质量，并测算相关的定量指标。说到二者之间的差别，"场所"一般是指比较小范围的、局部的空间，而且这个空间在观察者眼中一定具有某些特别的价值。这些复杂的存在往往会被规划师和设计师赋予某种限制性的定义，而这些定义又被简化为敷衍、孤立的定量"分析"，或古怪的定性"分析"。情境和场所能够激发设计师的灵感，并成为确定规划、设计方向以及找到解决方案的基础。因此，把场所放到情境中去描述，可以帮助设计师扩展场所的界限，将相邻的场所以及包含在场所内部的场所都纳入更广义的情境范畴当中思考。

情境和场所定义的扩展，对规划和设计过程是很有帮助的。情境和场所是两个很复杂的概念，要将它们的组成部分理解为与时间有关的、空间-文化组织的一种状态，而在这种状态下，情境与场所之间一直都会存在着一种活力。

在本书的探索中，将场所视为情境中的基本构成单元，而情境既是场所的集合，同时也是场所构成的来源。本章讨论了如何将直观、形象的图面表现作为设计的过程，捕捉人类居住区中一个个互相关联场所的丰富性与多样性，这种方法既可以用于内部设计作业，也适用于外部设计交流。

◎ 情境也是场所

情境

在规划和设计中，情境常常被称为"环境"或"背景"——这些都是与"舞台布景"意思相近的词，即携带着一些艺术效果的道具，用来烘托舞台上的表现。它多被描述为在规划和设计的时候需要考虑的静态信息，类似于某种外部的选项。如果对场所的观察和定义脱离了情境背景，那么场所也就失去了大半的意义。

情境是动态的；它被定义为一个场所的"自然和文化历史条件"（Hough，1990），并且是现实存在的。自然和历史条件一直被当前的行为改变和重塑，所以，情境也会一直处于变化当中，或表现出那些行为所造成的影响。情境还意味着将一个场所，以及这个场所周围的各个部分交织在一起，而正是这种交织的状态决定了场所的意义。正如阿恩海姆（Arnheim，1969）所描述的，"决定场所的意义"是指"场所定义中内在固有的东西"。阿恩海姆指出，世间万物都必然表现在情境当中，而且也会因为情境的改变而改变。

在规划和设计专业，情境是一个概括性的术语，代表更大的规模及其组成部分。它为这个专业提供了一个更大尺度的观察框架，透过这样的观察，设计师才会获得对景观环境内居住区形态更精准的理解。它还可以被当作一种分析工具，研究那些规模比较小的、局部的、具有特殊性的情境，我们把它叫作场所。情境和场所从定义上来讲是很相似的；它们都是具有特殊性和价值的空间实体，而其特殊性和价值是可以被观察者感知到的。我们之所以要指出二者的差别，是为了研究多个场所之间的连接（也包含在场所范围内的连接），以及场所本身（及其邻近的关系）之间的区别。

无论是情境还是场所，它们的形成都包含着一种类似于新陈代谢的潜在过程，是由于客观世界中的人类、其他动物、昆虫和植物的行为而产生的结果（例如，建造居住区，以及居住区建成之后，伴随着社会—文化、健康、经济—政治以及功能性发展而造成的能源浪费或排放）。规划师与设计师所使用的情境，是时空运转中这些新陈代谢过程在空间上的表现。于是，它就变成了一个四维的结构，其中包含着以文化为基础的组织关系和结构关系。如果没有将这种潜在的过程视为设计过程中的一部分，那么规划和设计就会变成孤立的操作。

"看"情境就是设计的机会

对规划者和设计师而言，把一个对象放在空间中去"看"，就是把它放在情境背景当中去看，这里所说的"看"，指的是将对象放在关系中（Arnheim，1969）。视野中，一栋建筑物、景观或其他人工产物的表象（定义）取决于它在整体结构中的位置和功能，并且"随着位置和功能的改变，它的表象也会发生根本的变化"（Arnheim，1969）。情境是一个整体的框架，人们看到的所有对象（形状和样式）都属于这个框架的范围。脱离了情境，形状和样式也就失去了意义或关联性。如此，就引出了一个基本的前提，即将形状和样式视为情境，或情境中的场所去感知，这是概念形成的开始，也是设计行为的开始。

形状即概念

通过图像或可视化的语言将各个部分、组织和结构整合在一起，利用形状和样式传达感知到的关系，是非常方便的。

◎ 图像化的情境

通过视觉思维描述情境

图像化的语言是一种很适宜描述情境中空间完整性的方式。

"如果一名感知者和思考者，他的概念被传统的逻辑局限在可以预见的范围内，那么他所建构出来的世界很可能也是不健全的。"（Arnheim，1969）

形象化可以是一种认知行为，捕捉观察者对一个场所的感觉或洞悉；它也可以是一种发现行为，对既有的、又在不断变化着的现实获得进一步的理解，并不断为设计过程提供思路。戈登·卡伦是一位绘画大师，他很擅长描绘情境、场所，并能很巧妙地建立起定性的标准 [《城镇风光》, 1961]。他的绘画作品非常形象，因为画面中的参照与定位素材对非专业人士来说都是真实而熟悉的，再加上利用半抽象的图示强调结构、秩序、质感、体量等因素，不需要多余的信息，画面就呈现出了非常丰富的效果。这些类型的绘画拥有一种力量，而这种力量是传统的涂鸦或气泡图所不具备的。它们拥有情境的基础。作者通过形象的描绘，将情境和场所结合在一起。

本章将探讨如何在一个更大的情境框架内将对一个场所各个部分的分析以图像化的形式表现出来，并以此作为认知的过程。实例中以二维和三维视图表现常用资料：当我们要表现的重点是一些定量的信息，或是水平轴或垂直轴线上的相互关系时，一般会使用二维视图；如果通过多个轴向的视图才能将资料的完整性（相互关系）更好地表现出来，那么我们多使用三维视图。无论采用何种形式，图纸都能为规划师、设计师和公众（业主）参与者定义与描述出空间的关系。图像化能将枯燥的数据资料转化为有启发性的、空间的表现，这些资料之间既有区别又有联系，能为设计师的探索与构思提供更广阔自由的基础。

最后，图像化是利用工具和技巧建构起来的艺术，而不是随心所欲的装饰或渲染；是利用艺术元素与艺术原则对资料的解释，是设计过程中不可分割的组成部分。线条的特性和明暗度可以揭示出某些关系，而这些关系本身就是设计组织原则的一部分。在很多实例中，反复出现的主题都是为了强调边界区域的状况，一个场所的边界或两个场所的交界，解释了不同的场所是如何相互关

联的，而这些场所都是情境的扩展。另外一些实例展现的是一个项目或一个比较大的城市区域的全景视图。示范图的类型多种多样，从传统的幻灯片描摹透视图，到用来推敲组织、结构和各部分关系的分析图。

图像化情境表现的基本原则

绘画能够利用艺术的原则和元素捕捉情境对场所结构和组织的影响。用图像的方式定义出情境的界限和特征，这就是设计过程的开端。

原则一

将情境形象化地设想为场所之中的场所；重点刻画一个场所与其他场所间连接、连锁和相互对峙的关系，这就构成了情境的画面。

绘画可以清晰地描绘出构成居住区的形状和样式。借由边界以及与相邻形状、样式的连接，便突出居住区的网络形态（例如，一条河流或山谷）；也可以通过体量、风格和地面网络的连接，突出一个城市街区与其他城市街区之间的关系。

原则二

将情境与其边界之间的关系形象化地表现出来，这样的画面足以为我们讲述更宏观的故事。

对一个对象的研究，可以从感知这个对象或考察区域的边界入手。要想绘制出适宜的情境，就需要规划师或设计师观察并判断出什么样的范围是可以满足需求的，这就会涉及不同的主题和它们之间的关系。勾勒出适宜的、足够范围的情境是一个建立在自身基础上的认知过程，在这个过程的开始，便要从头脑中的抽象概念阶段进入造型形成

的阶段。绘制一份简单的二维地图，并确定一个位于生态区域内居住区的位置，通过这样的工作，可以让我们了解该生态区及其大致的物理特征，这对于接下来的工作——评估自然条件，探讨城镇设计规划的可能性——是大有帮助的。对非专业人士来说，全景图或空中成角透视图可以很形象地表现出情境的范围和状况，而对设计师来说，这也不失为一种设计的机会。

原则三

对情境的表现，一定要放在潜在的生物物理特性与环境系统之间的关系中进行。流域、地质状况、居住地和景观的其他系统中都承载着人类文明的影响，情境中的方方面面都是相互关联的。

原则四

空间组织的整体构成、空间结构以及各关键的部分，这些都是情境图像化表现的依据。

原则五

将情境设想为一种会随时间改变的样式。随着时间的推移，图像化的情境能够揭示出样式的改变、生物物理学与文化之间的关系，以及在历史模式中设计的机会。

◎ 实例及应用

图像化的情境就是更大的样式

实例的范围

下面展示的实例都是对情境图像化的表现，既可用于定量，也可用于定性分析。本节的内容是按照土地的形态和特征、土地形态和聚落模式，以及生物物理、社会文化和经济政治特征的顺序安排的。在一些实例中，我们在大规模的土地形态背景和人类居住区的模式之间搭建了联系的桥梁，以证明二者之间联系的重要性。

大规模地形的表现

在更大范围的物理和空间情境之下，土地的形态为场所特征的描述提供了基础。它是潜在的地表条件，也是聚落空间排列模式的决定因素。将地形地貌以图像形式逼真地表现出来，有助于规划师／设计师对自然系统（例如地表排水、栖息地和植被）的深入研究，了解它们在景观中的相互作用，而不是把它们视为一个个孤立的元素。下面的实例介绍了图像化表现的各种方法，它们对于资源管理规划和城市设计的各个领域都是非常实用的。

阿拉斯加州

展现大尺度、多区域的三维视图，对于处理自然资源、大规模的交通和居住区的影响等问题是非常有效的。阿拉斯加州地形草图（图 2-1）是一份用派通签字笔绘制于优质描图纸上的鸟瞰成角透视图。草图的原型是一幅幻灯片，翻拍于美国地质勘探局的地势立体模型地图，设计师将幻灯片投影至合适的尺寸再进行描摹。该地图为阿拉斯加地区很多项目的研究提供了基础，而且对于未来的研究，它也是一份很有价值的资源工具。

阿拉斯加州内陆地区

由于地表特征和自然系统的复杂性，像阿拉斯加东北部这样的大面积内陆地区，其

朱诺市

阿拉斯加湾

费尔班克斯　安克雷奇

阿留申群岛

诺姆市

阿拉斯加从俄罗斯方向看到的景观

图 2-1　阿拉斯加州示意图

区域尺度的地图是很难用作规划基本资料的。对于这样的规模，我们应该对基础参考资料的种类进行限制。阿拉斯加州内陆地区示意图（图 2-2）是以美国地质勘探局的地图为基础绘制的，后者为设计师提供了区域范围的相关数据资料，例如交通系统、村庄的位置，以及后来被称为"育空渡口"（Yukon Crossing）的大面积生境和野生动物信息。

林恩运河（Lynn Canal）是一幅空中成角透视图（图 2-3—图 2-4），描绘了阿拉斯加州东南部海恩斯城（Haines）周围的陆地形态。海恩斯是一个人口超过 1100 人的城市，位于该州东南部狭长地带的北部，在朱诺市（Juneau）的西北部，距离 75 航空里程（air miles），在斯卡圭（Skagway）以南 16 航空里程处（公路距离要超过 300 英里）。太平洋山脉系统的海岸山脉成就了这个地区的特色景观，它被称为奇尔卡特山脉（Chilkat Range），以冰川、水湾和峡湾而著

称。在规划和设计过程中，设计师一定要将这种极具特色的景观视为该地区固有的特质。规划师 / 设计师必须投入必要的时间和精力，将该地区的奇景以钢笔墨水草图的形式记录下来。

所谓图像化的表现就是一种生动的绘画，或是对真实生活的诠释，其中空中成角透视的原型取自航拍照片。兴建在土地上的居住区是由其文化、政治、经济、地理和历史等因素构成的整体，而这些因素的状况都会反映在空间布局上。特林吉特人（Tlingit）是最早定居在该地区的原住民，并在 19 世纪中期与育空地区的阿萨巴斯坎印第安人（Athabascan Indians）建立了以营利为目的的贸易网点。海恩斯是从东南沿海地区经过"油脂小道"——从前在淘金潮期间，这条路叫作道尔顿道（Dalton Trail），现在是海恩斯高速公路——到达海拔较高、气候寒冷的内陆地区的门户。1879 年，环境学

图2-2 阿拉斯加州内陆地区示意图

家、自然学家约翰·缪尔（John Muir）和 S. 霍尔·杨（S. Hall Young）一同前往该地区，受国家长老教会（National Presbyterian Mission）的委托，为未来的海因斯城选址，并确定为当地特林吉特村（Tlingit villages）服务的学校和医疗机构的位置。他们最终选定了两座山峰之间的一片马鞍形凹地，这里是当地居民陆上运输的地方。

准备草图的绘图技巧包括利用针管笔在描图纸上绘制阴影线与涂鸦。林木覆盖区用画圈的方式表现，示范了通过相同图形的重复运用（但大小和密度都有变化），以获得视觉趣味效果的技法。比较近景的圆圈图案中填充了 45° 角的阴影线，笔触快速而随意。逐渐缩减树木的大小就可以营造出距离感，直到它们最终融入中景山脉的纹理中。前景中的树木是一棵一棵绘制的，而远处的纹理也采用了相似的形状。图像化表现的目的在于为当地居民和规划团队描绘出土地形态的状

2-3

2-4

图2-3和图2-4 林恩运河透视图

费尔班克斯

图2-5　费尔班克斯平面规划图

况和位置。它将情境牢牢地"凝结"在一个可见的框架当中。

土地形态与居住区

费尔班克斯规划图（图2-5）描绘出了基本的街道布局模式，可用来研究相关的二维定量关系。而且对交通运输状况统计的网络资料，以及土地利用情况的研究，也可以使用这份图纸。这类地图可能很简单，它能够为相关人员提供参考与定向资料，同时还为后续更有针对性的研究保留了一些细节。

湖岸冰碛地带：地形中蕴含着设计的可能性

密尔沃基湖滨（Milwaukee Lakefront）景观是一幅空中成角透视图（图2-6），取自威斯康星州密尔沃基市中心湖滨区域①国际设计竞赛的获奖作品。为了寻找湖滨地带

重新开发项目中空间组织所必需的物理元素，设计师仔细回顾了密歇根湖沿岸的历史地质模式，特别是湖岸的冰碛地带。为了在紧迫的时间内找到线索，设计师将湖泊活动对自然景观的影响（主要是指对于主体沙丘和二级沙丘的影响）绘制成了形象的草图以供研究。在历史上，早期聚落模式受冰碛地貌的影响是很明显的，现在，设计师在市中心湖滨地带的设计中重新凸显这种地貌特征，并将其作为人类活动与建筑形式的主题。

密尔沃基草图（图2-7）将情境调研结果和设计的可能性整合在一起，在生态区域的范围内明确设计的线索，并将这些信息在尺度上缩小，直到将这些线索发展成为区域详细规划提案的框架。

将居住区放置于其所处的场所之中

贝塞尔圈（Bethel Circle）

规划图是一种基本的工具，它可以描述情境背景，并提供参考比例和方向。在视觉效果上，它们可以将一些对象夸大，使之变得更加明显；它们可以在一张图纸上重点刻画想要表现的对象并取得富有渲染力的效果，而如果采用文本的方式，可能需要好几页的统计数字才能达到相同的效果。

贝塞尔地区（Bethel Area）平面图（图2-9）是一个半径为50英里的圆形，围绕着中心

---

① 这个设计概念来自几个获奖方案之一，发表于1980年威斯康星州密尔沃基湖滨区重新规划国际竞赛：规划与设计竞赛总结报告。

图2-6 区域的力量。在空中透视图中，将研究地点放置于区域大环境中，并将冰碛地貌作为组织原则，在研究地点尺度的图示中做进一步的描绘

大草原、森林、河流和湖泊，这些都是冰碛地带的特色景观，它们构成了密尔沃基地区的城市形态与文化状况。这里是大自然和人类系统的交汇地，在河岸的冰碛地带，我们可以找到二者融为一体的印记，这有助于推进城市的文化与物质发展

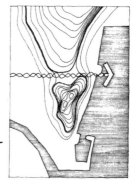

新的冰碛形态反映出该地区景观的起源

冰碛区域的高速公路（从区域尺度到局部尺度），同时也创建了进入城市的门户

冰碛景观塑造了城市内部的文化分区

通过冰碛景观，将绿化带一直延续到城市内部

冰碛地带对交通系统的组织有指导意义，并可以起到缓冲的作用

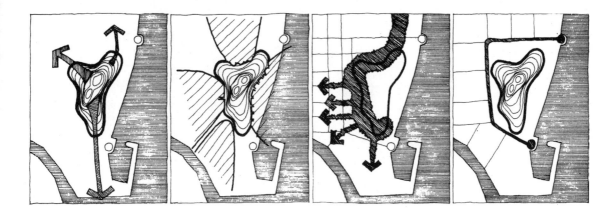

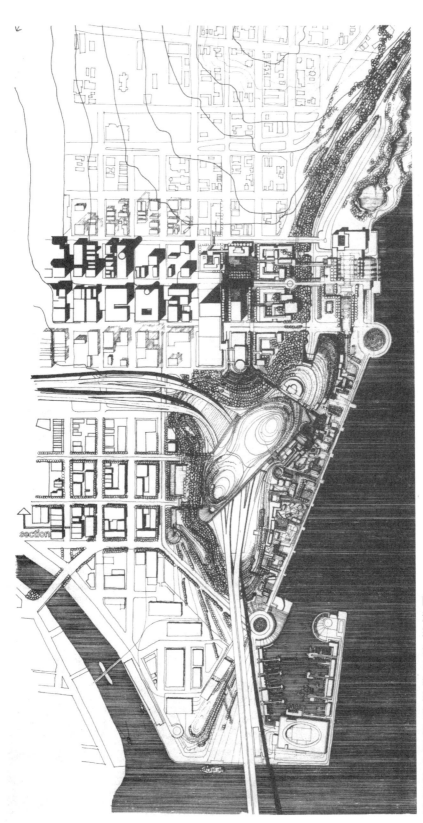

图2-7 密尔沃基湖畔设计。最终表现图在色调的明暗关系上延续了该地区前期示意图的组织原则。画面要表现的重点是冰碛地带的景观，因为它是塑造这个新城市的决定性因素。图中还包含一条未完成的高速公路路段以及一个被引入城市中的公园

图2-8　湖滨城市截面。设计方案参考了现有的城市景观和高速公路的结构

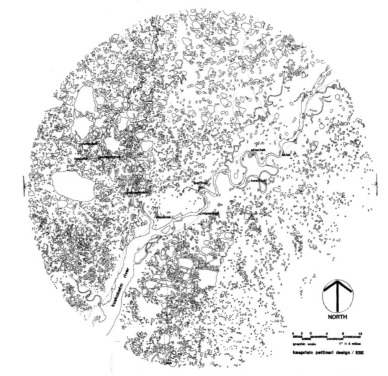

图2-9　伯特利圈

图2-10　伯特利阶段草图。伯特利地区的卡斯科奎姆河岸每年都会被不断上涨的河水侵蚀60英尺，这就要求河岸上的建筑也必须要进行抬升和移动，这样的状况导致了居住区形态和所有权模式都变得像迷宫一样混乱。设计师通过一系列透视草图，形象地展现了居住区随着时间的推移而逐渐发展的画面，滨水区的面貌逐渐变得稳定下来

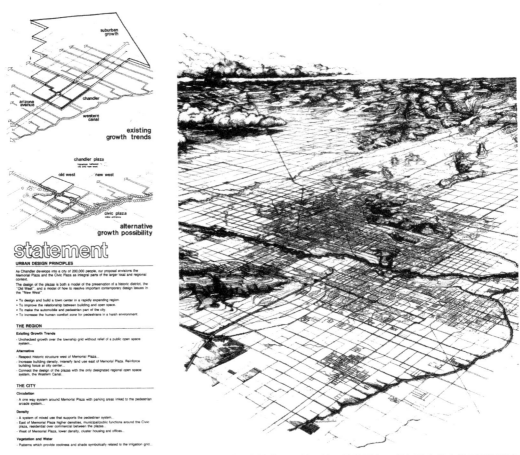

图 2-11　钱德勒城镇中心设计。通过空中透视，将研究地点置于其区域环境背景中，并在研究地点的尺度下确定设计的组织原则

的伯特利市，这座城市坐落在西部沿海的平原，最高点的海拔高度为 12 英尺。在这个圆形区域范围内分布着大量的湖泊和池塘，反应出季节性变化对土地形态所造成的影响。这些图纸着重描绘了生态系统所受到的影响，即每年春季卡斯科奎姆河（Kuskokwim River）洪水泛滥，在洪水退去之后会留下很多淡水湖，其中鱼类资源丰富，成为适合水禽生活的栖息地。这幅草图描绘了该地区生态系统的状况，它是后期居住区规划作业的基础。草图是用针管笔和印度墨水绘制在描图纸上的。另附一些描绘伯特利地区其他事项的三维草图。

钱德勒区域（Chandler Region）草图，先以生态区域的尺度探索建筑形态的可能性，再转变为建筑的尺度进行深入探讨。这是亚利桑那州钱德勒镇中心全美规划设计竞赛的一部分，在这张图纸中，设计师将钱德勒设想为广阔农业平原网格中的一小块，其灌溉水渠来源于亚利桑纳河流域。钱德勒镇附近区域的放大鸟瞰图，显示出这座城市就像贴附在网格系统中的一块平板，朝着邻近的凤凰城方向不断发展。第二幅草图仍然使用相同的情境框架，将运河作为开放空间，并以水元素作为布局的原则，形象地描绘了城市发展的另一种可能性。最后，设计的可能性被带入更详细的城市尺度的图纸中，利用另一幅空中成角透视图——钱德勒镇中心景观图（图 2-11）说明基地的概念。另外，还有一系列的规划图：钱德勒地区规划可能性示意图、循环水系统示意图、绿色空间系统示意图，以及建筑密度示意图。以图像化的形式将情境的研究成果表现出来，设计的机会也会随之浮现，这种方法既可以用作内部沟通，也适用于外部交流。最终定案的细节将会在城镇和区域尺度下的框架内进行描绘。

甘布尔港镇（The Port Gamble Townsite）是隶属于一家公司的锯木厂小镇，坐落于华盛顿州西部的吉萨普半岛（Kitsap Peninsula）（在西雅图西北方向 25 英里处）。小镇的城址、工厂、驳船码头以及邻近的木料区都掺杂在一起，形成了西北部地区典型的资源依赖型聚落格局。要表现出区域和当地情境背景之间的关系，就需要很多不同比例的视图：从普吉特海湾到城镇，再到镇中心区。在成角透视图中，北部的吉赛普半岛、城区和镇中心都连接在一起，构成了整体的情境背景，并显示出包含城区在内的各个部分之间的关系。类似于城区平面这样的规划图纸可以为参与者提供完整的参考与定位基础。所有的图纸都是用针管笔和鸭嘴笔绘制在聚酯薄膜或描图纸上的，并依比例逐渐缩小的顺序排列。

西沃德堡（Fort Seward）/ 货运湾草图（图 2-18）描绘的是一个人类居住区，这个居住区与一块天然的鞍状陆地相连（这块陆地位于两片水域中间，呈马鞍状），此外，与这个地块接壤的还有峡湾、山脉和邻近的冰原。草图描绘的就是在一片愈渐广阔的陆地上的人类居住区的形态。历史悠久的威廉·H. 西沃德堡兴建于 1903 年至 1910 年，

位于另一个鞍状地块的一侧，这个地块夹在林恩运河（Lynn Canal）的货运湾（Portage Cove）和奇尔卡特（Chilkat）河口之间。西沃德堡是在华盛顿特区设计的众多堡垒之一，被称为"可以放在任何地方的建筑"，因为整个美国都在使用这份相同的建筑设计。设计师把这个"可以放在任何地方的建筑"放在了这个鞍状的地块上，以奇尔卡特山脉（Chilkat Range）的大教堂主峰（Cathedral Peaks）为背景，为了便于民众参与设计过程，设计师将其布局以图像的形式表现出来，于是，这个地方戏剧性的效果就立刻呈现在人们眼前了——这确实是开启一系列城镇规划会议的好办法。

聚落模式也属于土地形态的一部分，无论好坏。了解了聚落模式与土地形态之间的关系，我们就会进一步认识到情境是场所定义中的一部分。在厄珀（Upper）主干道系列草图（图 2-19）中，设计师利用常视高透视图将土地形态和聚落模式联系在一起，在描绘土地形态的时候使用比较深的色调来凸显大面积的场所—情境对城镇形态的影响力。这种从客厅的窗户眺望出去的景观表现了场所和情境之间的联系，同时也搭建起了探索设计机会的平台。

岛屿

岛屿是一种特殊的陆地形态，它可能是从其他地方漂流过来的大块岩层，也可能是由邻近的岩层碎片构成的。矗立在水中的一片陆地会使人联想到汪洋中的一艘大船，它最突出的特点就在于水陆交界处所表现出来的张力。由岛屿构成的城市并不多见。由于岛屿的存在，会使复杂的城市居住区当中出现一些特殊的场所。曼哈顿岛和巴黎左岸都是处于城市居住区之中的岛屿，环境对于

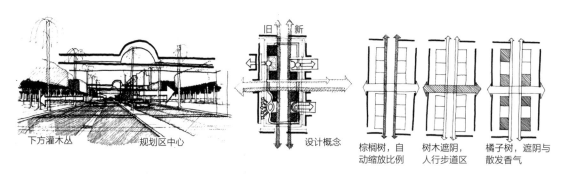

下方灌木丛　　　规划区中心　　　设计概念　　　棕榈树，自　　树木遮阴，　　橘子树，遮阴与
　　　　　　　　　　　　　　　　　　　　　　　动缩放比例　　人行步道区　　散发香气

图2-12 钱德勒镇中心组织结构图。利用平面图将研究区域分割成相互连接的各个部分

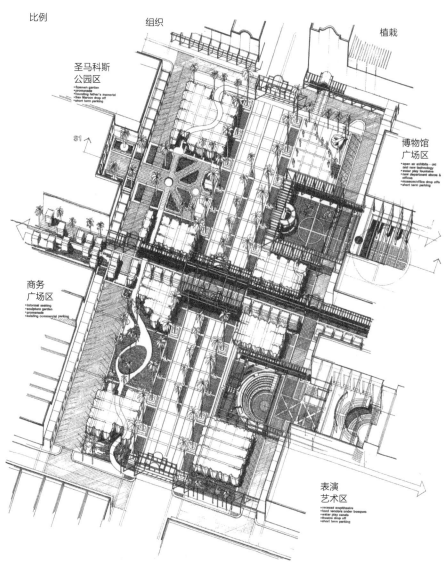

图2-13 钱德勒镇中心设计方案。最终的表现图延续了前期基地状况分析阶段建立的组织原则，强调界面的连接。建筑物被视为透明的体块，绘图和开发的重点都集中在城镇尺度下，沿着开放空间系统布局的建筑物边界面处理。而城镇系统，则存在于区域系统的内部

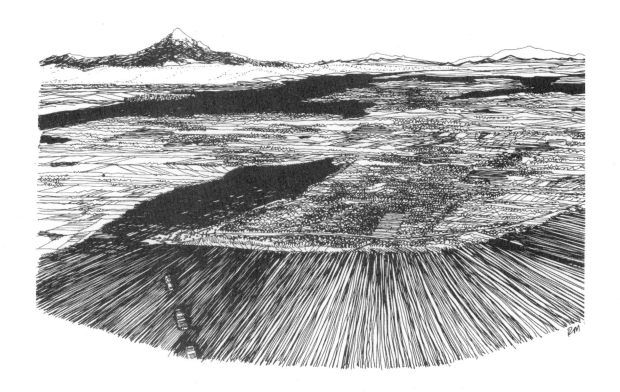

图 2-14　普吉特海湾和北吉萨普半岛

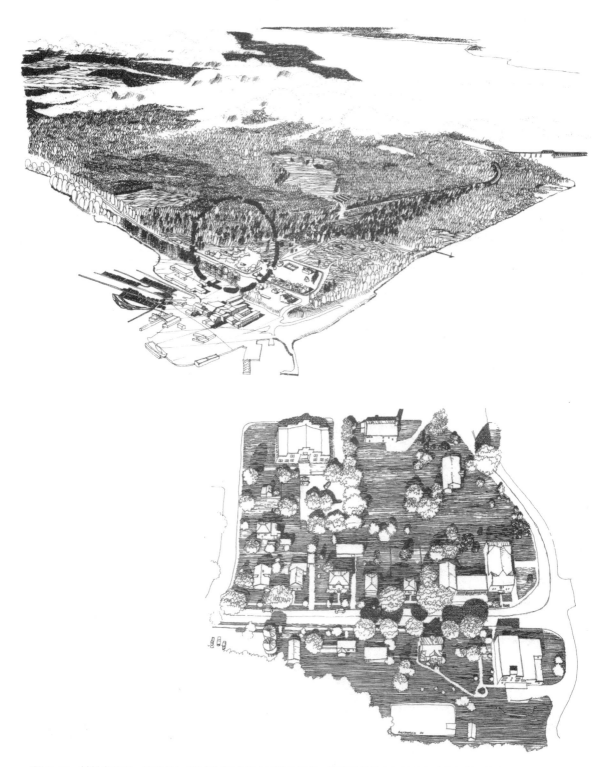

图 2-15　城址鸟瞰图。这些空中成角透视图中包含足够的细节，清晰地描绘出了这个历史悠久的工作小镇的自然景观。先选择一个合适的位置，将城镇的全貌都表现出来，之后再将镇中心局部区域放大研究

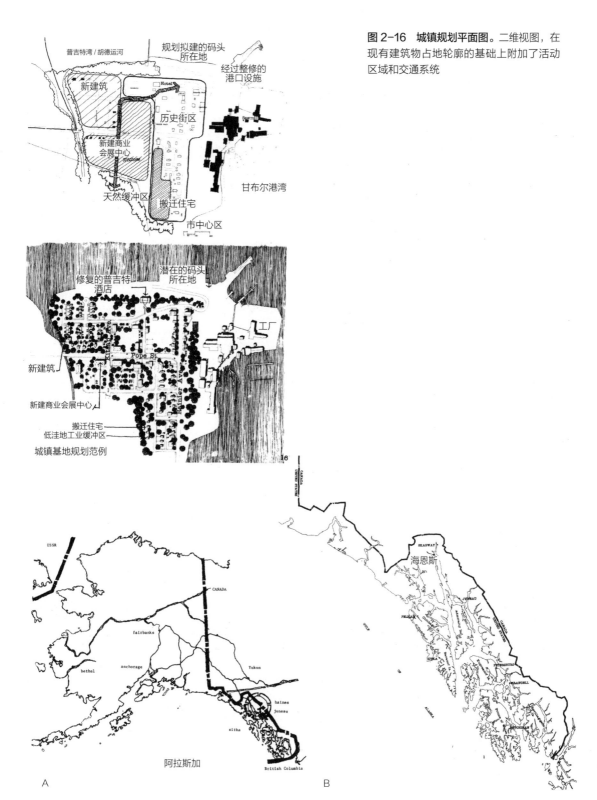

图 2-16　**城镇规划平面图**。二维视图，在现有建筑物占地轮廓的基础上附加了活动区域和交通系统

图 2-17A、B　**海恩斯地区情境地图和平面草图**。这一系列草图为民众展现了海恩斯地区的各项物理条件、组成部分，以及海恩斯、苏沃德堡和地形地貌之间的关系

A

货运湾

B

图2-18A、B、C　西沃德堡／货运湾草图。这一系列草图将半抽象化的图形特征（用画圈的方式表现树木）同色调对比（改变画圈的疏密度）结合在一起，生动展现了威廉·H.苏沃德堡独特的地理位置

C

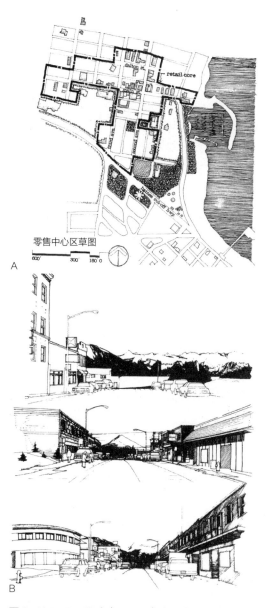

零售中心区草图

A

图 2-19A、B　厄珀（Upper）主干道系列草图。这些草图将市中心区当作一个室外空间，通过"向外看"的视角，强调了周围峡湾环境对城市的影响，以及峡湾与城市形态之间的关系

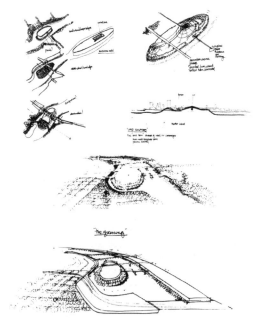

图 2-20　岛屿形态研究。这些草图通过控制陆地和水域界面的明暗度，突出岛屿地形的本质。图中列举了各种登陆岛屿的构造系统，以及它们对岛屿的影响

要地未来发展的公共论坛。[①] 尼科莱特岛不仅在明尼阿波里斯市中心区具有非常重要的战略地位，而且由于它在地理位置上非常靠近安置大量工业设施的密西西比河川走廊，同时又是距离城市最近的一个岛屿（特别是北部），所以邻近地区甚至都没有将它视为一座岛屿。海登岛，属于哥伦比亚河（Columbia River）流域，位于俄勒冈州波特兰和华盛顿州温哥华的交界处。这两个岛屿都被用作了跨越其所在河流的阶石，首先是铺设铁路，之后又陆续修建公路，架设电力传输线。岛上的交通设施与本土大陆并没有

岛屿的各个部分都存在着约束的力量。

尼科莱特岛（Nicollet Island）和海登岛（Hayden Island）示意图（图 2-21），展示了在不断变化的大都会区，岛屿部分不同的开发概况。这两个实例均节选自有关这些战略

① 尼科莱特岛地图是"河流图片"（Images of the River）环境研究的一部分，由明尼苏达州明尼阿波利斯的沃克艺术中心（Walker Art Center）制作。1977年刊登于《设计季刊》（Design Quarterly）。海登岛地图是最近一项研究的一部分，旨在研究穿越岛屿的元素——俄勒冈州波特兰以及华盛顿州温哥华之间的轻轨线路。该图纸由俄勒冈州波特兰市地区铁路项目公共拓展计划部门制作。

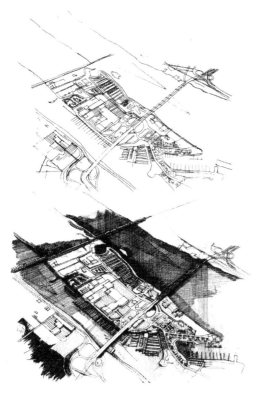

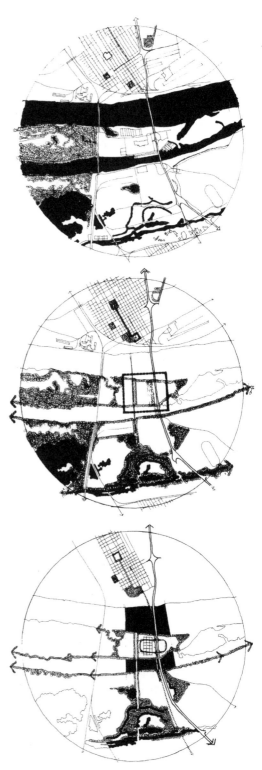

图 2-21　海登岛。现况草图，根据一幅航拍照片的线框图绘制。图中利用色调对比强调了岛屿的边界

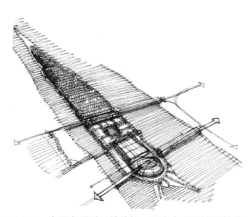

图 2-23　海登岛登陆系统分析。以空中透视的视角分析了各种可能的登陆系统：州际高速公路、拟议的轻轨和现有的铁路

图 2-22　海登岛。这三张规划图纸分别侧重描绘岛屿结构的不同方面：水、植被和已经建成的登陆系统（高速公路、拟建的轻轨和铁路）

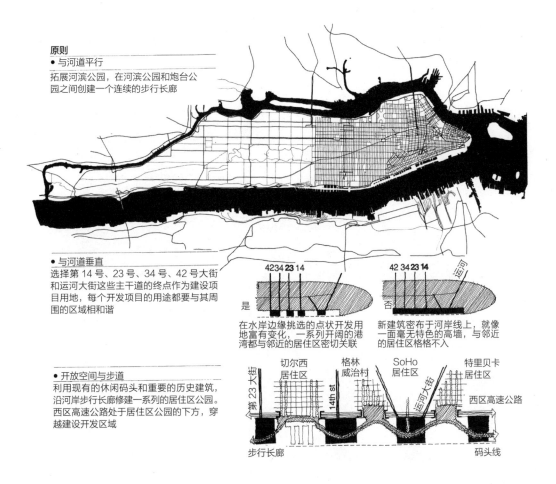

原则
● 与河道平行
拓展河滨公园，在河滨公园和炮台公园之间创建一个连续的步行长廊

● 与河道垂直
选择第 14 号、23 号、34 号、42 号大街和运河大街这些主干道的终点作为建设项目用地，每个开发项目的用途都要与其周围的区域相和谐

4234 23 14

是

在水岸边缘挑选的点状开发地富有变化，一系列开阔的港湾都与邻近的居住区密切关联

42 34 23 14　运河

否

新建筑密布于河岸线上，就像一面毫无特色的高墙，与邻近的居住区格格不入

● 开放空间与步道
利用现有的休闲码头和重要的历史建筑，沿河岸步行长廊修建一系列的居住区公园。西区高速公路处于居住区公园的下方，穿越建设开发区域

切尔西居住区　格林威治村　SoHo 居住区　特里贝卡居住区
第 23 大街　14th st　运河大街　西区高速公路
步行长廊　码头线

图 2-24　曼哈顿西区水岸区域设计方案。草图勾勒出了一条延伸至水岸边缘的主干道

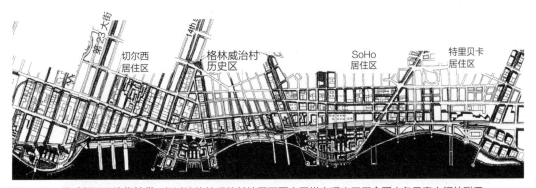

第 23 大街　14th st　切尔西居住区　格林威治村历史区　SoHo 居住区　特里贝卡居住区

图 2-25　曼哈顿西区边缘地带。经过渲染处理的基地平面图也同样表现出了概念图中各元素之间的联系

图2-26　曼哈顿西区岛屿边缘地区规划方案

图2-27　汤森港全景图。华盛顿州汤森港沿岸，建筑与自然景观相映成趣

什么明显的区别。岛内以及周边区域的建筑开发比较分散（尤其是周边区域更为明显），其建筑布局与岛屿的形态并没有什么一致性的关联。站在连接岛屿与大陆的大桥上，人们会感觉岛屿更像是邻近城市的扩展，而非一片孤立存在的地块，这就印证了过去关于岛屿的一条重要线索——历史上这里曾是进入城市的门户。

图像化的技术被用来重点刻画岛屿的景象，使之成为一个有待开发的有序实体。岛屿的自身条件使之成为城市地区稀有的资源，并为设计师提供了独特的设计机会。无论对设计师还是普通民众来说，这些草图都是形象化进程中的一部分，它们清晰地描绘出了岛屿的边缘，对比穿越岛屿的不同方式，并揭示出各种景观与建筑形式的可能性。

曼哈顿

在一次纽约市曼哈顿西区国际设计竞赛[①]上，参赛者提交了很多描绘岛屿地形水岸处理的图纸，探讨方案中建筑物的造型对于水岸边缘的限定和联系可以起到什么作用。为了设计交流，作者在规划平面图中表现了水岸区域的设计概念，即建筑物和开放

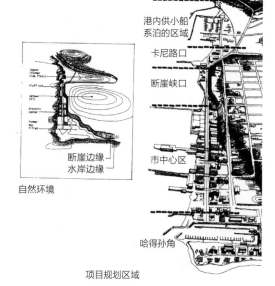

图2-28　汤森港岛瞰图

空间沿着水岸交替布局，并与一条连续的步行长廊交织在一起。在这个构思的旁边，作者还绘出了另一种不同的思路，即所有建筑都沿着河岸排布，好像一面连续的高墙。根据这套设计方案已经发展出了总体规划平面图，并且在重要路段（例如第14号、23号、34号和42号大街）还制作了比较详细的建筑体块模型。

汤森港

很多居住区的规划设计并不是被动的根据自然条件顺势而为，而是让自己变成了自然环境中一道亮丽的风景线。华盛顿州景色

[①] 该项设计为纽约市曼哈顿西区国际设计竞赛的获奖作品，此次竞赛是由纽约市立艺术协会和国家艺术基金会赞助举办的。出版：Arredo Urbano，1988年10月。

图 2-29　汤森港空中成角透视图。作者选择了普吉特海湾地区的山峦和海湾作为居住区的情境背景

图 2-30 和图 2-31　育空渡口。这一系列草图均是用尖头鸭嘴笔在原始聚酯薄膜基础地图的复印件上绘制的

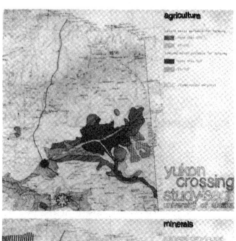

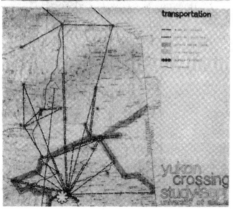

2-30

2-31

迷人的汤森港兴建于 19 世纪后期，就是设计师对天然的海岸线进行大幅改造的成果。该项目运用 19 世纪 90 年代的最新技术，即使用原本用于开采黄金的高压水龙，从邻近 70 英尺高的断崖上将黏土和淤泥冲刷下来，用作兴建市中心区的基础或支撑。

汤森港全景图（图 2-27）是以一张在船上拍摄的幻灯片和相关草图为蓝本绘制的，形象地描绘了广阔的水域与城镇风景交相呼应的美景。画面上，最主要的形体信息就是水面的波纹，以及沿水岸分布并一直延伸至悬崖顶部的建筑群。相较之下，汤森港空中成角透视图（图 2-29）侧重于对汤森港所在大环境的表现，描绘了普吉特湾和奥林匹克山脉（Olympic Mountain）大面积范围内半岛型的情境背景。画面中，断崖的充填开采清晰可见。这有助于当地居民理解城镇建设当中人为的本质；了解这些拥有博物馆般品质的历史建筑同它们所在的脆弱易碎的基础之间的关系（这里属于地质松散的地震带）。

设计师以汤森港空中成角透视图（图 2-29）为基础，再以彩色马克笔多重叠加，用于居住区会议上，展现出"大局观"的景观效果。图纸的底稿是用黑白打印机打印出来的墨线图，再辅以彩色马克笔，将从生态系统到渡轮码头所有景物——呈现了出来。其中还包含一幅用针管笔和印度墨水绘制在聚酯薄膜上的示意图。

汤森港岛瞰图（图 2-28）着重刻画了居住区前方水岸边缘没有改造之前的样子。这幅草图只是运用简单的线条，对这片土地的形态和特征进行了半抽象化的描绘，有选择性地筛选掉了一些在这个比例的图纸中不太易于理解的特征。

图纸内容简明扼要，并没有多余的信息：这是设计师根据对该地区地形与地质详细资料的分析而做出的解释。

◎ 通过图像区分情境中的各个部分

生物物理、文化和管辖权

在规划设计过程中的某个阶段，设计师需要对整体中的各个部分进行区分与评估，之后再将它们放回到整体的关系当中。一般用于表示各部分类别的术语包括：生物物理、文化和管辖权。它们涵盖了环境中的各项因素，从地质条件到建筑物的租赁模式。

生物物理部分

生物物理信息指的是在一个给定的场所内生物学关系的物理形态。这些信息构成了所有规划和设计领域对现有条件进行规范化分析的基础，从资源管理到建筑风格。

生物物理信息一般包括：

- 地质学——灾害、矿产、地震、火山活动、物质坡移、沉积物运移等；
- 洪水及冰雪灾害；
- 地形及地表特征；
- 水域及流域盆地；
- 土壤及坡地；
- 水资源——地表水及地下水；
- 植被；
- 野生物种——陆地、海洋以及水生物种；
- 沿海及内陆生境（湿地及潮汐平原，有植被的峭岩，近海与河口地区，河流、溪流和湖泊，高地生境）；
- 空气和气候条件（降水、温度、风、雾、逆温现象）。

在收集与分析信息的时候要记住一个原

则，那就是我们所收集到的信息，并不是一个真正独立存在的实体。信息代表着某种分离出来的关系和模式，它能够提炼为可以度量的数值，供人观察与使用。而只有将信息放置于关系和情境当中时，它才会表现出真正的价值。

如果可以将生物物理信息纳入参考 / 定位基本资料当中，那将会是非常有价值的，由此便可以确定各元素之间的关系。地形条件是生物物理信息当中最基本的参考要素。当前的地理信息系统（Geographic Information Systems，简称 GIS）由于技术依赖以及精准度不足，或是存在数据输入和回馈速度较慢的问题，并不适用于一些小城镇和农村地区。有一种手工的替代方式也是非常有效的，那就是在一份可以缩放比例的二维地形图上，利用图钉覆盖叠加上各种不同的系统。每一层生物物理信息都被绘制在一张聚酯薄膜上，薄膜附有图钉固定的小孔，可以将很多张薄膜叠加在一起覆盖在基础地形图上。之后，相关人员就可以对这些薄膜上的信息要素进行研究，分析它们的共性、冲突，以及相互之间的关系。伊恩·麦克哈格（Ian McHarg）在其著作《设计结合自然》（Design with Nature）中，对这种重叠 / 冲突的认证法进行了推广；相关内容可参见"综合地形障碍物"（Composite Physiographic Obstructions）地图（McHarg，1971）。

育空渡口

利用一般性的关系和具体的信息，就可以描绘出一片很大区域的基本情况。阿拉斯加州的东北角地区就是这样一个例子，该地区的面积相当于中西部很多州加起来。利用通用的图像符号代表各项信息，这样其核心

内涵就以图像化的形式表现出来了。草图使用鸭嘴笔、印度墨水绘制在不透明的复印纸上（事先复印了东北角地区的基础地图）。[1]

马更些河（Point MacKenzie）系列地图（图 2-32、图 2-33）是用印度墨水绘制在聚酯薄膜上的生物物理信息实例，表现了野生动植物和土地形态相关的信息。利用图钉可以将不同的资料分析图叠置，还可以将选定的组合打印出来。草图需要进行黑白复印，还要经历很多机构的审查程序，所以我们需要找到一种能够经得起多次翻印的绘图技法。在这种情况下，我们最常使用的是二维图，以它作为底图，上面叠加的所有信息层的参考比例尺都是一致的，并且是可以测量的。麦肯齐河系列地图展示了将基本信息作为底图的应用。这些图纸上绘制的都是一些一般性的信息，但它们足以为读者提供参考和定位。地理信息系统地图也是可以使用的，但由于这种地图的可视化效果并不太理想，所以使用有限。

佩利肯（Pelican）资源系列地图（图 2-34—图 2-36），展示信息的规模按顺序递减，从开始的整个生态区到后来的居住区规模，从开始全州规模的半抽象信息到后来居住区规模的更详细、具体的信息。设计人员组合起来的每一份图纸都代表着复杂的自然环境中不同的部分，这些都是在制定规划策略之前必须了解的信息。所有地图均是使用印度墨水、针管笔和鸭嘴笔在聚酯薄膜或描图纸上绘制的。这些图纸能够为没有受过专业训练的普通民众提供参考的框架，这一点是非常重要的。参考图和方位图首先从全

---

[1] 这些草图都是在费尔班克斯和北部地区现场绘制的，当时，可以取得的绘图工具有限。相关信息的形状和样式均采用高对比度（黑白图），如此可以保证复印件的品质。

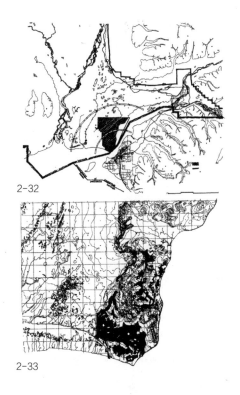

2-32

2-33

图2-32和图2-33 马更些河系列地图。这些地图是由工作人员准备的图像化资源，用来定位、参考和详细说明情境中的信息或资料的空间含义。图纸是用尖头鸭嘴笔和针管笔及墨水绘制在聚酯薄膜上的。相较于标准的地理信息系统（GIS）图纸，手工绘制的GIS系统图具有更多的灵活性与特色

策略草图

图2-34—图2-36 佩利肯资源系列地图。在这些图纸中，将生物物理学边界、沿海生境、陆地哺乳动物、地球物理灾害以及渔业捕捞等信息形象地表现为可以量化的数据，这要得益于空间上的参考和定位。图纸由工作人员绘制

2-34

2-35

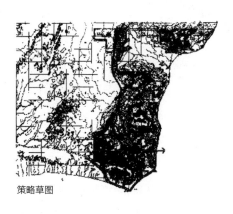

土地使用区域　沿海生境

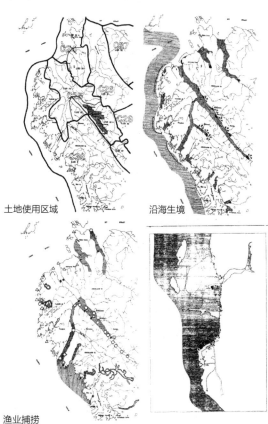

渔业捕捞
2-36

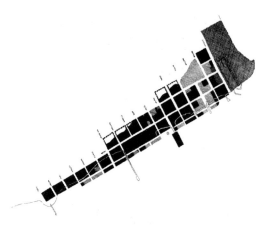

图 2-37 汤森港所有权地图。黑色区域代表私人土地；阴影线区域代表城镇；交叉阴影线区域代表半公有土地

州的规模开始，之后逐级缩小到居住区的规模。这些图纸都是从佩利肯居住区和其周围海岸情境研究资料中节选出来的，该项目由阿拉斯加州海岸管理局和地区事务局提供赞助。

管辖权和所有权特征

管辖权信息指的是公共或半公共机构对土地所拥有的权限或行政控制。仅仅声明某一块土地属于州政府机构控制是不够的。海岸带管理、渔业和野生动植物、林业、卫生以及其他所有方面都有各自的政策、法规和许可条件，这些机构的管辖范围需要在项目所在区域和周边地区内针对性地加以确认。

要想完成规划和设计，了解管辖权和所有权的相关信息是非常重要的。这些信息都是会对地块造成影响的隐藏力量和控制因素。要将这些信息以图像化的形式表现出来，并不仅仅是提列名单或将它们标注在地图上这么简单；这意味着我们要利用图像技术寻找空间的模式，而这个过程往往就是实施策略的基础，在这个过程中，我们会逐渐判断出哪些设计方向是可以继续深入

发展的，而哪些设计方向是行不通的。汤森港所有权示意图（图 2-37）说明了公有土地和私有土地的分布状况。同时，它还显示出本地私人业主和外地私人业主的构成，例如，通过图纸可以看出，在一个特定的城市区块内，外地私人业主所有的土地占了 50% 以上。在公开会议或战略研讨会上，设计师可以利用城市分区参考地图这种图像化的形式，与地方官员就一些关键性的信息进行交流。图纸由针管笔和印度墨水绘制于聚酯薄膜上，图形简单，对比强烈。

交通、运输和基础设施

将运输和基础设施相关信息放置在比较详细的情境中，可以增强这些信息与居住区之间的关联性。每项分析图中，底图的参考和定位信息都要一致，例如建筑占地轮廓、邻近的活动等。如果脱离了情境和模型的辅助，那么这些数据图对民众来说就只是一些孤立的线条和没有关联的数据，很难理解。在这些实例中，底图是用针管笔和墨水绘制的，以此为基础，再利用彩色马克笔添加交通、运输等相关信息，于是，在底图和新的信息之间就形成了鲜明的对比。谢尔顿（Shelton）系列地图（图 2-38—图 2-43），展现了从整个大都会区到市区不同尺度的草图。

问题、关注点和设计的可能性

规划人员最常做的工作就是提列出问题，确定关注事项，探索设计的可能性，以及根据问题准备矩阵图。这是一种比较偏重于定量情境分析的方法——在图像化思考与分析的过程中逐渐架构出形体，帮助设计师或规划师辨识出造型产生的各种可能性。这些图纸有可能会过于"精简"，还需要其

图 2-38—图 2-43　谢尔顿市系列地图。用钢笔、墨水和彩色马克笔绘制的形象化数据资料

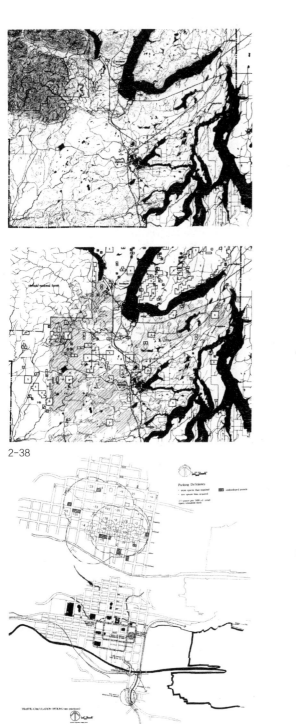

2-38

2-39

2-40

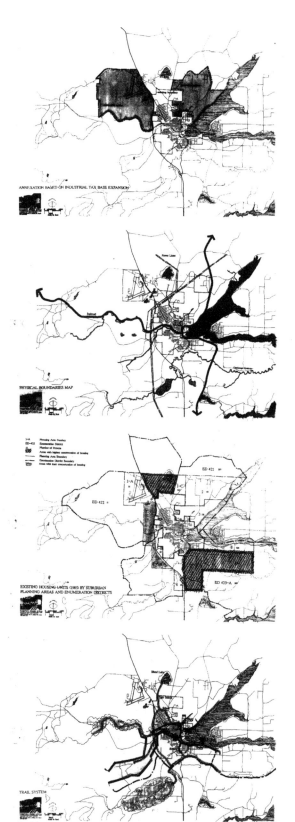

2-41

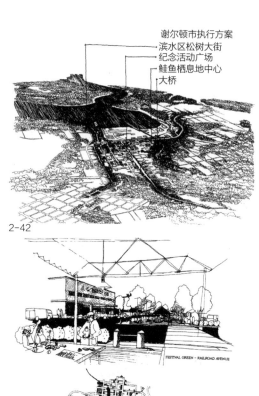

2-42

2-43

他分析图和情境信息作为补充。

我们可以在基础地图、航拍照片复印件和三维表现图上添加能够表现出项目区域空间状况、现实条件、存在问题和发展趋势的信息，再对重点议题进行进一步的澄清与改善。在线条底图上用彩色马克笔添加新的信息，这样的图纸非常方便复印。在以图像化的形式提列问题、确定关注事项、探索设计可能性的过程中需要注意，决不能脱离大的情境背景，而使分析过于简化与孤立。

西沃德堡规划可能性分析图

我们可以利用二维地图作为底图（要求符合比例并且可以度量）绘制各种规划可能

性的分析图，这样的图纸可以用于公众审查与讨论。在这个阶段，相较于很多人都习惯的没有什么参考的"胡乱勾画"，具有一定空间参考系统的概念草图不失为一种更好的方法。

活动模式及相互关系

活动模式通常是指人类的活动，它包含的范围很广，从传统的土地使用状况到步行者的行为模式研究。为了便于比较，土地使用信息常常需要加以量化，可以用二维地图、示意图或三维轴测图表示。

活动模式包含但不局限于以下内容：

- 开放空间——硬化车行路面，公园和休憩场所，生境与自然系统（泄洪道、河漫滩、湿地）；
- 房舍；
- 商业／零售业；
- 公共与半公共设施；
- 工业及制造业；
- 文化相关事项。

以上土地用途的图像化表现，可以有很多种形式。图纸可以是黑白的，也可以是彩色的，相较于图纸的形式，个人对于信息和相互关系的掌握才是更重要的。下面的例子是比较经济的黑白图，这种图纸的打印成本低——很适合像小城镇或居住区群体这样的业主。我们也可以将黑白图作为底图，在上面添加彩色的信息。常用的绘画技巧包括阴影线、屏蔽和勾勒轮廓线。图纸的明暗结构是一种非常重要的表现手法，它可以表现出土地使用资料的层次。我们一般使用比较深的色调表示高强度或高密度的土地用途，例如商业和工业用地（这类用途对土地的影响也比较大），而用比较浅的色调表示低强度或低密度的土地用途，例如住宅、公园和休憩场所等。对象外轮廓线的特征也有助于土地用途的表现：例如，用有机的、非线性的轮廓线表示开放空间，就代表这是一个有植被覆盖的开放空间。我们要利用各种线条表现出潜在的信息。

社会文化模式及其关系

在规划设计的过程中，如果规划师和设计师忽视了对社会和文化情境元素的分析，那么就很可能会错过重要的空间线索。将与人类居住区情境相关的各方面信息从空间的角度描绘出来，或者至少要辨识出人类行为模式的空间关系，这就是设计过程中首先要做的事情。举例来说，我们在一个项目的信息收集过程中发现，居住区住户中单亲家庭所占的比例很高，而在这部分家庭中又有一定的比例属于低收入户。对于这些信息，如果我们只是把它们纳入数字表格，而不放置到空间关系中去分析，那么调查的结果对于规划与设计的决策来说也就不会有什么实质性的指导意义。利用街区和人口普查数据可以编制出很多居住区的空间简图，并在居住区范围内以街区为单位标注出每个街区各项指标所占的百分比。如此，就可以探讨这些社会特性的空间分布状况。如果资料不足，规划师或设计师还可以对这些街区进行实地考察，记录建筑的实际状况、邻近的辅助设施以及其他的空间特征，这样才能描绘出更完整的情境画面。

政治模式及其关系

政治是人的事务，关乎人的立场、需要和要求，在一个公共环境或居住区环境中，不同的个体和族群都会有各自的需求。政治不仅限于参与政府事务，也是人类住区情境中一个非常重要的组成部分。规划师和设计

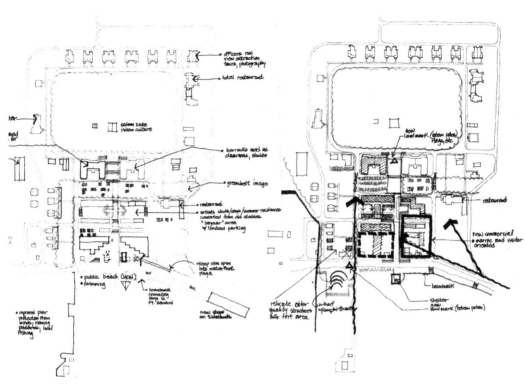

图2-44 西沃德堡设计可能性分析图。 图纸由彩色毡尖笔和针管笔绘制在描图纸上

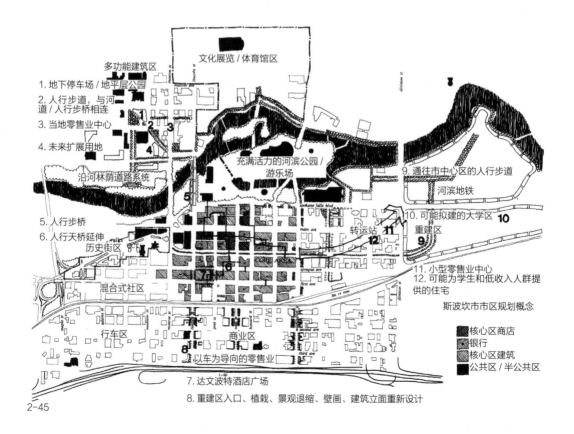

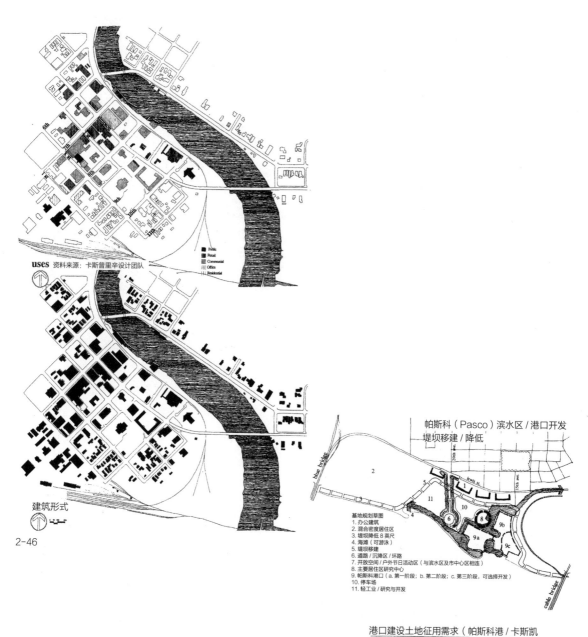

资料来源：卡斯普里辛设计团队

建筑形式

2-46

帕斯科（Pasco）滨水区／港口开发
堤坝移建／降低

基地规划草图
1. 办公建筑
2. 混合密度居住区
3. 堤坝降低8英尺
4. 海滩（可游泳）
5. 堤坝移建
6. 道路／沉降区／环路
7. 开放空间／户外节日活动区（与滨水区及市中心区相连）
8. 主要居住区研究中心
9. 帕斯科港口（a. 第一阶段；b. 第二阶段；c. 第三阶段，可选择开发）
10. 停车场
11. 轻工业／研究与开发

港口建设土地征用需求（帕斯科港／卡斯凯
迪亚地区开发）

待拆除的堤坝
可保留的堤坝（降低高度）
防波堤：从港口／防波堤开挖填土
私人产物拆除
坐落在共有土地上
坐落在私有土地上

资料来源：卡斯普里辛—佩蒂纳里设计工作室

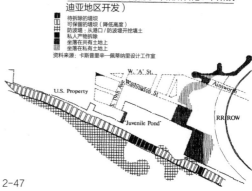

图 2-45—图 2-47　活动模式和相互关系分析图。为了有
效地绘制出相关信息，图纸运用了很多技巧，从针管笔到
彩色马克笔，让民众通过图纸了解到"数据"或"信息"
的空间含义

2-47

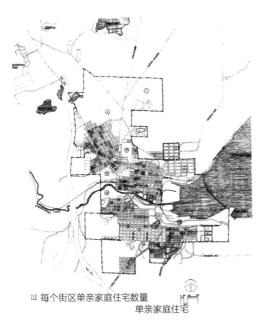

□ 每个街区单亲家庭住宅数量
单亲家庭住宅

图2-48　社会－经济特征。将深色描图纸覆盖在底图上用彩色马克笔绘制；这是便于公众参与的一种便捷而直观的方式。对普通民众来说，单纯的定量信息可能并没有什么意义，一定要附加空间上的参考和定位，才能使他们真正了解

师在进行场所和情境物理分析的时候常常会遗漏掉政治模式，这是因为他们没有意识到政治立场和议题对空间具有怎样的潜在影响。由一位家庭主妇、一位批发商人、一位房地产经纪人、一位设计专业人员和一名施工人员组成的规划委员会可能会提出一系列的空间议题，发现不同程度的细节问题。家庭主妇可能代表居住区中的一部分业主，他们支持兴建更多的居住区公园或更安全的限速车道。房地产经纪人和施工人员可能希望减少设计准则的约束，增加某些地块的密度。批发商则可能希望增加市中心区的停车场，或者至少减少一些人行道上行道树的数量，因为它们会遮挡商店的招牌。他们提出的所有议题都具有空间上的含义，也可以用空间的图示表现出来，而这些图示又附属于更大的画面。

这些议题的支持团体、民选官员、居住区委员会或居住区活跃分子们，隐藏在议题背后的想法才是更微妙的。一些居民团体可能会反对停车场规划提案，认为修建停车场的成本太高，但事实上，他们却把一条公共道路的尽头当作了自己的停车场，并且不希望公开，以免这块地块脱离自己的掌控。人们提出的议题并不都是意义明确、可以辨识的，但其中也有很多是可以辨识的，至少在对战略决策进行评估的时候，我们可以指明它们对空间的影响，而这将直接关系到项目能否成功实施。

情境与设计的可能性

利用二维半抽象视图、三维常视高透视图和鸟瞰图，都可以表现出建筑的格局。二维半抽象视图，例如"实体－空间"（solid-void）草图，其中有详细的建筑物占地轮廓线，也包括屋顶面的细节，既能概括出参考和定位信息，又能重点描绘出关键性的形式和关系。这里有一个关键词"格局"（pattern）：在各种形状之间反复出现或明显表现出来的关系。建筑的格局既是对已经形成的空间现状的记录，也是对尚未出现的和正在变化过程中的现状的记录，事实上，这些空间现状都是同时存在的。建筑的格局有很多关键性的衡量标准，它们对情境的品质具有重要的影响。

- 环境上的反应——环境的物质成分对温度、湿度和风力等条件的反应，并且随着反应程度的不同而发生改变；
- 时间确定性——时间是控制变化周期的尺度；
- 文化敏感性——以不同的方式占据主流文化，改变情境特征和整体的格局；
- 信息的二元性——它是一种代表决策过

程和制造结果的构造物，是一种真实存在的物理状态，也是情境定义的组成部分。它对情境的定义是持续进行的，随着建筑格局其他因素的改变，情境的定义也处于不断变化的状态之中。

实体 – 空间（solid–void）草图可以反映出量化的土地覆盖和使用强度相关信息，是建筑格局分析的基础。它只是分析过程的开始，并不是最终的成果。这种草图在平面规划图上标示出参考比例、居住区的配置情况，以及建筑占地轮廓的密度、强度等信息。再结合自然系统图和三维透视图，便可以描绘出住区的其他空间条件，将时间、文化和环境信息叠加在建筑格局之上，形成一份比较完整的基础资料。

谢尔顿基础地图（图 2-49）详细记录了建筑占地轮廓，可以作为底图，再在上面附加其他的信息。谢尔顿建筑形态草图（图 2-49）生动表现了建筑格局的强度，没有任何文字注解，就形象化地反映出了市中心区和滨水区的结构和组织，以一种半抽象的手法表现了人类对环境的塑造。

住区图像对比

在同样的比例下，将不同时期和不同地点的居住区放在一起对比，可以让人们对其尺度和密度产生新的认识。在这个实例中，我们分别列举了两个来自不同时期和地点的河谷地区城市；一个是俄勒冈州的尤金（Eugene），另一个是意大利的佛罗伦萨（Florence），它们的占地面积大致相同。同样在 1∶100000 的比例尺下，我们对这两座城市的建筑格局进行视觉上的比较，会发现它们的密度存在着非常明显的差异，而这是单靠数字无法表现出来的。透视草图采用行人的视角，展现了建筑物以及建筑物之间

空间的三维特征，具体可参见城市入口序列草图（图 2-52）和主干道历史景观（图 2-53）。由于汤森港的建筑在建筑学和历史上都具有非凡的意义，所以我们尽可能将建筑格局的特性形象化地表现出来，在实体 – 空间草图的基础上再添加三维的关系和立面的细节。

以二维地图为基础绘制的轴测草图能够形象地展现出建筑物的体块，并含有足够的建筑细部，可以清楚地阐明设计特色和历史意义。这些图纸还可以用于公众展示，在三维空间中，为民众提供现有建筑格局的参考与定位，并以形象化的方式探讨设计的可能性，以及设计方案可能对环境造成的影响。

在历史建筑特征草图（图 2-54）中，列举了有关建筑细部描写的其他实例。在这些草图中，建筑风格、规模、建筑退缩和著名的历史先例都可以添加在情境当中。这些草图都是用针管笔绘制的，边缘部分使用较深的色调增强对比，而窗口部分的阴影线也形成了鲜明的对比，如此便突出了建筑立面的细部。

景观特征与视觉特征

景观特征和视觉特征都是建筑形态的一部分，也是对建筑形态与周遭情境之间关系的表现。有的时候，建筑形态也能成为景观特征的一部分，甚至被视为景观特征的框架，例如滨水区景观（图 2-56—图 2-58）草图。像视觉特征（图 2-55）这样的视图所描绘的是一种联系，是通往更大范围情境的主要窗口。如此重要的关系是值得保护的。将历史建筑的形态以图像化的方式表现出来，也是一种让公众主动感受建筑物理特性的交流方式，而这些感受是很难用语言叙述出来的。设计师还可以利用这些图纸发展

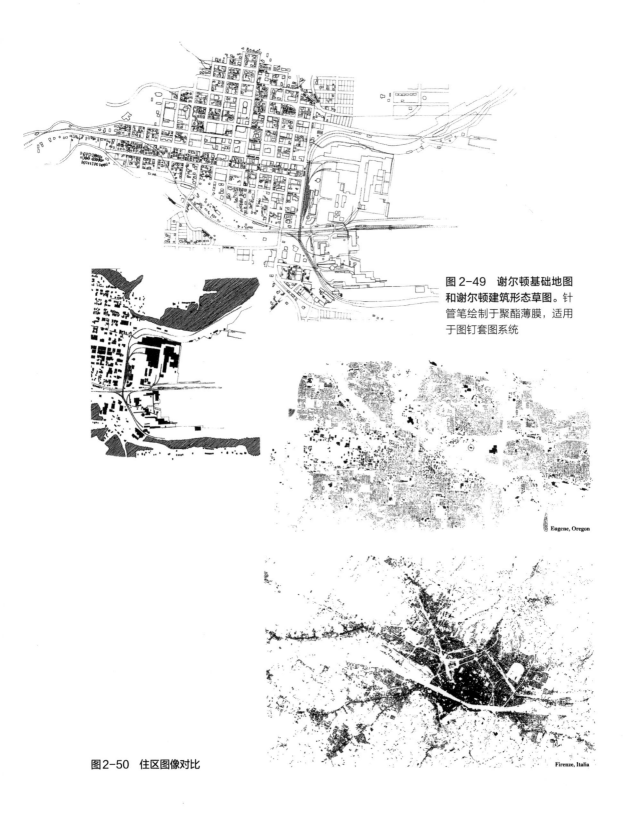

图 2-49　谢尔顿基础地图和谢尔顿建筑形态草图。针管笔绘制于聚酯薄膜，适用于图钉套图系统

Eugene, Oregon

Firenze, Italia

图 2-50　住区图像对比

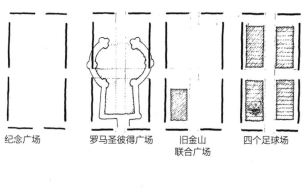

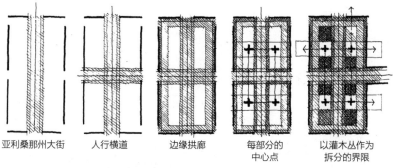

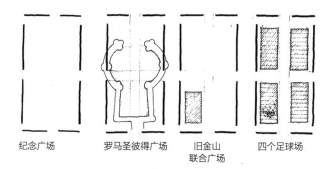

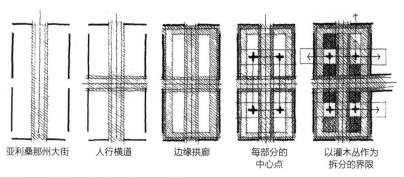

图2-51　基地尺寸研究。大型研究基地的规模和尺度往往是很难把握的，也容易出现认识上的偏差。这些分析图将亚利桑那州钱德勒市一个拟建的城市中心与几个已知的公共空间以及四个足球场进行对比。在图纸中，按顺序将研究基地拆分成几部分，这样更容易理解

图 2-52 城市入口序列草图。这一系列草图描绘了一个人进入城市的过程体验：穿过
开阔的沼泽地，沿着呈围合状的绝壁，进入这座历史名城

图 2-53 主干道历史景观（沿街建筑）

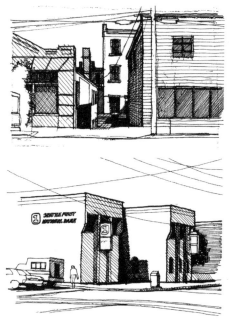

图 2-54 历史建筑特征与当代的处理

图2-55　历史景观的视觉特征

与编写书面的设计准则。

在市区改建的项目中，城市入口常常是有待改善的重点区域。根据对城市建筑格局特征的了解，重要的地标性建筑或建筑形态/格局都可以成为重新设计规划的核心。滨水区景观（图2-56—图2-58）的三幅草图定义了不同视角和视野的关系，描绘了城市入口的景象。

策略的图像化表现

官方可以将规划设计的可能性作为获得采纳的政策，向民众公布。但对于非专业人士来说，他们很难想象出策略所描述的画面，这时，我们就可以借助图纸为他们提供参考和定位，构建起空间的框架，帮助他们理解。戈斯特（Gorst）（图2-59）和汤森

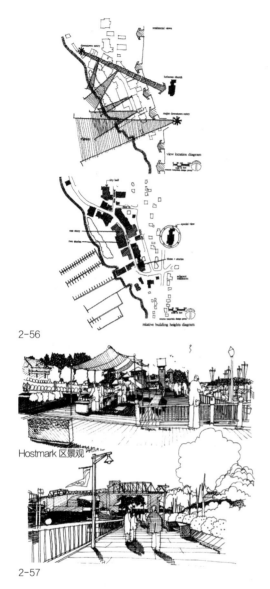

2-56

2-57

Hostmark 区景观

河滨步道东侧景观
2-58

图2-56—图2-58　滨水区景观

港渡口（图 2-60）草图，包含位置、布局、详细说明，并强调了可以接受的做法。

对于没有设计背景的实际规划人员来说，这是一种很有价值的工具。利用包含土地使用状况、交通或监管策略和准则等信息的二维图纸，规划人员可以在策略被正式采纳之前测试其对空间的影响，并以一种更易于理解的方式同民众和私营部门相关人员进行沟通。

策略的图像化表现详细说明了规划活动的定位及其具体的形式，同时，也反映出了诸如强度、密度、适合度、影响和其他因素的相互关系。

这些草图中所运用的图形语言，对大多数非设计专业的规划人员来说都是可以理解的。这种语言由各种各样的几何形状构成，例如圆形、三角形、星号、宽／窄线条、实线虚线、半径、箭头以及明暗色调——各种形状从亮到暗的关系，这些都是交流中非常重要的元素。我们一定要强调图形语言的用途：测试与交流（包含内部交流与外部交流）。

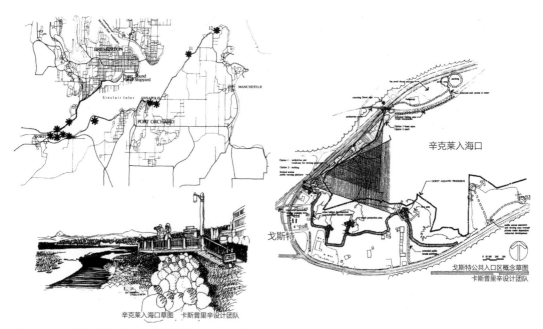

辛克莱入海口

戈斯特

戈斯特公共入口区概念草图
卡斯普里辛设计团队

辛克莱入海口草图　卡斯普里辛设计团队

图2-59　戈斯特策略草图。 当我们以图像的形式将策略表现出来时，既是一种交流，同时也是对策略的检验。策略草图与"设计"方案是不同的，前者可以是空间中的半抽象概念，而后者则必须由具体的形体构成。策略，即设计行为的说明。如果我们能以直观的方式让民众了解到，设计行为发生的地点、范围，以及由谁执行，那么策略对民众来说就会变得更有意义

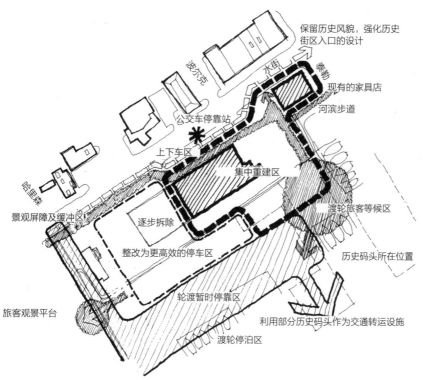

保留历史风貌，强化历史
街区入口的设计

波尔克

水街

紫街

现有的家具店

河滨步道

公交车停靠站

上下车区

集中重建区

渡轮旅客等候区

逐步拆除

整改为更高效的停车区

历史码头所在位置

景观屏障及缓冲区

旅客观景平台

轮渡暂时停靠区

利用部分历史码头作为交通转运设施

渡轮停泊区

图2-60　汤森港渡口。 该项目的设计是由私人业主委托的；但是，所有涉及交通运输通道、自行车通道、轮渡码头配置和滨水通道的公共策略都在图面中有所显示，但基地规划说明并没有侵犯到私人业主的权益。设计策略图以一种比较轻松的方式（不会像设计图那样严谨而使人望而生畏）向参观者讲述设计意图

参考文献

Arnheim, Rudolph. 1969. *Visual Thinking.* Berkeley, Los Angeles, London: University of California Press.

Cullen, Gordon. 1961. *Townscape.* New York: Reinhold Publishing Corporation.

Hough, Michael. 1990. *Out of Place.* New Haven & London: Yale University Press.

McHarg, Ian L. 1971. *Design with Nature.* Garden City: Doubleday & Company, Inc.

第3章　图像化的场所与尺度：尺度的阶梯

◎ 引言

　　每一个项目都采用图像的方法研究重要的尺度问题，这样的做法可行吗？事实上这是不可行的。但值得注意的是，某些情况下，我们可以将研究尺度向上、向外扩展，建立起新的联系。在使用尺度阶梯的时候，视觉的焦点可以大到整个地球，也可以小至一个房间，设计师或规划师要意识到，信息的网络是存在于任何一种尺度之中的。信息从一种尺度延伸至另一种尺度，设计师或规划师也需要确定下一尺度层级的信息所代表的形式内涵是什么。图像化的尺度排序如下：地球上的一块大陆板块、大陆上的一个生物区、生物区内的一个生态区、生态区内的居

住区、居住区内的一个区域、区域内的建筑群，以及最终，一栋建筑物内的一个房间。生物区和当地情境的相关图纸可以为读者建立参照与方向、表现信息的范围和扩展幅度。在设计过程中，尺度阶梯上的每一个层级都会为我们提供相应的信息，而我们要将这些信息融入下一个层级当中综合考量。

◎ 尺度阶梯

生物区地图；生物区内的生态区

　　要想了解更大规模的情境，我们就要将着眼点放在生物区的尺度上。北美大陆的生物区内包含很多生态区，相关资料在很多图

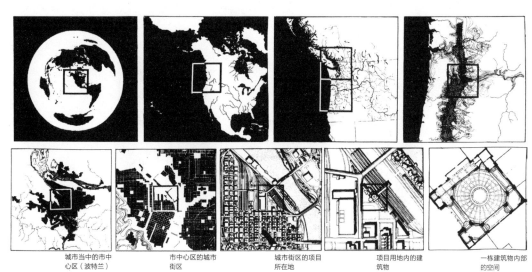

城市当中的市中
心区（波特兰）　　　市中心区的城市
街区　　　城市街区的项目
所在地　　　项目用地内的建
筑物　　　一栋建筑物内部
的空间

图 3-1　尺度梯级

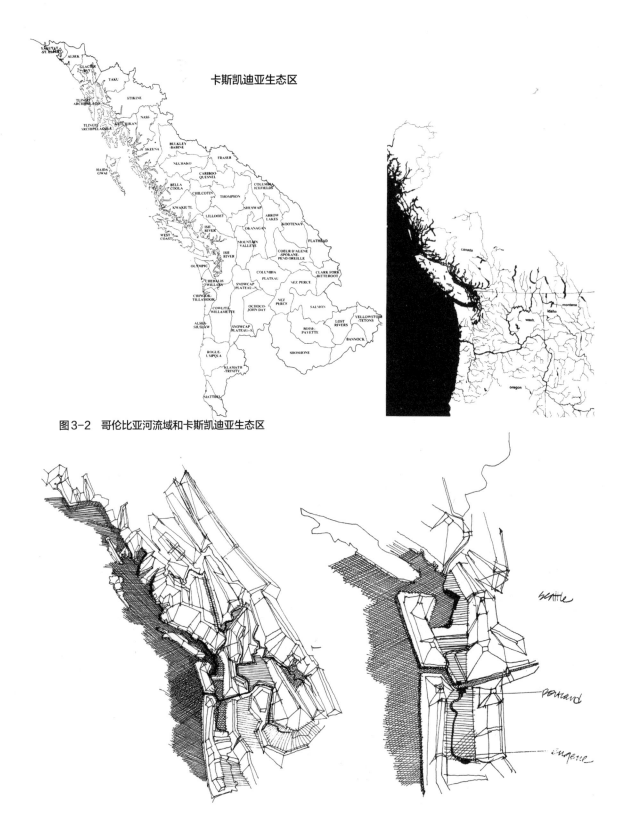

图3-2　哥伦比亚河流域和卡斯凯迪亚生态区

图3-3　卡斯凯迪亚的"生态区单元"　　　图3-4　伊什河及考利茨 - 威拉米特生态区空间

书馆的地理文献中都有记载。这个被称为卡斯凯迪亚[1]的生物区从加利福尼亚州北部一直延伸到阿拉斯加州中部，东部与落基山脉接壤，西临太平洋。生态区域代表的是"空间的场所"，是地质条件、有机系统和人类聚落形态的载体。卡斯凯迪亚地区的轴测草图将生物区内复杂的平面地形"建筑化"为基本的空间形态。在生物区内，一般以水域划分生态区，每个生态区都有一条主要的河流系统汇入太平洋。平面图重点描绘的是哥伦比亚河（Columbia River）及其支流水系，这里聚集了卡斯凯迪亚南部的大部分定居点。在轴测图中，作者形象化地将生态区域表现为一系列与哥伦比亚流域系统连接的巨大室外单元，进一步描绘了该地区的组织形态。卡斯凯迪亚生物区内，由于每个生态区的地理位置不同，所以它们都有自己独特的结构和特色，我们必须认识到这种差异性，并将其带入下一层级项目基地的尺度中综合考量。伊什河（Ish River）和考利茨－威拉米特（Cowlitz–Willamette）生态区包含很多开发项目和人类居住区，作者在轴测图中对该地区进行了更为详细的研究。

生态区透视图：威拉米特山谷

将生态区的景象绘制为带有一些艺术性的透视图，如此便创造了一个动态的可视化工具，帮助人们理解其空间的能量和场所感。鸟瞰透视图将考利茨－威拉米特生态区的南部地区描绘成众多"室外单元"中的一个，而这些"单元"的形态都是由更大的卡斯凯迪亚生物区的地形决定的。透视图中，作者用对比最强烈的色调表现生态区的

---

① 卡斯凯迪亚生物区的部分开发，指定由西雅图大学卡斯凯迪亚研究所的创始人和主任戴维·麦克洛斯基（David McCloskey）负责。

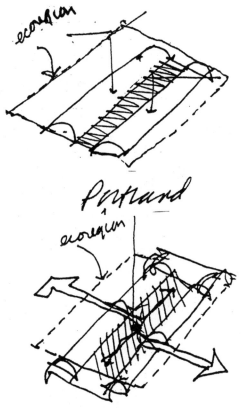

图3-5 生态区的边界

边缘：海岸的岩壁和卡斯凯迪亚山脉就像是这个单元的围墙，而威拉米特山谷则是单元的地板。下一个重点刻画的对象是自然网络和建筑网络：河流、道路，以及谷底纵横交错的铁路线。这个生态区从本质上来说就是一个分水岭，威拉米特河流经该区域中心的时候逐渐枯竭，于是这里便形成了一系列的人类定居点，每一个定居点都可以理解为网络中一个独特的存在。透视图的前景是俄勒冈州尤金市居住区，其细节清晰可见。其他的居住区都处于远景当中，只能看出大致的轮廓。

技术与方法

依递减的顺序观察尺度阶梯，我们可以将生态区视为一个包含着很多小场所的大

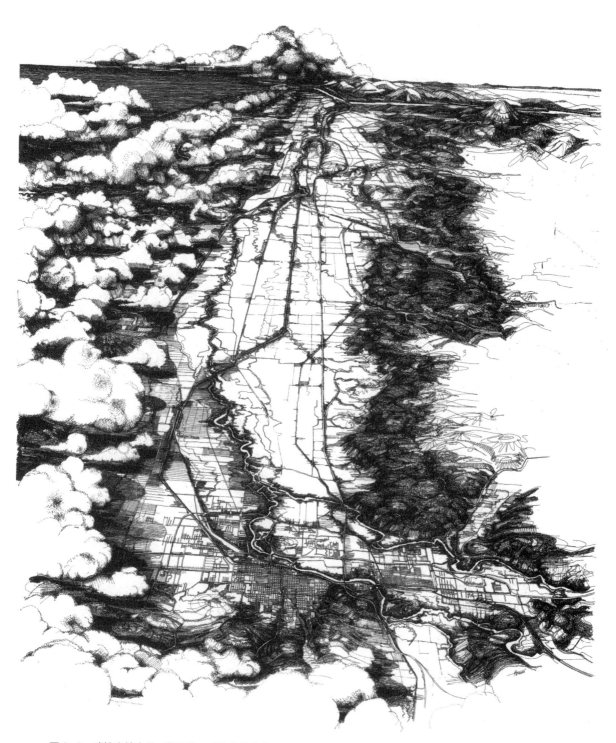

图 3-6　威拉米特山谷，考利茨 - 威拉米特生态区。鸟瞰图向正北方向望去，描绘的是考利茨 - 威拉米特生态区南部的一大片土地，这里是众多"生态区单元"之一，既有历史著名的居住区，也有新的开发项目。透视图强调了限定生态区地形界限的景观要素：相互平行的海岸岩壁和卡斯凯迪亚山脉形成了东西边界；谷底；沿着背景地平线流淌的哥伦比亚河，以及前景中俄勒冈州尤金市南部的丘陵地带。该地区的气候以盛行风为特征，从太平洋方向吹向山区地势较低的山坡地

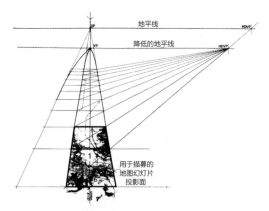

图3-7 生态区的透视结构。 地表呈现网格状，有两个灭点，源于一张翻拍于美国地质勘探局地图的幻灯片

图3-8 地图取自翻拍的幻灯片

型场所。而依递增的顺序观察尺度阶梯，每一个居住区的结构都可以被设想扩展到生态区的规模。这幅草图（图3-6）就是运用了后一种方法。整个威拉米特生态区的透视结构都是从一个居住区的网格开始扩展出来的。以俄勒冈州尤金市的城市网格透视结构为基础，建立起一个更大规模的、生态区尺度的透视网格，并增加了一些新的信息：

● 尤金市的聚落形态，居住区沿着生态区南侧边缘分布，图纸是根据美国地质勘

探局的一份方形地图描摹而成的。

● 在正方形的透视图中可以找到两个灭点，整张透视图都是以这两个灭点为基础绘制的，画面逐渐消失于地平线。将透视图正方形的两个垂直平行边延长相交，可以得到第一个灭点。连接透视图正方形的对角线并延长，与45°线相交于同一个水平线上，由此可得另外一个灭点。

● 地平线设置在图纸上四分之一略低的位置，用来控制画面的尺寸，并准确地将居住区设置于画面的前景当中。画面的两个灭点位于一条新的水平线上，用来创建朝着无限远处延伸的一个个正方形框架。在地平线降低的地方，上方的正方形透视效果会发生变形，而地表的曲度会被夸大。所有逐渐缩小的正方形框架内的信息都是根据美国地质勘探局针对该区域的规划大致描绘的。距离正方形区域越远，信息就越粗略。

生态区内的居住区：俄勒冈州尤金市

将聚落形态理解为生态区内的一个整体，这样就可以将相关的信息从生物区和生态区的尺度带入居住区和研究基地的尺度。这对设计师来说意味着什么呢？在这个实例中，像河流和地形这样巨大的自然条件对居住区的形态会产生重要的影响，它们既是限制，也是一种可加以利用的资源。最早在该地区落户的居民明确地将威拉米特大街（Willamette Street）设定为城市的主轴线，南北走向，位于城市主要地标之间，限定出了居住区的位置。这里所谓的地标，指的是生态区边缘山麓丘陵中的一个小山丘，以及沿着河岸边缘的另一个小山丘，这里是人类

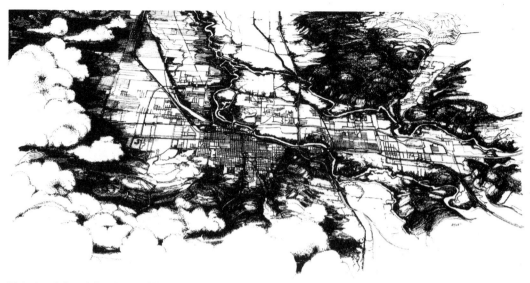

图 3-9　生态区内的居住区：俄勒冈州尤金市

的第一个定居点。在透视图中，沿着景观中形成的城市网格，作者设定了不同的色调明暗度。其中，自然系统和建筑系统的边缘以及界面、河流、道路、铁路、街道和地形的边界都使用了最深的阴影。两座小山丘之间主干道的边缘使用了对比度最强烈的色调，连接城市其他部分的主干道次之，最后是近郊的道路。边缘围合而成的区域——城市区块和景观区——几乎是没有色调的。

生态区内线性分布的居住区：威拉米特隘口

威拉米特隘口草图描绘的是考利茨 – 威拉米特生态区的一个入口。在这里，生态区的边缘地带构成了一个空间。隘口的整体形态是由山区地形的限制条件所决定的，图面的构成反映出地形与交通系统之间的相互作用，这些交通线路纵横交错，必须穿越过这片广阔的地形屏障。威拉米特隘口将东部地势较高的沙漠平原和西部地势较低的威拉米特河谷连接起来，在生态区尺度下形成

了一个场所，而在城镇尺度下则表现为稀疏的线性居住区。

技术

借助由美国地质勘探局地图翻拍的幻灯片，空中透视图的绘制可以分两个步骤进行。首先是描摹图纸，将照片上复杂的信息简化为一些基本的线条。这张草图可以用作后期精细渲染（相同视角）的基础图：

● 草图表现出了从威拉米特隘口的幻灯片中提取出来的信息。我们将威拉米特隘口的地图平铺在地上，之后从不同的角度和高度拍摄多张幻灯片。最后，我们从这些幻灯片中挑选出效果最好的一张，能够清晰地展现出穿越山地地形的线性居住区景象；

● 在描摹照片的时候，我们需要的是概括性的地形特征，而非具体的每一个山峰、山脉和树木。重要的阴影面和主要的山峰都绘制了交叉阴影线。描摹图纸中最重要的元素是第 58 号高速公路和南太

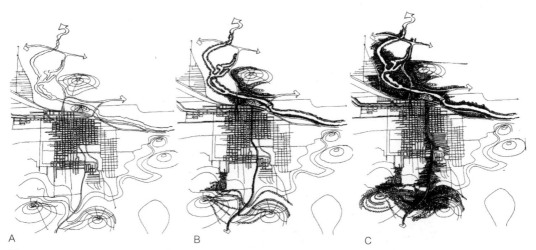

图3-10 A、B、C 三种聚落形态的色调。这是一系列同样的视图，以不同的色调层次展示了尤金市的住宅区网络系统

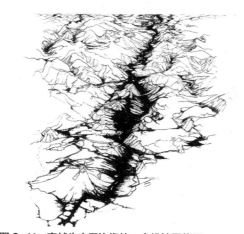

图3-11 穿越生态区边缘的一个线性居住区

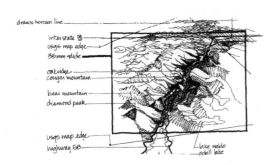

图3-12 根据地图照片绘制的布局透视草图

平洋铁路线；

- 图纸要刻画的重点并不是山脉自身的结构，而是其连续的边缘。山脉的边缘是由相互平行的公路线与铁路线构成的，它们穿越过密林和复杂多变的地形。这个线性的系统成为画面重点烘托的主体结构，作者使用最强烈色调，沿着系统逐渐延伸，最终消失于远处的山坡。沿着交通线路的走向，分布着一系列的居住区，每一个居住区同交通线路之间都存在着共同而又独特的关联；

- 第二张图纸是比较精细的渲染图，它是在第一张草图的基础上绘制的。草图中粗糙的地形边缘转换成了树林的边缘，阴影区涂布了较深的色调。大面积的树林区域是用连续的涂鸦笔触绘制的，没有精细到单体的树木。公路和铁路沿线的通道边缘是一条非常粗重的黑色线条，这是整个画面中最重的线条。

图 3-13 生态区内部的小镇居住区。在视觉上，我们可以将一个小镇居住区的结构与其所处的景观环境视为一个整体。空中透视图所描绘的就是沿着自然的网络系统发展起来的建筑格局。其中一张图单独描绘了建筑格局；而另一张图所描绘的是现状的自然形态。最终的成图利用粗重的线条强调这两个系统之间重要的边界，从而将它们结合在一起。轴测图研究的是沿着城市／水域交界处修建水岸公园的提案。画面的色调强调了水岸边缘的重要性，通过拟建的水岸公园，使水岸所蕴含的能量渗透到历史悠久的城市中心

生态区内部的小镇居住区：引言

沿着尺度阶梯，我们可以将小镇的规模想象成一个处于景观之中的整体结构。这些草图揭示了各个元素的限制条件、相互联系以及规划设计的可能性。卡斯凯迪亚生态区内部的小镇鸟瞰图就是为了揭示建筑格局与自然形态之间基本关系而绘制的。这些草图重点表现的是聚落模式和自然形态的并置关系，进而强调了建筑格局和独特的场所感。依照这样的思路，即使小镇内规模最小的一个项目，也有可能会成为连接与影响未来发展的催化剂。

俄勒冈州科基耶镇

在这个俄勒冈州靠近俄勒冈海岸的科基尔（Coquille）小镇空中透视图中，我们可以看到城市形态与周围的自然条件紧密结合在一起。这座小镇在卡斯凯迪亚地区内部，位于罗格－安普夸（Rogue–Umpqua）生态区的边界，朝着太平洋的方向一直延伸至广袤的湿地平原，海岸山脉形成了其东部的界限。科基尔河（Coquille River）是一条源自海岸山脉高海拔腹地的水系，蜿蜒穿越河漫滩注入太平洋，而小镇的形态就是根据河道的走向组织的。

视觉联系／过程

在城市网格结构底图的基础上覆盖其他系统的草图，例如自然的河道、河漫滩和森林的边界等。在自然条件和人类开发建设的相互作用下，我们可以找寻到一些关于城市和河流发展的可能性。在另一张以城市中心（在这里，居住区与河流的一个重要弯道交汇）为焦点的轴测图中，我们对这些可能性进行了扩展。河流的表面、边界，以及一个

拟建的步行公园（连接城市和河流）都被赋予了一定的明暗色调。又通过在平面图上覆盖以市中心为中心点的 2 分钟步行半径和 1 分钟步行半径，显示出时间与距离之间的关系。图面上的待改建区域被框选出来（即第一大街的改建），而空白的位置是该城市主要的酒店。另一张透视图对比了城市入口和市中心区街道位置的现状和改建后的效果。这些改建区域规模虽小，看起来好像是孤立存在的，但若能将它们视为更大的城市中心区的一部分（它们也有自己明确的边界线、入口，以及与自然环境之间的关系），就会变得更有意义。

爱达荷州考德威尔市

退后一步，设想整体的关系，就可以找到新的方法来解决当前一些紧迫的问题。这幅空中透视图是美国建筑师学会区域与城市设计协作小组（AIA R/UDAT）[①] 在考察爱达荷州的考德威尔市（Caldwell）时制作的，这座城市是在人工建成的网络和自然网络之中建立起来的，随着时间的推移，这些网络系统将城市和所在的地区紧密结合在一起。考德威尔的一些市民聚集在一起讨论市区的各项改善，当他们第一次从上方俯瞰这座城市的时候，都被惊呆了。从航拍图中看到的市中心区就像一个巨大的空间，其中散落着一些历史建筑的遗迹。画面通过色调明暗度的安排强调了城市的虚空感，突出表现了栽种着树木的居住区边缘，而它们围绕着的就是这座城市的历史中心。从这个角度来看，将市中心区作为一个场所进行重建的工

---

① 考德威尔复兴（Caldwell Renaissance），美国建筑师学会（AIA）区域与城市设计协作小组（Regional and Urban Design Assistance Team，简称 UDAT），爱达荷州考德威尔市，1992 年。

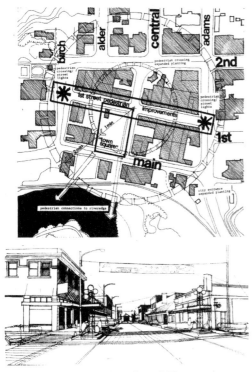

图 3-14　市中心区的步行时间示意图

作就变得更有迫切性了，每个小规模的、局部的改造都可以联系起来。

居住区内部项目基地的图像化表现

如果我们能够将在一段时间内发生的小规模改造项目视为更大规模网络建设的一部分，那么这些改造项目就会变得更有意义。为了进行城市改造，设计师在这张草图中将一幅考德威尔市的鸟瞰图抽象为城市设计的框架，其中的内容包含：市中心区需要保护的历史建筑群、一条穿越市中心区的现有河道（在新的规划中它可能会有潜在的作用），以及计划设置的行道树，其目的在于标记出林荫大道和人行道的位置，它们位于市中心区和邻近的居住区之间。画面中，最重要的主干道、城市入口和隐藏的河道都

使用了最深的色调。这样的画面所表现出来的是各个构成要素的轮廓，反映了考德威尔市基本的关系构成以及独特的地理条件。小透视图描绘的是在大的框架内部，一些关键位置可能的改造思路。

生态区内部的大都市住区及其区域地段

当代的大都市区都是由若干种类的居住区组合构成的，这些不同的居住区之间是共存的关系。一个古老的城市中心外围都会围绕着一些老旧的居住区与郊区。而周边郊区新城的发展则多是与高速路系统的延伸联系在一起的，众多呈环状布局的小城镇成为大都市区的一部分。将一个小城镇想象成一个单元很容易，但若要将一个大都市区也想象成一个单元就困难多了。然而，很多活动都是以大都市区为背景发生的，我们要想将土地的使用和开发以图像化的形式表现出来，就必须降低尺度阶梯，才能将特定的项目基地设置为研究的对象。

西雅图

西雅图大都市区的鸟瞰图着重表现了叠加在不规则而复杂的自然形态之上的一个整齐有序的城市网格系统。西雅图 / 塔科马港市（Tacoma）大都市区鸟瞰图可以俯瞰到整个西雅图市，直至正南方向的伊什生态区。这个都市区夹在生态区东西狭长的界限之内；西临普吉特湾，东临卡斯凯迪亚山脉。画面中，网格系统和水陆交界的边缘都施以色调，如此就将城市的网络以区域尺度为基础划分为一系列更容易辨识的场所。都市区当中一部分区域的放大鸟瞰图展示了市区的重建景象。

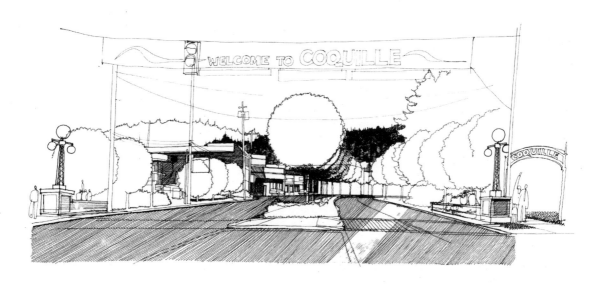

图 3-15 城市入口的改造

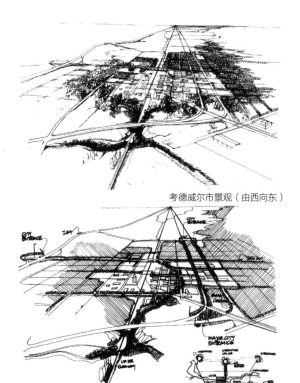

考德威尔市景观（由西向东）

图3-16　城镇网络：爱达荷州考德威尔市。将相对写实的透视图（树木繁盛的居住区和市中心区）转化为一幅着重表现城镇区域网络的草图

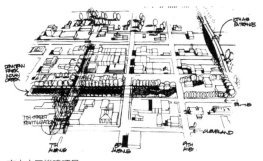

市中心区拟建项目

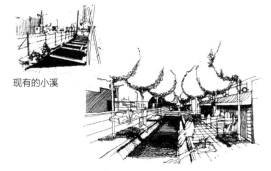

现有的小溪

图3-17　城市网络内部市中心区的改造

居住区内部的辖区，引言

随着居住区从生态区的网络中逐渐发展起来，居住区内部的辖区——无论是小城镇内特别的地区，还是城市当中较大的地区——也相应地从居住区的网络中发展起来。我们可以将这些辖区视为一些场所，它们都具有一些特性，可以让我们将其从周遭环境中区分、识别出来。这些辖区的边界可以表现为很明确的物理形式，比如道路或河流的边界，也可以表现为一些比较难以捉摸的形式，例如使用性质上的变化或区域的年龄等。如果我们在绘制一个研究基地的时候脱离了区域的网络背景，那么这样的项目基地本身就变成了一个终端，从而会损失掉很多重要的信息，而一个项目的独特性却正是由这些信息决定的。如果我们在以图像化的形式表现研究基地的时候，能够将其视为一个更大系统当中一些特殊的部分，那么它们在该系统中所发挥的作用（或潜在的作用）就会变得更加清晰，而我们头脑中建筑形式的设计思路也会变得更广。以下的区域草图主要示范了如何将区域尺度的信息带入项目基地的尺度当中。我们可以将每一个项目基地设想成一个会促成区域大规模改变的催化剂，但必须确保它们处于一个更大的系统当中。每个辖区都是各不相同的。随着时间的推移，城市之间区域的密度和复杂程度都会不断增加，然而郊区部分的密度却不会很高，其特性与自然景观之间的联系更为密切，而与城市景观的联系则相对较少。在一些案例中，区域特性并不十分清楚，或是随着时间的推移基本消失了，这样的现状就为区域重建提供了良机。在其他一些案例中，大规模的开发提案可能会对区域特色造成威胁，也可能会使区域特色变得更加明显。

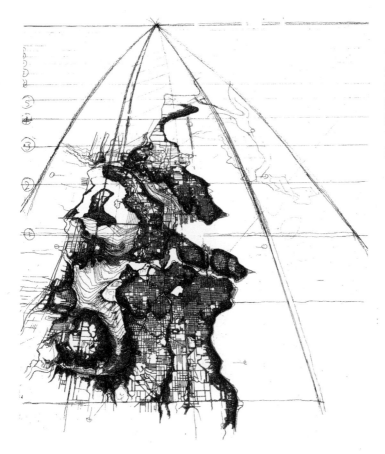

图3-18 生态区内部的大都市区，西雅图。 从空中鸟瞰西雅图市，可以看到正南方向的普吉特湾。西雅图都市区夹在生态区东西狭长的界限之内；西临普吉特湾，东临卡斯凯迪亚山脉。画面通过明暗色调的设置，重点表现了规则的网格系统与不规则的水陆交接区之间的相互作用

在最后一个案例中，展现了在项目基地尺度上新的开发建设机会同一个新城区的出现密切相关。

西雅图市的康芒斯（Commons）（图3-19和图3-20）是西雅图市中心以北的一个轻工业/一般商业区，介于市区和联合湖（Lake Union）之间。联合湖是一个淡水湖，与通向普吉特湾的华盛顿湖（Lake Washington）相连。一个占地超过90英亩、名为"西部中央公园"（Central Park West）[①]的项目方案引起了人们对于该地区重建工作的关注。在设计提案中，要将该地区打造成一个新的城

中村，在市中心区和联合湖之间修建一条绿色的连接走廊。针对这项提案，设计人员从正反两个方向进行了大量的研究，试图定义出现有的卡斯凯迪亚居住区周遭环境的变化与压力。利用空中成角透视图可以描绘出建筑格局的整体概念，而无需表现出每一个区块的细节。这个案例否决了建造大型公园的提议，认为多个面向居住区的小型公园才是更具说服力的做法。

这幅草图着重表现的是小型公园以及供行人使用的绿色通道，其他细节保留至更大比例的草图再行表现。

第91号码头（图3-21）是一幅空中成角透视图，着重表现的是西雅图两个居住区之间的河谷地带。滨水区港口设施的重建项目被放置在因特湾（Interbay）地区的草图

① 西雅图康芒斯地区和第91号码头项目是一个为期一周的设计项目，属于年度春季专家研讨会活动的一部分，该活动由华盛顿大学建筑系及公共机构与私人赞助和支持，旨在针对大型居住区的重要议题进行集中探讨。

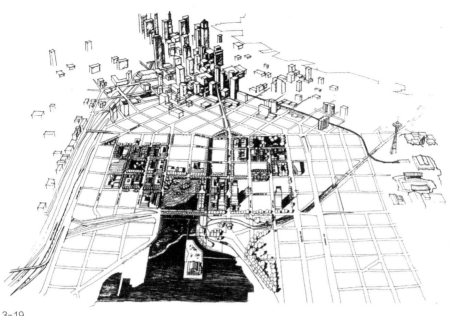

3-19

3-20

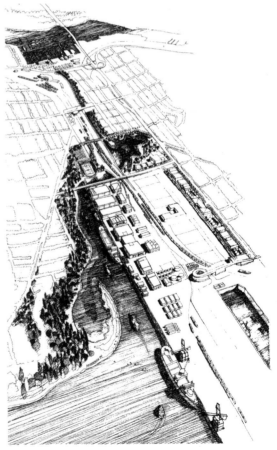

图 3-19 和图 3-20　西雅图康芒斯新城区 / 附近街区。
西雅图康芒斯是位于西雅图北部商业区和联合湖南岸的一个区域，该地区的重新开发项目是由私人资金赞助的。这个项目的规划涉及对不同层级尺度关系的分析，最初，设计师提出的方案是兴建一个占地面积超过 90 英亩的大型中央公园，该公园将会成为附近众多新建居住区最主要的景观。但是有一些人对这项提案提出了反对意见，他们提出的替代方案并没有原方案那么宏伟壮观（正如草图中所描绘的），取代大型中央公园的是一系列小型的"村庄式"公园和开放空间，它们与周围居住区连通，可供居住区居民直接使用。对这项提案的分析要求我们不断改变观察的视角，如此才能避免由于尺度过大的纪念碑式的项目，使该地区失去了人情味

图 3-21　第 91 号码头。西雅图因特湾地区，位于两个居住区之间，是一个建造在湿地上的工业港口区

当中，并以之作为情境背景。画面展现了位于扩建港口区内的工业谷地、修复了的沙岬地和湿地，该区域被两个已经建成的西雅图居住区夹在中间。

国王大街车站草图（图3-22），在尺度阶梯上又下调了一级，表现的是项目区域的尺度：这个区域从南侧环绕着国王圆顶体育馆（这个体育馆是西雅图美式足球海鹰队、水手队的主场），介于体育馆和从前的国王大街火车站之间，现在要打造成一个交通运输中心。还是利用空中成角透视图描述之前制定的体育馆停车场区域新插建项目的相关概念与策略，这些概念与策略与新交通运输中心的开发也都是息息相关的。草

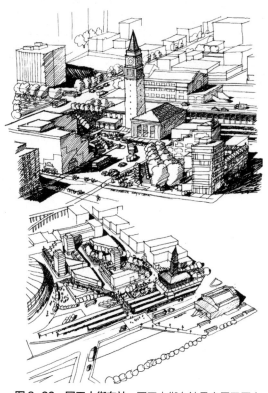

图 3-22　国王大街车站。国王大街车站是隶属于历史悠久的先民广场（Pioneer Square）的一个分区，位于国王圆顶体育馆和美铁（Amtrak）火车站之间。这两幅草图快速、大略表现出了一个高度新居住区的开发概念。草图是用派通签字笔绘制的，后经复印，并以彩色铅笔润色，用于会议展示

图的制作要求迅速（只需勾勒出大概即可），是用派通签字笔在描图纸上绘制的。基础透视图是根据幻灯片描摹的。草图绘制完成并被装裱在泡沫芯板上，再用彩色铅笔稍加润色便可以用于公共展示了。设计师快速勾勒了多张视图，用来表现从不同的视角所看到的景观。

波特兰东区工业区

位于历史城市中心的地段包含着很多层次的建设开发，我们很难看出这些区块原始的自然面貌。草图追溯了俄勒冈州波特兰市中心东区一个世纪以来的发展状况；起初这片区域是波特兰对面一个独立的城市，依靠威拉米特河供养，随后变成了一个依靠铁路提供服务的工业中心，最后又发展成一个由高速公路提供服务的现代化工业区。在历史上，城市之间的工业区曾是美国城市重要的组成部分，这里是生产中心，可以为邻近的工作居住区提供支持与服务。后来随着城市化的发展，很多工业区都废弃了，还有些工业区被赶出了城市，于是，之前在城市生活中典型的工作／生活关系也遭到了破坏。在这种情况下，鉴于其具有战略意义的地理位置（既临河，又与市中心区毗邻），该地区的土地已经用于公共使用与开发，并成为多项工程（拆除项目，以及穿越该区域的沿河高速公路整改项目）的主题。这项具有特殊意义的工作获得了国家艺术基金会针对东南部开发拨款的支持，并将其命名为"21世纪城市工业区"。[1] 在这个项目中，我们

① 俄勒冈大学建筑系编制，由国家艺术基金会针对东南部开发项目拨款支持。俄勒冈州波特兰市居住区提升计划，1989年。出版了《城市设计的艺术》（The Art of City Design），系全美教育协会（National Education Association，NEA）1990年资助的重点研究项目。

1900 年   1930 年   1986 年

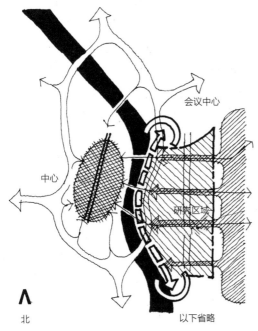

图 3-23 **市区研究区域：波特兰**。简化的草图只
包含一些基本构成要素的位置，城市中心、河流、
东部的居住区，以及两个主要的开发项目

将不同的设计方案制作了模型，以测试在21世纪工业的角色和性质都发生变化的情况下，将河滨地区开发为新的公共设施的各种可能性。

过程 / 联系

在市民参与的过程中，草图和模型都可以作为交流的工具，展示各种不同的设计方案所产生的结果。这个项目之所以要选择模型来展现视觉上的变化，是因为系统的复杂性和用途的多样性，区块改造当中既包括一些历史性建筑，又包括主要建筑的提案。三维的形式对非专业人士来说是更容易理解的，因此，在一系列市民研讨会和指导委员会的审查会议上，甚至包括最后的市议会投票，我们都采用三维的形式作为公众讨论的焦点。

规划平面图将研究区域同市中心与河流联系在一起，描绘了该地区总体的联结关系。绘有阴影的就是研究区域，被夹在河流与其东面的一个居住区之间。穿越该区域的箭头表示通往河岸可能的路径。河流沿岸的深色点划线代表两栋主要建筑之间的人行道，这两栋主要建筑分别是城市会议中心以及州立科学和工业博物馆，它们都被迁移到了该地块的东侧。

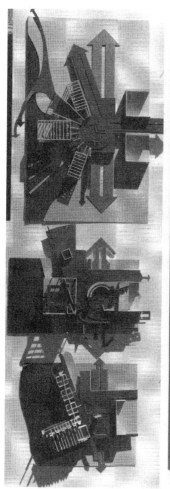
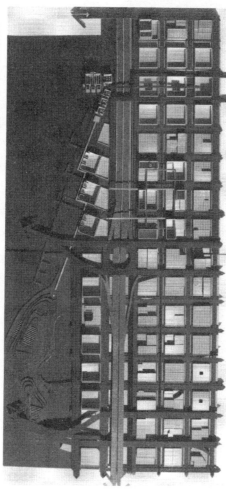

图 3-24 市区整改模型。
在这个提案模型的网络中，一条公共河道看起来像是独立存在的，但事实上却是工作区域的连接系统。在更大比例的模型中，制作了关键位置上可能的开发形式。这三个版本的模型所使用的组织网络都是相同的。在这些网络中，对相同的建设项目，每个学生都会有自己独特的理解

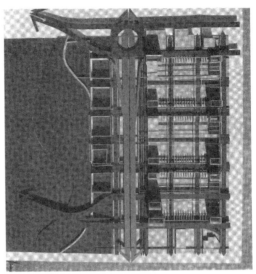

3-26

图 3-25 和图 3-26   波特兰市中心东区工业区。设计师利用这些模型网络，将公共空间同工业区的布局与运作联系起来，探索新的区块配置方案。新的配置方案中包含公共 / 步行街和服务性配送道路，它们之间的关系是相互协调的

3-25

第一个研究模型所展示的是该区域的组织结构。首先，利用红色卡纸将现有的城市网络切割出来，并放置在一张底图上（底图中包含沿着区块西侧边缘的现有河道位置）。其次，用橙色的卡纸切割出拟建的人行道与开放空间网络。为了便于理解，可以将多条高速公路的重置方案覆盖在这个网络之上。最后，在逐渐缩减尺度的各个模型中，继续沿用这个区域尺度模型所使用的颜色。

最后一组模型，依然是沿着河岸的边缘重复上述的制作过程。在这个模型中有一条

拟建的公共河道，虽然它与工作区的系统相连，但看起来却像是独立存在的。在提案的网络中，一些关键位置未来可能的开发项目会在大比例的模型中另行制作。这三个版本的模型所使用的联系框架都是相同的，然而却以三维的形式，清晰地表现出了不同的建筑与开放空间的布局。

街区尺度的最后一组模型，通过研究公共开放空间的交界方式，以及工业区的布局与运作方式探索新的街区配置方案。设计师利用这些模型探索内部建筑 / 区块新的组织形式，既要与公共步行街的功能相协调，又要满足服务性与配送道路的工业需求。

居住区内部的其他区域

大都市区内部的周边地区建筑物比较少，它们的空间定义和场所感往往是比较模糊不清的。俄勒冈州的格雷舍姆（Gresham）是位于波特兰东部边界处的一个郊区，空中

图 3-27　郊区的网络：
俄勒冈州格雷舍姆

图 3-28A　郊区的网络：俄勒冈州格雷舍姆。空中透视图着重表现了大型停车场现有的格局，以及零落分散的建筑 / 开放空间格局

图 3-28B　郊区重新规划。第二幅草图利用一个提案的开放空间系统对相同的网络进行了重新规划，这个开放空间系统是位于轻轨车站和商业中心之间的一系列彼此相连的空间。设计师为草图添加了一些色调的变化，强调开放空间系统的表面，以及开放空间与新建项目之间的联系

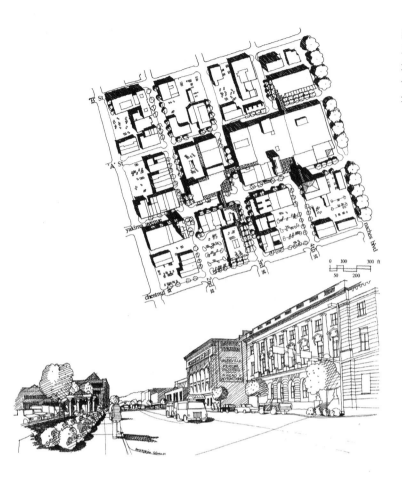

图 3-29　亚基马商业区。
二级区域/街区尺度，用派通签字笔快速绘制，可用于公共会议与简报，也可用作最终的成图

透视图展示了其布局结构，而大多数郊区的布局结构皆是如此：住宅零散分布，没有什么公共开放空间，只有在高速公路附属的大型停车场附近才有一些分散的商业设施。未经开发的原始景观随处可见，林地、河道，其特点就是树木很多。另一张空中透视图展示了对该区域重新规划之后的效果，新的开发项目和开放空间的设置有意识地定义出了清晰的场所感，它们与基地上原有的设施都是相互连通的。规划方案中，新的开发项目都是沿着一个与轻轨车站相连的开放空间布局的。设计师对开放空间网络的表面和边缘部分进行了渲染，以强调这个公共开放空间与沿着它的边缘设置的新建项目之间的联系。

亚基马地区平面图（图 3-29），描绘的是华盛顿市中心的亚基马大型商业区。建筑占地轮廓图是一幅实体－空间草图，用毡尖笔绘制，另外一幅草图描绘的是可能的空间围合景象。这幅草图以定量、美观（适合于公共展示）的形式为接下来更详细的区块设计提供了基础。

区域内的建筑物：科奇坎会展中心 ①

新的建筑设计方案对于一个区域的个性塑造，既可以是助力，也可以是阻力。在图像化的过程中，除非设计师能够一直提醒自己不要忘了更大的区域背景，否则区域内的

---

① 科奇坎会议中心，史蒂夫·彼得斯（Steve Peters）建筑事务所，阿拉斯加州科奇坎。

图 3-30 城市内部的新区：阿拉斯加州科奇坎

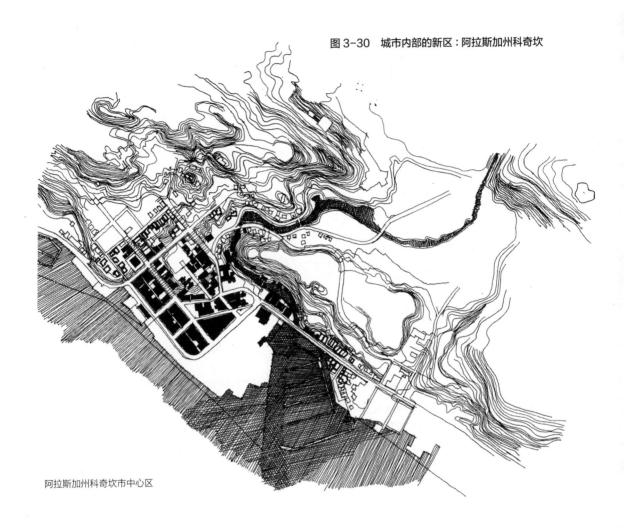

阿拉斯加州科奇坎市中心区

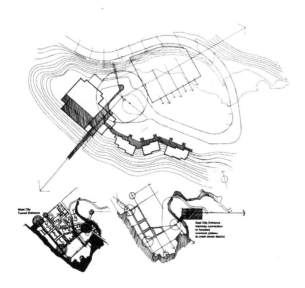

图 3-31 区域定位图。图纸强调了研究地点与城市之间的联系。第一张图中，黑色的水域界定出了城市的边界，带阴影的圆圈代表研究地点，是市区内三个主要的角落区域之一。第二张图中，设计师对水域的着墨较少，着重表现的是研究区域，它是城市街道网络直接的延伸。基地草图诠释了克里克（Creek）街区的基本条件，开始进入建筑设计阶段。连接索道从城市开始，穿越酒店，转向鹿山方向的另一个公共入口

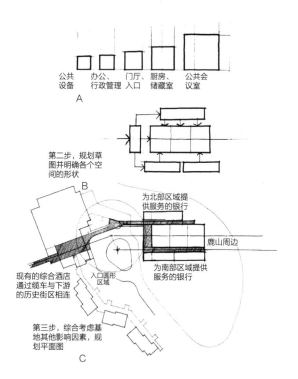

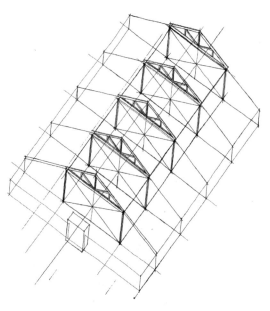

图 3-34　三维建筑组织结构：科奇坎会展中心。在当地建筑文化的背景下，设计师通过轴测图将传统的木材、梁柱系统转变为更复杂的重复性结构；人字三角形被纳入桁架系统当中，使每一个室内空间都与鹿山联系在一起

图 3-32A　建筑设计的"部分"，用于尺度比较
图 3-32B　提列出各个"部分"形状的平面图
图 3-32C　与基地条件相关联的初步建筑组织结构

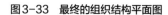

图3-33　最终的组织结构平面图

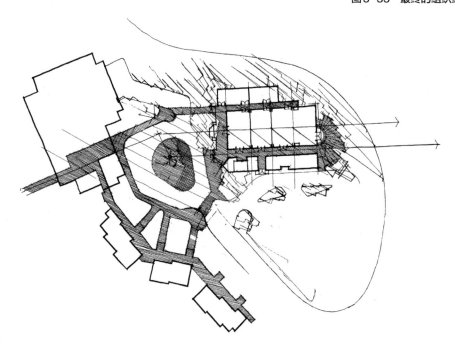

图3-35 三维建筑屋顶草图，科奇坎会展中心。建筑物装饰性的面材与结构紧密联系，反映出了室内空间的格局。巨大的屋顶结构遮蔽着下面比较低矮的室内空间，类似于当地传统建筑的做法，是对当地天气和气候条件所作出的回应

建筑设计就容易变成"与世隔绝"的设计。一个区域的特性可能已经建立起来，或部分建立起来了，也可能尚不存在。在阿拉斯加的科奇坎（Ketchikan）案例中，提议在一个森林高地上建造一座会展中心，从那里可以俯瞰整座城市。一栋最近刚刚建造的酒店综合体是该地区的首栋建筑物，通过一条步行索道连接到城市地势较低的部分。

在三维空间中进行建筑设计

由于我们无法在很短的时间内想象出三维空间，所以标准的设计过程往往是严重扭曲的。整个设计过程中，在二维平面中处理设计概念对设计师来说是很方便的，有的时候，设计已经到了非常深入的阶段，却仍然没有思考方案的三维组织。依据标准的设计

过程，空间的三维表现图只有在最后阶段才会绘制，而有的时候则根本就不需要。设计过程中，设计师所关注的都是二维的平面关系，这就形成了极大的限制，迫使他／她的设计只能依赖于二维平面图，有时就会创造出与建筑设计不符的莫名其妙的或随心所欲的形体。在设计过程的初期，通过图像化可以塑造出初步的三维概念，而这样的概念是与特定场所的具体条件联系在一起的。

第一步，在标准平面图中绘制出会展中心的空间组成，多功能会议空间、大堂／入口、厨房储藏室和卫生间／机械设备间，以二维的形式量化空间的各项需求，而这些需求与外部基地条件是没有关联的。

第二步，在平面图中将项目的各个组成部分联系在一起，建构起一个包含所

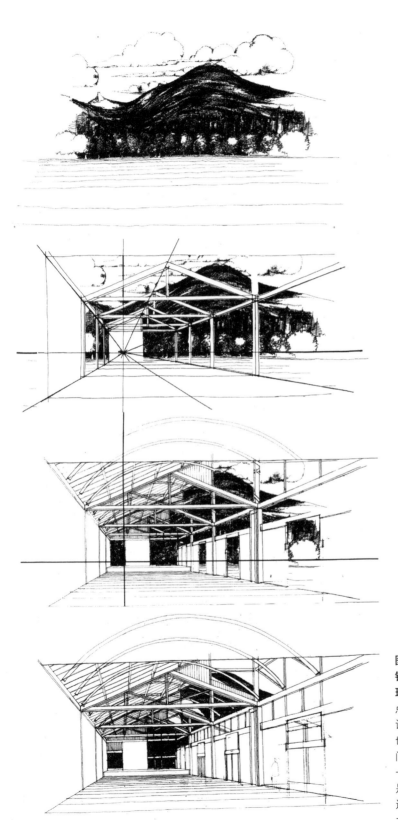

图 3-36　剔除掉外部环境，针对一个室内空间的图像化表现。沿着鹿山轴线，通过一点透视描绘出对室内空间的设计。鹿山不仅是城市的参照物，也是地区、建筑和建筑内部空间的参照物。透视草图不仅是一种观察室内空间的方式，也是对设计的探索。各个画面中，逐渐将山脉部分剔除，直到绝大部分被建筑遮蔽物所取代

图3-37 室内空间/外部环境

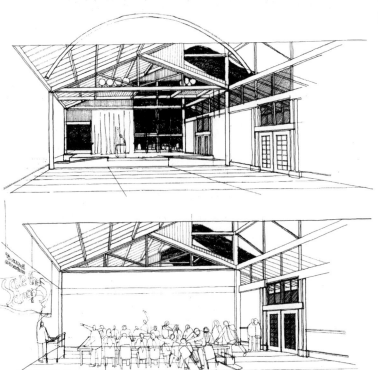

图3-38 会展中心建筑外部造型

有组成部分的初步形体，并与基地的条件相关联。

　　第三步，在城市尺度的框架下，将之前图纸中确定的组织原则同各个组成部分整合在一起：通过酒店的有轨电车连通到城市，项目的轴线对准鹿山（Deer Mountain）。图面的色调强调了网络连接，网络中规划设计的区块都是用粗线条轮廓线和深色阴影表示的。

　　在最后的第四步，将规划设计部分以轴测图表现出来，会议室由邻近的空间提供服务，沿着鹿山的轴线形成了一个三维的空间序列。在三维草图中，我们可以看出项目的组织结构。最终形成的三维组织是一系列人字形的结构，其中每一个公共空间都朝南向开放，可以看到鹿山的景色，并通过人行步道与城市相连。

建筑物内部的房间

　　到底应该把房间的创建放在比例阶梯的底端还是"顶端"，这完全取决于你的看法——室内空间是最直接的场所塑造行为。以二维平面图的形式表现房间，会限制人们对其潜在特性，以及与建筑和基地其他部分之间联系的理解。在不同的场所中，相同的房间可能会存在相当大的差异。

第4章 场所与时间，时间中的场所

◎ 引言

时间是一种媒介，可以度量一个区域形成过程中的变化。当我们对人类居住区进行评估的时候，可以将其变化视为一种常态性的、周期性或规律性发生的、有明显区别的现实（Johnston，1989），而当人们觉察到这些现实的时候，它却已经再次发生了改变，成为不一样的现实。如果规划师/设计师没有将时间的维度视为变化的度量工具（和决定性因素），而认为"场所"就是最终的结果，那么他们就会错失良机与重要的信息。如果没有意识到时间是促成建筑模式形成的一种力量，没有意识到它代表了由于气候变化、人类活动的影响，以及材料特性所引起的特定节奏的变化，那么场所就会变成建筑格局中一个孤立的片段、一个与情境背景和人类住区模式的其他现实状况都脱离了联系的人工产物。本章讨论并示范了图像化评估的方法，以探索在人类住区及其周遭环境中对空间模式变化的度量。

我们选择一个新兴的场所（但它绝非是静态的）进行一项实验：在城市中选择一个有正常规模人类活动的地方，它可以是你所在地的咖啡厅和周围的商店，包含配套服务设施和交通设施；选取同一个地点和观察点，每隔一天或一个星期给这个"场所"拍

一张照片，历时一个月；将这些照片一张张贴在一起，并观察在这一个月的时间内，这个地方发生了哪些细微的，但却是真实存在的变化。建筑物安置好了，油漆脱落，屋顶线条弯曲，树木生长或凋零，招牌增加或拆除，墙壁上的涂鸦，环绕着前院筑起了围篱，一棵树被砍掉了，又种了一棵树，新增设了一些东西、一家很受欢迎的餐厅新建了一个户外平台……在设计的过程中，这些持续不断的变化常常会被设计师忽略掉，认为它们都是理所当然的。相同的"场所"，却会因为这些细小的变化而变得有所不同。

在人类住区中，时间是不同时期各项活动的联系、纽带与桥梁。如果可以将其视为一扇观察现实的窗口，那么设计师就可以通过这扇窗观察现实条件是如何被塑造与改变的，这对设计师来说大有裨益。一个场所一旦形成，就不可避免会处于变化当中，根据人类的观察与参与，场所的稳定程度也各有不同。

在传统的规划与设计过程中，无论规划对象是城市的一个区域还是一块建筑基地，设计师在针对给定的城市设计议题进行时间分析的时候，普遍都会参照具有重要历史意义和/或建筑意义的建筑物和人工产物。过去曾经发生的事情以及过去的行为所遗留下来的痕迹，对于当今的开发决策都是非常重要的参考，但事实上却常常被人们忽

略，或认为与项目的功能和成本效益没有什么重要的关联。认识到历史特色与历史行为的重要性，就是认识到这些人工产物代表了一个时期或曾经的一项建设活动，但这仅仅是个开始，我们还要将这些历史的东西融入新的设计形式当中。如果我们能将历史上的人工产物视为一个框架，透过这个框架看到一系列正在进行的、不断浮现出来的现实，那么它就可以传递出更多的信息。我们一定要将历史信息和历史条件视为一种与时间有关联的、对相对关系的表述（Johnston，1989）。

◎ 时间模式

用于识别和评估历史样式的常用方法包括：

- 定位并识别出在历史上和 / 或建筑上具有重要意义的人工产物、建筑物或活动场所；
- 为保护具有重要历史意义和 / 或建筑意义的人工产物和 / 或所在基地，对其进行认证与登记；
- 将不同时期的历史建筑样式并置在一起，并对其进行比较；
- 识别、分类，并对特定的建筑风格与构件进行调整，使之融入当代的设计当中；
- 将历史上的人工产物和样式作为基础，组建新的结构，实现历史的复兴。

识别出历史的样式本身并不是最终目的，仅仅是个开始。它是与一个特定历史时期的联系——是一段时间内的聚落形态，是对那个时期出现的复杂的现实状态的反映。在这种错综复杂的状态中，可能有一些信息会对当代的设计议题产生非常重要的影响，其重要性甚至超过了那个时代遗留下来的人工产物本身。时间模式是一个连接或链接不同历史时期的过程，它就像一只不断变换颜色的变色龙，为场所增加了一种新的维度，尺度和规模都是相同的，但却会受到情境的影响而发生变化。规划师和建筑师们可以将时间模式作为一种学习的过程，研究历史的样式以及它们形成的过程，并通过草图技术，将这些历史的样式转化为设计过程中的关键元素。时间模式有一些基本的原则，总结如下：

- 在传统方法中，人工产物和历史圣地都有其本土的价值，这种价值是人工产物和场所内在固有的，并以其基本要素（尺寸、颜色、风格、材料、历史作用等）为特征；
- 一种历史样式的价值，取决于一个时期和另一个时期间的相互关系，甚至是三个时期之间的关系——所谓历史样式的价值，指的是在样式中表现出来并可以被设计师使用的信息的精确价值或品质；
- 具有历史意义或建筑意义的建筑物、建筑群或历史事件的遗址，都是过往现实景象的凝聚，也是当代现实中的一部分。基于它们从过往到现代的经历，如今拥有了新的定义。随着时间的推移，在未来的现实中，它们的定义还会再次发生改变，而它们的角色也会随之变换；
- 利用时间模式，可以将研究对象所穿越过的时间路径同当前联系起来，帮助我们在一个特定的时间点上确定"在系统中造型的动态表现"（Johnston，1989）；
- 时间模式在其界限内具有文化的韵律，是寻找设计机会的源泉，也是对情境的定义。

◎ 时间模式具有场所定义的功能

下面的实例应用描述了从简单到复杂，从抽象图像到现实景象的一系列技巧。这些技巧的运用和价值取决于时间模式分析所需信息的状况及水平。我们介绍这些技巧的用意，并非是要提列一份技术清单，而是要使之成为探索图像化时间模式分析的开端。

半抽象的占地轮廓对照图

很多专业人士都会使用一种简单而常见的图示，以表现聚落形态的时间影响关系，这种图示就是"实体－空间"（solid－void）轮廓图。在 1914—1982 年期间的奥查德港（Port Orchard）草图（图 4-1）中，两份图纸的比例都是相同的，建筑格局用黑色的建筑占地轮廓来表现，对比了这段时间内建筑密度的变化。若只展示两幅历史时期的草图，通常不足以表现出变化的程度以及关键历史时期的景象；三幅图纸的对照可以提供更全面的信息。

在汤森港历史草图中（图 4-2），作者用三幅实体－空间轮廓图描绘 1860 年、1890 年和 1980 年该地区的状况，并包含了水岸区域以及其他地形特征（例如边缘、屏障等）。这三幅草图展示了该地区在这段历史时期内明显的变化（例如，相较于 1980 年，1890 年有更高的建筑密度）。

并置

1890 年/1980 年间的汤森港草图（图 4-3）是时间段评估中增加的一个步骤；将两个历史阶段的开发模式并置在一起，突出那些能够与当代环境兼容和谐的历史元素。此外，绘制这份草图还有一个政治目的：居住区内

有一部分人提议，根据该地区的"历史格局"，要沿着市中心区的海岸线（并与海岸线平行）修建一条新的木栈道商业街。根据对历史照片、火灾保险地图和其他历史记录的研究，设计师绘制了这幅并置的草图。结果表明，事实上，滨水沿岸在过去并没有任何开发项目或街道，有的只是一些与水岸垂直的码头，其中包括住宅、旅馆、妓院、罐头工厂以及船舶维修设施等。于是，为了确定渡轮码头的位置并制定出新的水岸开发计划，这些码头就成了设计师进一步研究的重点，我们要将真实的历史格局作为自己研究的依据，而不是一些不完整的信息。在敏感的政治氛围中，这种草图足以胜过千言万语。

三维图形

时间模式这种技术可以为我们提供更多的信息维度，帮助规划师或设计师对过去居住区的活动，以及这些活动对居住区形态所造成的影响进行详细评估。有一种方法能够为信息增添第四个维度，那就是依照时间顺序绘制三维鸟瞰图。这种方法是对建筑技术的认知，它对于规划师／设计师来说是很有价值的，可以将公共行为和个人行为所造成的直接和间接影响形象化地展现出来。

空中透视图的技术有两种，分别是空中成角透视图和轴测图（或称为平行投影图）。究竟应该使用哪一种表现手法，在一定程度上取决于可获取信息的种类，以及对写实程度的偏好。如果这份图纸是为了公众会议与公众认知而准备的，那么相较于半抽象图或类似于轴测图这种没有灭点的草图，写实逼真的透视图可能更容易为大众所接受。但如果手中收集到的资料有限，则轴测图的绘制更加容易；规划师／设计师可以利用比例合宜的平面图（其中包含建筑物占地轮廓信

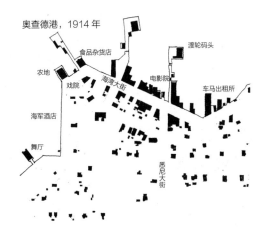

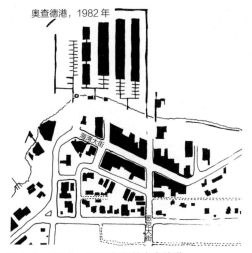

图 4-1　1914—1982 年间的奥查德港

息），再结合照片的辅助（鸟瞰、成角透视，或地面视角的透视），创建出平行投影图。

◎ 威尔逊维尔的故事：一段图像化的历史

美国建筑师学会出版了一本关于小城镇设计入门的图书，名为《设计你的城镇》（*Designing Your Town*）（AIA，1992）。该书的出版，旨在帮助当地的居民和官员们能够从规划和设计过程中获取更多资讯，以便更好地掌握自己小镇的设计过程。用来描述当

地规划决策及其影响的是一个故事："威尔逊维尔的传奇"。这个故事由美国建筑师学会的项目委员会编制（AIA，1992），主要通过一系列历史三维鸟瞰成角透视图，展现了该地区在 1852 年、1894 年、1910 年、1932 年和 1992 年的开发模式。这则故事和每一幅以时间为框架的草图，描绘出了更大范围的河谷背景，包括其中的植被和地形如何随着开发建设而循序渐进地发生着变化，逐渐扩展到了早期网格系统的界限之外（将之前的道路系统变成了二级尽端路），填充湿地，并通过增设路外停车空间，使原来紧凑的核心区域一步步向外扩散。

每一个画面都以一种相互关联的方式描绘了规划决策所造成的影响，展示了在人类干预和未经人类干预的不同结果以及变化，这些变化是整个系统的变化，而非某一个局部的变化：我们研究的是整体的模式，而非个别的片段。

这幅 18 英寸 ×24 英寸的透视图是以航拍照片为基础绘制的，同时，还借助由照片建构起来的透视网格，并利用参考照片和基础地图扩展出了该地区发展的历史序列。最先完成的是 1992 年的当代草图，之后是 1852 年的草图。其他草图都是以这两张草图为基础增减绘制的。

这些历史时间模式图可以起到以下作用：

- 它们可以拓展民众对于设计的理解，除了感受到设计的魅力以外，还进一步认识到设计的结果、模式和适应性；
- 它们帮助民众进一步认识到渐进式的发展对整个居住区或地区格局所造成的物理影响——扩展、分散、自然特征的增加或丧失等；
- 它们可以帮助民众认识到通过改变哪些

图4-2　汤森港历史图

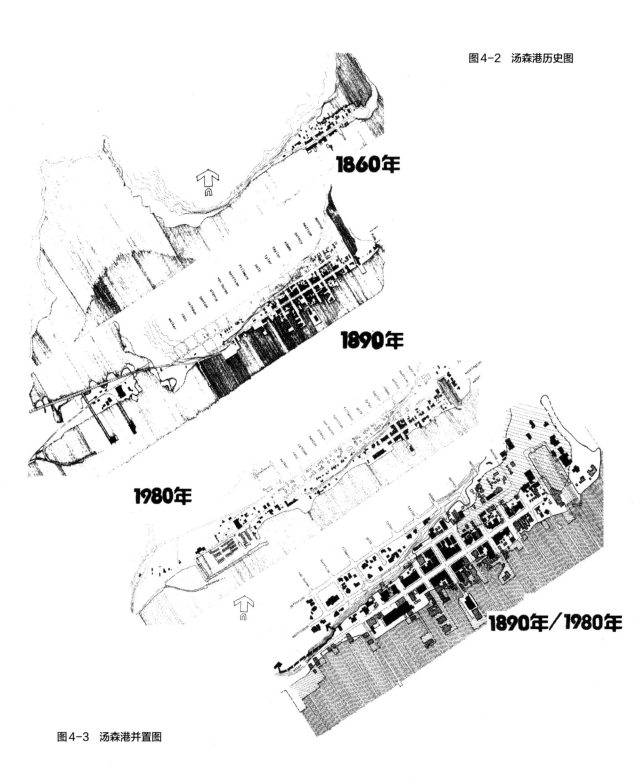

图4-3　汤森港并置图

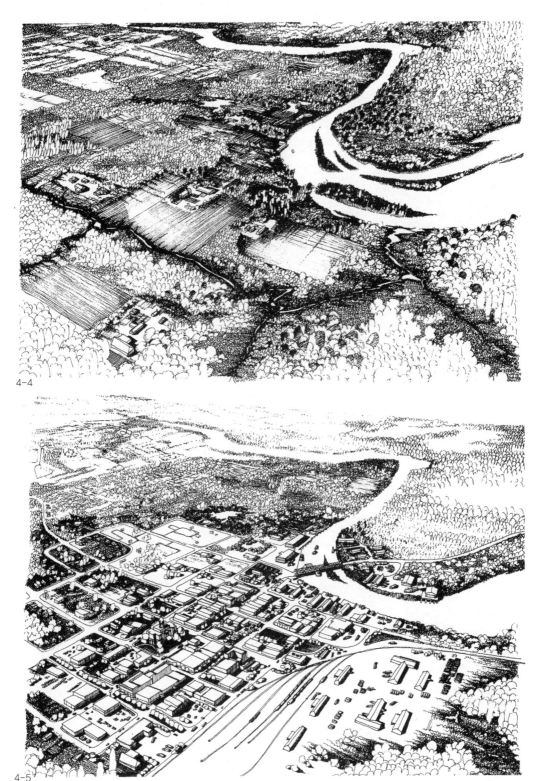

4-4

4-5

图 4-4—图 4-9 威尔逊维尔地区历史演变示意图。这是一个构想出来的居住区，旨在强调随着时间的推移，由日常的地方策略所引起的发展模式的转变

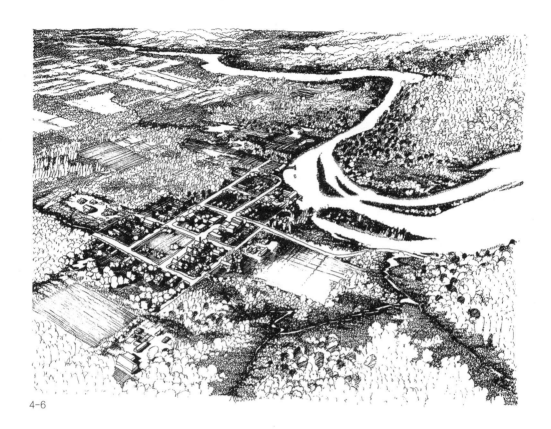

4-6

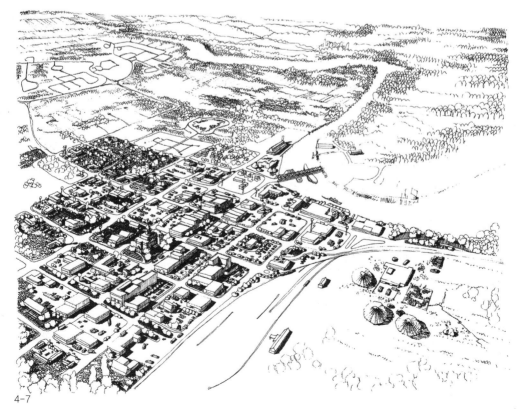

4-7

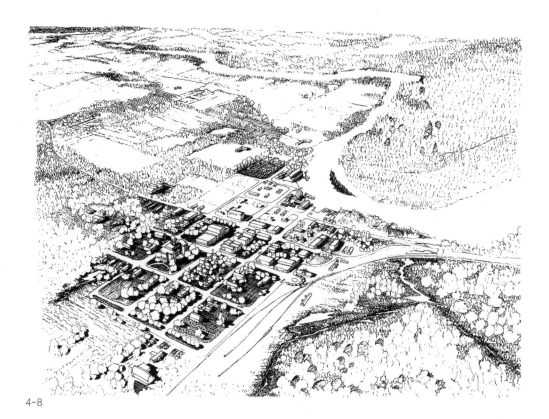

4-8

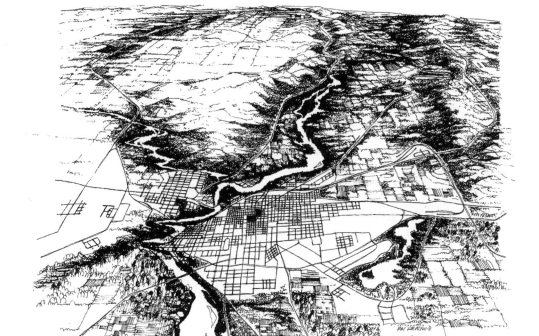

4-9

公共策略可以获得不同的、更加完整的开发结果——通过对当地活动的了解（参考当地易于理解的草图）去做地方性的授权。

◎ 汤森港街道小插曲

利用当代的场景，可以清晰地表现出历史的时间模式，以及情境背景中保留至今的历史遗迹。在汤森港街道景观草图（图4-10）中，具有重要历史意义和／或建筑意义的建筑物与建筑群，同当代的建筑及其配套服务设施并置于画面当中，强调了在特定历史时期渐进式的发展结果。当居住区在思考实施日常发展决策（或是选择否决某些决策）的时候，这个实例是很具教育价值的。

这些图纸都是根据在研究区域实地考察时所拍摄的幻灯片绘制而成的。设计师考察的目的是要研究居住区历史核心同现代边界区域的交界面，因为该地区的发展模式随着时间而发生的改变是尤为明显的。

其他有关时间—场所的维度

还有一些其他与时间相关的课题，也可以用图像的形式进行探索，并会对设计决策产生影响，这些课题包括：时间与距离的关系，对过去提案的评估，以及阶段性的预测。

◎ 时间—距离关系

时间－距离关系是一个地点的函数值，人们利用这个函数测量或显示人或货物在一段给定的时间内可以移动的距离界限。步行时间与距离之间的关系在规划领域已经使用了几十年，例如在传统的总体规划中，最常使用的就是四分之一英里的步行半径。

这个步行半径的假设前提是，一个成年人在没有羁绊的情况下（假设道路平坦，没有障碍物），每小时步行距离为3英里，或每5分钟步行距离为1/4英里。不同于步行半径，还有一种更为复杂的方法，即制定出步行路线，进而计算出真实的线性步行距离，而不是像前一种方法那样画出"一条笔直的"半径。

◎ 对过去提案的评估

针对某一特定区域或地区的规划、建筑设计和／或其他开发提案已经为民众所熟知，无论它是公共项目还是私人项目，都可以反映出该地区市场及经济状况的相关线索、政治与公共事务及其议程、设计风格与当时建筑材料的类型，以及开发所受到的限制或阻碍，它们或许正是造成开发案未能实施的原因。把在过去的提案中发现的核心理念绘制出来，是一种很有价值的现状条件练习方式，它所呈现出的是就是时间的模式。

◎ 阶段性的预测

最终的设计方案也是动态的，它并非一成不变，即使是最后的施工图绘制和投标过程都已经完成了，方案还是注定会出现变更。在城市设计与规划中，形形色色的参与者各异，会议议程众多，常常在图纸墨迹未干的时候，业主、市民群体和倡导者们就已经认为设计方案不合时宜，又提出新的想法了。针对提案中的想法、政策和指导方针，测试其空间影响，这对于方案的有效评估与实施是至关重要的。假设变化是常态性的，而参与者们复杂的议程有可能会改变原本最好的初衷，那么，以未来的时间－地点为

图 4-10　汤森港街道景观草图一

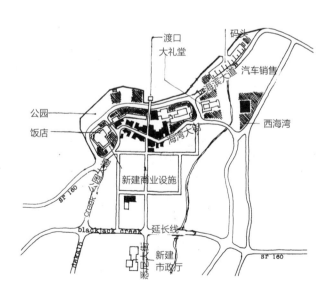

图4-11　奥查德港过去的提案草图。 在过去的时空背景下提列出
当时的提案，可以为当前的规划过程提供一个很有价值的视角。草
图是以毡尖笔绘制的

目标进行实验就变得非常有必要，
它是对决策提出质疑以及预测方
案实施会造成哪些影响的一种手
段，而这些影响是从前未曾预料
到的。

　　分阶段进行，是一种筹划、
组织和项目实施管理的方法。规
划师、设计师和社会人士都可以
从项目的分阶段进行中受益；在
这个过程中，可以揭示出那些当
前无法回答的问题，而这些问题
都是将来必然要面对的；这种方
法还可以帮助我们辨识出长期存
在的障碍或机会；以及勾勒出未
来政治性议程的概要。

图4-12 将历史融入当代的设计当中。对城市历史事件的研究，可以为探寻新的城市设计元素提供动态的机会，这些草图表现的是为纪念城市历史中优秀女性而建造的杜布罗夫（Dubrouw）城市公园，从而将历史时期和事件重新引入当代的现实生活当中。由于预算和时间的限制，设计师需要找到一种快速而随意绘制草图的方法。使用派通签字笔绘制阴影线的时候可以画出同样的线宽和色调，使这项任务变得相对容易

当代设计中的历史活动

历史研究可以为设计提供机会，它是在当代的开发建设中积极利用历史活动（不同于历史遗迹的保护）的基础。我们可以用图像表现新的城市公园的设计概念，而设计概念可能来源于一个事件或族群，例如"城市形态中的女性历史"（Dubrouw，1994）。利用派通签字笔绘制的草图概念性地描绘出了具有历史意义的标志性场景，也就是著名历史事件发生的地方，被视为波士顿都市景观中的城市艺术——是以文化为基础的历史模式为设计带来机会的成功范例。

将历史建筑遗迹作为组织原则：阿斯托里亚码头

时光流逝，过去人类住区的痕迹常常随着新项目的开发被抹去，就好像之前从未存在过一样。由美国国家艺术基金会（National Endowment for the Arts）提供部分赞助的俄勒冈州滨水区阿斯托里亚（Astoria）的设计研究，就是在寻求一种不同于滨水区传统"程式化"开发（即抹去所有历史痕迹）的新做法。很多时候，这些滨水区项目的开发都会过于商业化，毫无新意地将其打造成旅游景点。这些新建成的滨水区环境可能会令

图 4-13 时间模式：阿斯托里亚公共码头。一系列的规划图追溯了这一历史著名的河流沿岸地区在几个关键历史时期的发展。任何一种发展，如果能与时间的进展结合在一起，都会衍生出更大的意义。第四幅规划图是当前的规划提案，表现了对河流沿岸地区全新的定位

人感到乏味；因为它们根本就没有反映出该地区丰富的进化发展特性。

时间模式草图形象化地展现了俄勒冈州的阿斯托里亚[①]地区在过去的 100 年间，从起源到不断发展的进程。19 世纪 60 年代，人类在哥伦比亚河的一个河口建立了第一个定居点。到了 19 世纪末，阿斯托里亚发展成了全世界最大的三文鱼罐头和皮货贸易的中心，它的名字就来源于毛皮大王约翰·雅各布·阿斯特（John Jacob Astor）。20 世纪 30 年代，在一场大火之后，该镇重

① 这项作品节选自一次个性化设计大赛，"活跃的滨水之地：另类设计的方法"（The Active Waterfront Place: An Alternative Design Approach），该活动由美国国家艺术基金会赞助。这次活动为滨水区的重建工作奠定了基础，将新时代的旅游观光活动同传统的渔业需求结合在一起。

建了很多钢筋混凝土建筑，这在当时是最先进的技术。20 世纪 60 年代，该镇曾考虑沿河岸修建外围环路负责城镇的供给，而将原来的主要街道改造为商业步行街。这项计划倘若进行，将会切断这座城市同哥伦比亚河岸之间线性的联系，幸运的是，它并未真正实施。20 世纪 80 年代的阿斯托里亚，仍然随处可见历史建筑的遗迹，政府再一次提出要在河岸区域兴建一个新的公共码头，它将会成为新一轮开发的催化剂。

基地研究，城市码头项目

图纸、草图和模型描绘出了一个新的滨水开发案的发展过程，该方案从城市尺度到室内空间尺度，在时间线上都是相互联系的。在城市尺度下，一条主要街道的改建计

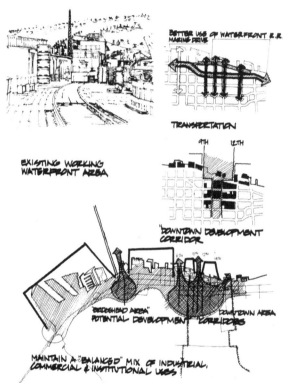

图 4-14 滨水之"窗"。 滨水沿岸地区的远景透视，这是只能从远处的水中看到的场景。画面的焦点集中于水岸边缘和公共街道构成的"窗口"，这些窗口就是民众进入河流沿岸地区的公共通道。城市尺度的草图突出表现了一些公共廊道，它们为重新架设起城市与河流之间的联系提供了机会。两张规划图所描绘的都是同样一个市中心项目区，但强调的却是不同的问题。阴影图强调的是交通 / 停车系统的分布，而实体 - 空间草图所强调的则是建筑体块与公共街道的定义

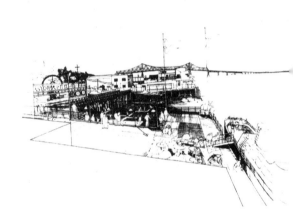

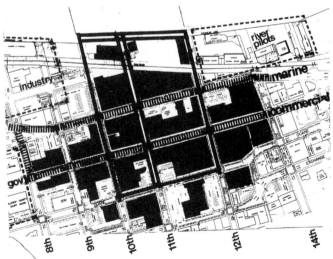

图 4-15 现有基地的特征。 画面在明暗色调上强调了历史码头的遗迹，并将一座横跨阿斯托里亚地区的标志性大桥作为参照物

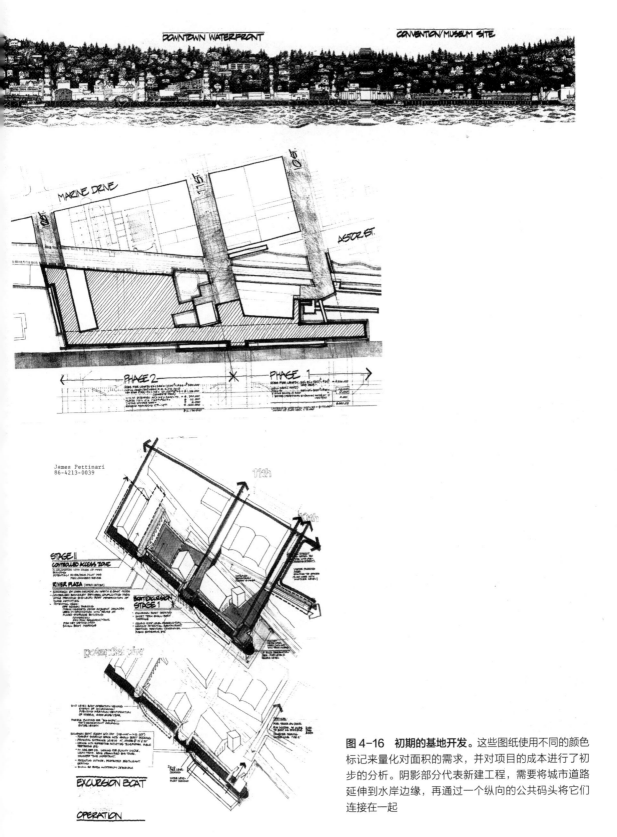

图4-16 **初期的基地开发。** 这些图纸使用不同的颜色标记来量化对面积的需求，并对项目的成本进行了初步的分析。阴影部分代表新建工程，需要将城市道路延伸到水岸边缘，再通过一个纵向的公共码头将它们连接在一起

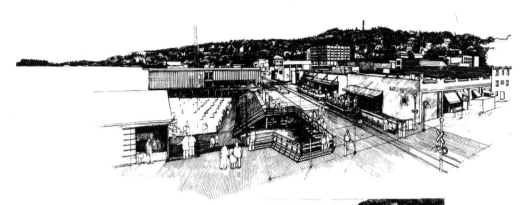

市中心水岸区码头拟建方案
第 11 号大街拓建

图 4-17　第一阶段的改造

图 4-18　俄勒冈州阿斯托里亚，公共码头的边沿

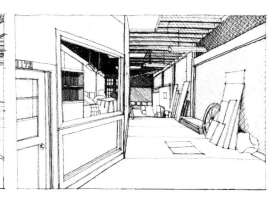

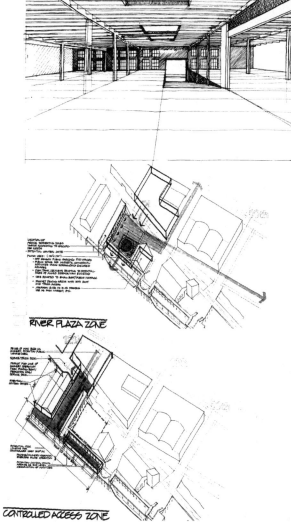

图 4-19 码头改建分区图。在深色复印图纸上用彩色荧光笔标出等距线，将外部系统同历史仓库内部空间的再利用整合在一起

图 4-20 对历史遗迹与提案项目的初步重组

图4-21 水岸区域规划方案

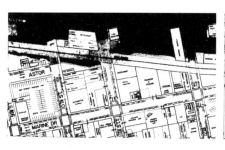

船只停靠区

图4-22 工作区与旅游区的整合

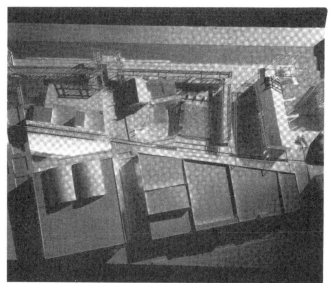

游客活动区

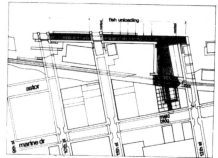

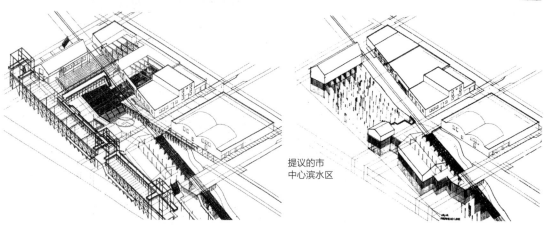

提议的市
中心滨水区

图4-23 阿斯托里亚公共码头前后规划方案对照。 设计方案是根据一张现有滨水区环境的图片发展而成的。在草图的绘制过程中，历史遗迹的存在就是这块基地的特色，设计师以其为出发点，发展形成了设计方案。设计决策的制定参照了基地现场的基本条件：位于一座历史悠久的码头边缘，长久以来，一直都受到一条水流湍急的河流的影响。这个三层结构体的设计方案一直被视为坐落在河水"当中"而非"河面上"的

图4-24 阿斯托里亚公共码头形象化的表现。该模型展示了各个历史建筑元素在三维空间当中的相互作用：建筑物、码头、铁路线，以及新提案的建筑系统，它们之间相互协调、联系，并且有的时候还可以缓解观光客和罐头工厂运营之间的冲突

划为市中心区和滨水区域搭建起了新的联系。在历史街道系统的框架之内，草图展现了不同基地的组合，将现代化的码头与历史遗迹和谐地融为一体。这些历史遗迹不仅包括建筑物，还有已经废弃的码头，以及一条穿越该研究基地的铁路线。当代的建筑项目包括一个旅游观光区和一个水产养殖场，这些设施都与一个新建的小型罐头工厂有关，这座工厂利用了河岸边一栋废弃的建筑物，可以满足当地渔民的需求。

绘出失去了的时光

过去的时光常常被现代的景象所埋没。利用空中透视，我们可以看到被岁月掩埋了的历史景象，它是如此令人着迷——一条大运河、一条宽阔的街道，以及沿着明尼阿波利斯市中心磨坊区一条街道布局的城市街区。这条运河为密西西比河流域唯一的一个瀑布提供水源，引市中心上游一个水池的水源，经过一系列的竖井倾泻而下，驱动邻近磨坊的涡轮机运转。这里曾经是通用磨坊公司的总部，后来工厂被废弃了，运河中填满了泥沙，时间逐渐抹平了它曾经存在过的痕迹。图纸为提案设定了一个场景，将过去的建筑遗迹和废墟整合在一起，使之成为重新规划区内一个整体的元素。剖立面图的剖切线就设定在磨坊工厂，可以展现出其结构和涡轮机具，以及一座历史上曾经存在的桥梁，使历史建筑、废墟成为画面的背景。磨粉厂复原的潜在内部特征是通过一张透视图展现出来的，这张透视图是环绕着明尼阿波利斯的城市景观建构而成的。室内空间的特性是通过一张非常小幅的草图展现的，其中包含建筑物的梁柱系统以及内部的筒仓结构。室内透视图表现的焦点并不是空间本身的细节，而是磨粉厂与其所在城市位置之间的关系。画面的构图和色调安排，最想要表现出来的是建筑物朝向天空与城市的开放感。

基地草图对历史建筑的遗迹进行了定位与描绘，并附有阶段性的草图，大致提列了这些项目提议改造的时间。

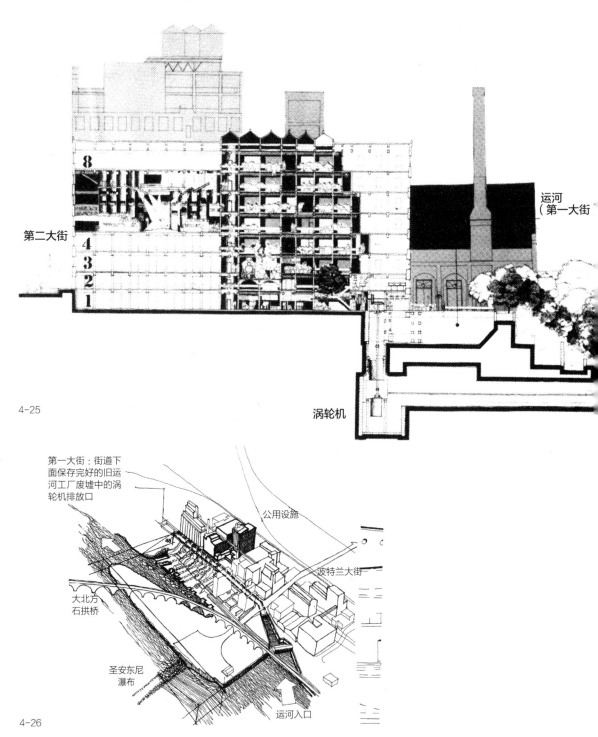

图 4-25 和图 4-26　明尼阿波利斯市，隐藏的历史系统。通过空中透视图和立面图 / 平面图清晰地强调了运河与水利设施，它们都隐藏在明尼阿波利斯市中心区河岸之下，已经被人们遗忘了。如果将运河与河岸上的磨粉厂建筑想象为城市中孤立的事物，那么它们的存在就失去了意义。在这个项目中，该区域的地下工程都被"构想"出来，并与城市天际线、桥梁及之前的磨粉工厂遗迹等一同构成了丰富的历史文脉

参考文献

American Institute of Architects. 1992. *Designing Your Town*. Printed by Georgia Power Company, Atlanta.

DeChiarra/Koppelman. 1969. *Planning Design Criteria*. New York: Van Nostrand Reinhold Company.

Dubrouw, Gail. 1993. Unpublished Dissertation, "Claiming Public Space for Women's History in Boston: A Proposal for Preservation, Public Art, and Public Historic Interpretation." Frontiers, *A Journal of Women's Studies*, Vol. XIII, No. 1, p. 111, University Press of Colorado, Niwot, CO.

Johnston, Charles M. 1984/1986. *The Creative Imperative*. Berkeley: Celestial Arts.

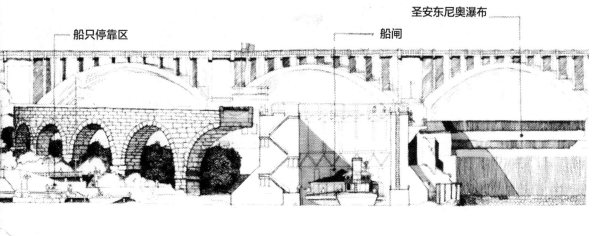

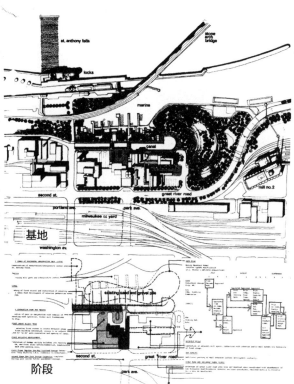

图 4-27 **基地的规划提案。**作者只针对那些环绕在运河周围，并对运河复垦起决定性作用的元素给予了明暗色调的变化

图 4-28 **阶段性草图。**建筑物来而复去。规划草图概括描绘出了随着时间的推移，原有的铁路和其他个别设施逐渐废弃的变化，从而创造出基地整合的机会，将历史建筑遗迹保留下来，并将其融合到新的开发当中

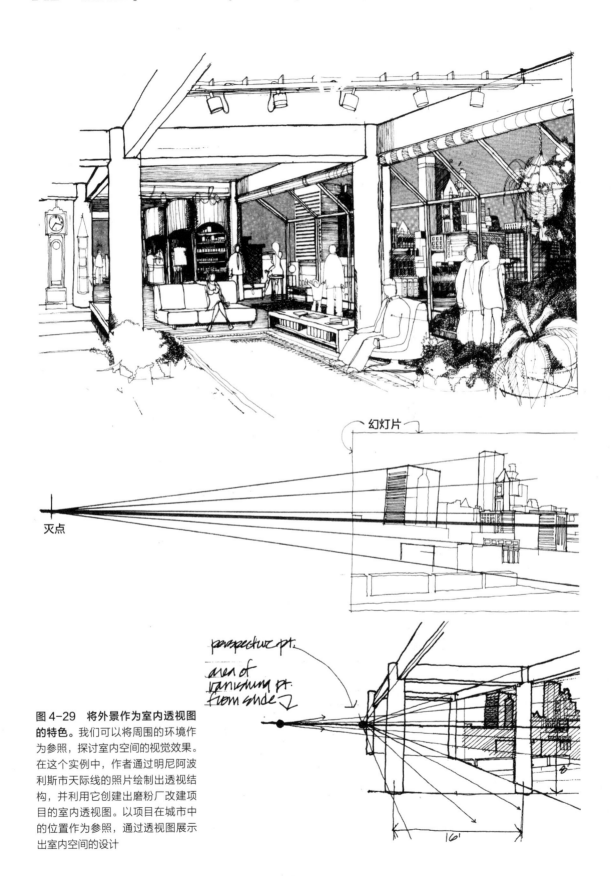

幻灯片

灭点

perspective pt.

area of
vanishing pt.
from slide

16'

图4-29 将外景作为室内透视图的特色。 我们可以将周围的环境作为参照，探讨室内空间的视觉效果。在这个实例中，作者通过明尼阿波利斯市天际线的照片绘制出透视结构，并利用它创建出磨粉厂改建项目的室内透视图。以项目在城市中的位置作为参照，通过透视图展示出室内空间的设计

第 5 章　让公众参与场所的设计

◎ 引言

一般民众，小城市和城镇、居住区以及政府机关的非专业人士，他们对于设计和场所的定义，与专业的设计师和规划师存在着很大的差距。面对设计方面的问题，非专业人士常常会犹豫不决，这是因为他们对于设计流程中的规则、原则和界限知之甚少（这些都是设计师与规划师的专业工作），而且也不熟悉口述的和以图纸表述的设计语言。

然而，这些人却越来越希望能够对发生在自己地盘上的事情拥有发言权。他们想要了解设计的过程，这样他们就可以掌控更多的决定权，去干预设计过程中决策所产生的影响，因为这些影响与他们的日常生活是息息相关的。为了达成这样的目的，就需要找到一种能够同时被设计师和外行民众使用的设计语言，利用这样的语言，设计概念和影响才能够被交流与理解。规划师／设计师所面临的挑战就是要找到一种模式和语言，能够将所有的参与者都整合到设计过程当中，进行真实的、有关空间的交流。

对规划师和设计师来说，设计沟通本就是设计工作中必要的环节，既包含构思过程中的内部沟通，也包含与用户和业主的外部沟通。外来的专家，无论他的经验有多么丰富，知识有多么渊博，都无法从整体上改变居住区内在的品质和结构。只有那些真正生活在特定情境背景之下的人们，借助于沟通交流，阐述这种文化复杂性的产生，才能为住区带来真正的改变。沟通的过程越顺利，民众对设计的理解程度就越高，制定的内部变革策略就会越有利。

◎ 公众参与下的设计交流

一般行为准则

比较广义的公众参与过程也包含设计交流。作为设计交流的序曲，我们首先要记住一些有关于人际交往的指南，这样既可以缓解身为交流者的压力，又有助于提高交流的品质。

让那些在有待规划或设计区域工作或生活的人们都参与到设计过程中来，就需要规划师／设计师进行非常广泛的沟通。依照传统的做法，规划与设计决策都是由专家制定的，但实际上受到这些决策影响的却是公众；他们是一个族群，被要求对一个地区外观的改变给予经济和政治上的支持。公众是人类居住区以及潜在的生态系统（或是被改变了的生态系统）中实际的使用者。不同于很多设计师倾向避免让公众有机会参与设计过程，我们提倡积极鼓励公众参与，如此才能提供关于空间测试概念、选择以及政策的必要讯息，进而提高设计品质。

对于专业的规划师、城市设计师、建筑师或景观建筑师来说，当他们在进行一个地区的设计工作时，开放当地居民共同参与，这意味着什么？这意味着要在设计过程中他们要承担更多的责任（而非减少责任）。在某种意义上，设计就是一种交流，是一种建构形象的认知过程，其目的就是为了解释以形式为基础的概念。设计是对数据资料、构成要素、形状、样式以及心理概念的解释，并将其转化为实实在在的图像。在当代复杂的聚落模式中，特别是在美洲大陆，只有一个层次的聚落模式（相较于欧洲大陆，具有多个层次的聚落模式），人们要求在设计和规划过程中能够进行更多的参与，因为这些规划和设计的结果都会对他们的生活产生直接的影响，造成他们的生活空间越来越小，而且对环境的危害也越来越严重。面对日益增长的公众参与呼声，专业人士也可以在设计过程中承担起新的任务并从中受益——可以成为翻译者、解说员、策动者、整合者和谈判专家，而不像在传统模式下，只有形式决策者一种身份。这并非意味着设计工作要由全体委员会成员共同执行，而是要求专业设计人员同公众保持密切的联系与交流，就像一场复杂的舞蹈——这是一场重新定义土地整治规划与设计的舞蹈。公众参与设计过程会带来很多变数，这里有一些还在不断完善的行为准则，可以帮助提高设计师的效率：

1. 我们的目标并不是获得结果，而是要保持动态创造过程的完整性（Johnston，1989）；真正的目标是在不预先确定结果的情况下，跨越已知的或已制定出来的条件限制，创造性地参与设计过程；这会使我们成为更好的聆听者。

2. 在规划设计的过程中没有所谓的主角——设计师和规划师与普通的参与者都是平等的，他们并没有高人一等。

3. 即便存在不同的看法，设计师也要尊重公众的经验与诚意。

4. 倾听。

5. 要认识到公众对于掌控设计思路与方向的渴望。

6. 假设创造性能以同等的能力延伸到各个不同的个性与文化；一定要学习如何处理这些创造性的差异。

7. 将公众与场所联系起来，也要将场所与其所在的情境联系起来。

8. 在一套完善的流程中，同一时间只能有一个领导者；这位领导者了解进程中的适当时机，要将手中的领导权传递给下一位领导者，依此类推，如此便可以清晰、有组织地共享掌控的权利。

在每一次公众参与的过程中，都会有一些隐藏的议程、公开的和隐秘的策略及政策。规划设计的过程越开放，公众就越有机会了解与处理这些议程，而设计师/规划师也不需要承担泄露议程的责任，更不会因为支持一方或另一方的主张而受到批评。

设计交流的原则

我们可以利用以下讨论与交流的原则，作为较大规模公众参与过程、方法和技术的补充。沟通交流是人与人之间的黏着剂，面对当前大多数城市问题的复杂性与多样性，人们会试图寻求共同的观点或新的见解。

原则一

（城市）设计交流是一个高度模式化的过程，它会通过"一个更大规模整体当中特定顺序的形成阶段（或部分）"（Johnston，1994）而不断发展演变。在特定阶段，图像化是一种有效的构建故事的方式，绘图就是使设计成为过程，而非预先设定的结果。

原则二

在设计交流中，图纸和其他图像化的表现形式可以起到桥梁的作用，联系心理思维与视觉思维，而这两种不同的思维在交流的过程中都会有所体现。借助于图像化的表述，会出现不同倾向性的思考，包括质与量、幻想与现实，心理概念与视觉影像，针对所有这些问题的思考都是为了寻求一个更大的整体，它可以将各个不同的部分包含、整合在一起。

原则三

（城市）设计的交流是一个动态的过程，是在"特定的时空背景下"（Johnston，1989）对相互关系的阐述，利用（居住区的）不同部分锁定焦点，而这些焦点议题与更大的情境背景（例如，情境中的场所）仍然是相互关联的。

原则四

情境在非专业人士的理解中，就变成了特定的时间与空间相互关系的范围或界限。对设计师来说，为特定的民众设定一个适宜的情境范围是一项挑战，它有助于民众更深入地理解设计对更大范围的地区或流域所造成的影响。

原则五

设计交流能够将情境中的现实条件形象化地表现为一种富有创造性的自我组织过程；它向民众展示现实条件是不断变化的，并且与（居住区的）所有其他部分相互关联。我们认为居住区具有自我组织的能力，基于

这样的想法，公开的设计过程不仅有利于居住区的发展，还会在居住区内部事务的决策中唤起民众更强烈的主人翁意识。

原则六

在公众参与的过程中，图像化有助于将相关信息塑造为概念、愿景或是故事，通过形象的隐喻性故事，拓展非专业民众对设计的理解。

原则七

公众参与是提高公众认知与授权的循序渐进的过程；相较于公众教育与公众参与，公众认知与公众授权具有非常明确的差别。简单来说，教育通常意味着由一位专家或大师向一群民众传播知识或给予建议。参与可以仅限于让民众参加审查、批准或否决某些设计理念的会议，而这些设计理念绝大部分都是由外聘的专家或专门委员会提出的。认知是指在一个有参照与导向作用的情境中，通过对特定的时间与空间关系的关注而获得理解。授权指的是由当地民众处理当地事物、并做出决策的行为。

公众参与交流中的绘图技巧

在公共会议、研讨会和其他形式的会议中，绘图可以起到什么样的作用，一部分取决于观众，还有一部分取决于聚会的实际空间、可以用来进行准备工作的时间，以及将要讨论的材料的属性。坐在观众席上的是哪些人？他们对于图纸规范的了解程度如何？他们对于大多数规划和设计项目中常用的参照和定位素材（地块图、建筑占地轮廓图、透视图）掌握度如何？他们能否适应图纸中所提供的信息及其复杂程度？他们在整个设计过程中所扮演的角色：观察者、

决策者、选民、被推选出来的官员、居住区居民，还是以上皆是？

如果召集会议的目的在于对场所的规划措施进行询问、理解与讨论，那么会议的语言就需要尽可能清晰，在不分散会议基本议程的前提下，将各项信息整合在一起。由于参与的观众形形色色，水平参差不齐，所以单靠图表与表格是不足以将情境中的聚落模式清晰描述出来进行讨论的。人们希望有一种方法能够让他们快速领会并聚焦在重点议题上，同时又不会失去大局观。空间的定量关系与特征不能仅用数字和文字表述，还应该以空间的形式来表现，通过空间塑造的方式将空间与其属性特征联系起来。除非技术人员和专业人员真正了解图像化交流的要素和原理，否则就不宜将图像化表现归为计算机制图的范畴。

原则一："……一个高度模式化的过程……形成的阶段。"

根据这一原则，有两种设计交流形式是比较高效的：第一种，将不同的尺度依从大到小的顺序排序，在参与者和他们所在的位置与更大的画面之间建立起联系；第二种，将设计编成一个故事，例如，讲述一个地方地质条件的形成与组织结构，这些都是民众了解该地区流域和其他自然资源的基础，接下来，再向听众讲述这一地区的人类历史，以图像的形式描绘自然、文化和管辖权等"部分"，以及这些部分是如何融合在一起的等——逐步为参与者构建出情境的概念。通过形象的画面，参与者可以很快了解到该地区的外观、建筑物和其他人工产物；流域的视觉形态及其开发模式可以反映出随着时间的推移，文化、工艺与环境之间的联系。

原则二："图纸……是头脑中的影像与视觉影像之间的'桥梁'……"形状即概念（Arnheim，1979）

设计师和规划师可以成为居住区愿景、关切与抱负的翻译者。通过在头脑中塑造出一个概念，设计师可以将民众对设计的理解推向一个更高的层次，为参与者提供更多的现实资讯（真实表现出来的或是潜在的），让他们去审视、评论与回应。通过刺激参与者的感官，描绘出他们的想法可能带来的结果，而给予他们参与的能力。有些人认为，不要将"假设的东西"画出来才是安全的，因为民众所感知到的东西有可能会冲击到一些敏感的政治议题。其实。如果能以适宜的方式表现出来，特别是在公众评论的过程中以图像化的方式加以辅助，那么这些担心的情况多半是可以解决或避免的。

一群与项目相关的非专业人士想要有效地掌握功能、尺度、风格和材料等含义，以及它们对其他人的影响，就只能用一种空间的语言观察和思考，这种空间语言能够在一个真实的（而且是可变的）画面中将场所的特征与尺度整合在一起。作为诠释的桥梁，图像化一个关键的特征与优势就是其过滤作用。在描绘情境的时候并没有必要将所有的树木都画出来，对公众来说，他们并不关心具体的树种，以及单独的一棵或几棵树的存在。无论在什么情况下，我们要表现一个城市街区的特征与实际尺度的相关信息，都不需要将街区内的每一栋建筑画出来。想要描绘出相关的信息，可以进行选择性的筛检，并以一种半抽象或抽象的形式帮助外行的参与者们在情境背景之下将注意力集中在焦点议题上；本书列举了很多情境草图。

原则三："……一个动态的过程，它所阐述的是'特定的时间与空间状态'的相互关系……处于情境当中"

公众参与的过程一直都会处于变化和发展当中。人们的头脑中会产生想法和意见，表达自己的担忧，找到一些问题的答案，又发现新的问题。要想提高公众的认识，让他们了解到在这个复杂的过程中正在发生的事情，其方法就包括用图像表现特定的时间与空间之间的关系。对特定时空背景的图像化表现有以下三个关键的特征：

- 提供情境背景作为参照：可以识别出来的场所（城镇、村庄），人工产物（高速公路、输电线），以及自然特征（水体、山脉和客观存在的边界等）；
- 提供情境背景的指引：从时间、空间、物质和人的角度认识环境。这些事物的组织都遵循一定的模式，而对这种模式的认识有助于增强观察者对环境的理解（对每一个规划项目来说，整个地球环境就是其基本的背景，但某一地区的条件是由其具体的情境背景决定的，例如河谷和流域，或是更大的区域和城市街区）；
- 提供与比例尺度相关的情境资料：（在情境中）选择对我们所使用的比例有意义的信息。如果选择的信息太多，会造成混乱；我们需要对手中的信息进行过滤，摘录出那些适合于表现尺度的信息。

原则四："（适当的）情境描述，会成为非专业人士对特定时间、空间关系理解的范围或界限"

情境既是真实场所中客观存在的实体，同时又是场所的载体，这为设计师提供了一种区分居住区和场所组成部分的方式，如果情境能够充分描述出特定时间、空间之间的内部关系，那么民众就可以理解这种方式。举例来说，我们要处理的项目是位于一个临近街区内的火车站设计，那么如果想要全面评估这个车站的兴建可能带来的影响，单单考虑基地周围一两个街区是不够的，我们应该将附近很多个街区都纳入研究的情境背景。

作为设计师和规划师，我们有义务对项目周遭足够大范围的情境进行研究，这个范围要超出合同规定或法定研究区域的界限。一条河流是一个完整的水系，而不仅仅是一个流向大概的狭窄水道。想要研究与了解这条河流，将这条河的生物版图研究范围设定到多大是足够的？这是在设计过程中每个人都要面对的问题。

原则五："……图像化表现现实状况……这是个持续进行的自我组织的过程……"

对设计师和规划师来说，这项工作是非常具有乐趣与挑战性的。居住区是非常复杂的实体，我们可以将其视为具有自我组织的能力，它的发展并不是依靠自上而下的命令与计划而实现的。在公众参与的过程中，寻找与描述居住区这种自我组织的表现，可以说是最具启发性的工作了。我们需要同居住区进行直接的互动，以揭示和确定这些自我组织的表现。下面列举了一些简单的实例：

- 观察年轻人在白天使用某条街道进行聚会的情况，并在草图上记录下来——空间的使用、道具的布置、大规模的聚集，以及私人的互动；
- 在一段给定的时间内，按顺序提列出居住区内发生的文化变迁，进行空间定位，并描述出前后院使用上的变化，例如，由不同的家庭族群使用；

- 绘出住宅建筑随时间发展而发生的变化，并将其与文化形态联系起来；
- 评估非选举产生的居住区领导者、积极分子以及他们所代表的民众的时政动态。

在一个区域内发生了一些变化，而这些变化并不是由有意识的公共行为或政策性（或大型私人）整体规划所引起的，那么我们就可以把这些变化视为自我组织，它们常常是其他潜在形式生成的动态指标。将这些自我组织的表现同公众分享，可以获取更多的基础信息，进而作出更好的决策。

原则六："图像化……有助于将信息转化为概念、愿景，或故事……"

在很多文化体系中，讲故事都是一种非常经典而又有效的方式，可以将情境中的各项信息联系在一起，无论是某种社会规则、采集食物的方式，亦或是居住区的法规。在居住区的设计与规划中，抽象的数量信息对于人们热议的火车站规划、集合住宅提案，或是配套住房政策来说都是没有什么意义的。将故事中的信息以图像的形式表现出来，并将其与所在环境整合在一起，把信息变成现实的景象，人们就可以对这些信息进行综合整体的讨论了。将讲述故事作为设计过程中的一部分，其好处包括：

- 可以抓住一个场所的本质，让公众认识到这个本质，并将公众对于这个场所的认识扩展到其所在的情境；
- 不需要语言，或是只利用很少的语言，就可以描述出过去的行为造成的实际影响；
- 利用图像将规划可能会造成的结果表现出来，说明这些提案操作的意义；

- 以空间术语来描述公共政策，并作为该项政策的检验机制；
- 对项目所在的更大范围的情境背景进行描述，提高公众的认知水平；
- 解释公众的愿望与需求，并且可以接受公众评论与提出的改变意见，例如城市的建筑体量规划。

公众认知的图像化表现不同与传统的规划图解或设计师的信手涂鸦，前者最显著的特征就是情境草图或场所－情境草图，它所描绘的是逐层递进的环境，而这个环境与更大的整体是联系在一起的。

◎ 不断改进传统的公众参与模式

这部分探讨的是公众参与的模式，是在传统模式的基础上增添了关于情境背景的绘图。有些实例的表现很严谨，有些则是以诙谐的手法表现重要的信息。在下面的列举中，总结了传统的模式与实验性的模式，而每一种模式都有各自适合的应用场合，具体是由观众与现实条件决定的。

◎ 正式的公众信息与公众教育模式

公众听证会

公众听证会上，与会人员对某一特定议题进行评论，而评论的过程会被记录下来。公众听证会上所使用的资料包括背景图和相关的展品，以及对主要建议的摘要，民众会针对这些素材发表自己的意见。会议空间为大型会议室，简报适合使用幻灯片和高射投影仪来演示，再配以图形展板供个人

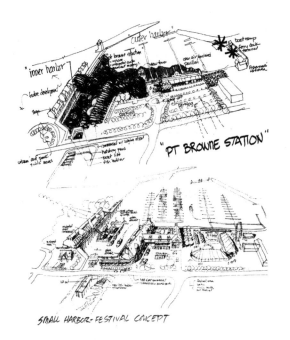

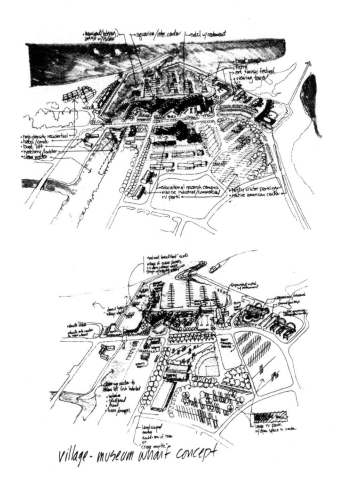

图 5-1 A–F 海岸系列草图。海岸码头和高地设计项目需要组织广泛的公众参与会议，包括小组 / 专案小组会议、大型的公众创意收集会议、研讨会、头脑风暴会议，以及最终的展示会。下面的这一组草图代表了会议中所完成的图像表现成果，这些都是会议过程所必要的部分。最初的草图是对基地现有条件的概括，同时也是描绘情境的基础资料。在会议过程中，设计师也会在现场绘制草图，以回应市民们提出的问题。接下来的一天是头脑风暴会议，规模可大可小。而在第二天进行另外一场会议之前，设计团队要准备好海岸规划的概念性草图，以便公众可以对前一天的想法进行回顾与评论，进而在头脑中形成一个清晰的概念

内港景观
A 商住两用，底商 / 上层居住
B 避风内部 / 外部走廊
C 海事博物馆 / 解说中心
D 二层封闭式行人天桥

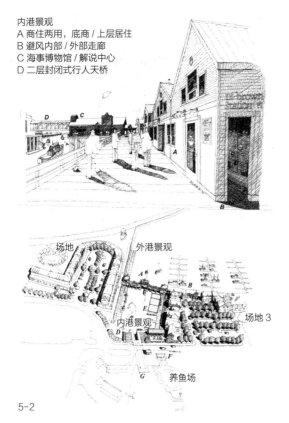

5-2

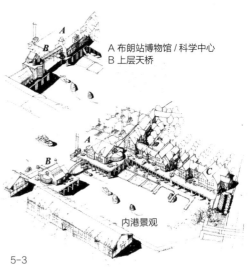

A 布朗站博物馆 / 科学中心
B 上层天桥

内港景观

5-3

图 5-2 和图 5-3　海岸规划提案。最终版图纸中的一部分是可以相互替换的，这样就可以将替代方案的选项粘贴在整体透视图中，形成另一种配置。通过这样的方式，该市的居民就可以追求一种更具普遍性的设计概念，尽管其中某些部分可能还需要进一步深入研究以及更多的经费支持，但这并不会影响到整体的进程

观看。

在听证会上，与会者所提出的意见往往是针对一些孤立的，或脱离了情境背景的问题作出的回应，因此，将这些议题重新放置于情境背景中进行综合整体考量是非常重要的。利用空中透视图和模型（其展示范围要大于项目所在地的规模），或能显示出讨论议题同更大场所之间关联的幻灯片，都可以实现将项目置于情境当中。

市议会 / 规划委员会简报

依照惯例，设计师向市议会和规划委员会进行简报的目的在于通报与更新信息，以便官员们可以顺利审查项目的进展情况。简报的时间很短，一般安排在定期例会的前15 分钟至 30 分钟进行。要想提纲挈领地对信息和设计理念进行简要交流，图纸的辅助是非常重要的。设计师较少使用幻灯片，因为经过了一天的辛苦工作，播放幻灯片时昏暗的环境很容易让人昏昏欲睡。所以，如果一定要利用幻灯片来演示图纸信息，那么最好可以控制在 10 分钟之内，并配以口述介绍。考虑到简报的时间都不会很长，所以最好使用三维或速写草图来展示项目与所在情境的状况，如此可以强调重点，过滤掉那些与设计不相干、分散与会者注意力的信息（无论这些信息多么有趣）。这个过程就类似于造句，首先要明确主语、动词和宾语之间的关系，再增加可以提高交流效果的形容词和副词，并除掉那些表示时间、地点、目的和程度的比较不重要的填充词。故事板是一种很有用的技巧，它既可以当作演讲者的大型记事卡，又可以成为观众的展示板。故事板的尺寸为 24 英寸 ×36 英寸，上面还有

图 5-4　海岸区域模型。在海岸区域模型中，设计团队用硬纸板事先准备好预期会用到的形状和面积，并在每一块纸板上标注了颜色，以供公众参考。参与活动的市民们围绕着一张办公桌，将这些硬纸板制作的区块摆放在一张航拍照片上。这个直观形象的操作过程为公众参与带来了两种优势：参与的市民可以以一种相对轻松、易于理解的方式进行"游戏"与创造，而且这种亲自动手操作的方法还有利于引发出很多极具价值的想法。人们在游戏或制作的过程中，认识到基地所在的环境、潜力，以及能够为我们提供的机会

1 英寸见方的格子便于标注文字。在展示的过程中，图纸、示意草图、照片和注释都可以添加到故事板上作为参考。这样，演讲者就不再是观众们唯一的关注点了。

◎ 非正式会议、研讨会和头脑风暴会议

专案组/指导委员会会议及研讨会

专案组或指导委员会是由市民组成的团体，其成员一般由市长或市议会委任，有组织地探讨有关居住区设计和规划的细节问题。这可能是有规划师和设计师参与的最常见的公共互动形式之一。一般来说，专案组的组建目的都是为了调研某一特定领域的议题，并寻找解决方案。滨水区、市中心、居住区、住宅和交通，这些都可能是这种小型公众团体所关注的议题。

专案组或指导委员会的会议属于工作会议，在会议中大家分享信息与理念，讨论、提出批评，以及达成一致的意见。由于这种讨论会属于非正式的会议，所以图像化的表现对于会议流程的顺利进行以及后续的结果来说都是至关重要的。对于规划师和设计师研究过的议题、机会、问题和发展趋势等，非专业人士一定要借助一些参考和定位资料才能理解。

专案小组的规模、设计师与项目所在地的距离、项目所在区域的范围，以及会议讨论的内容与问题，这些因素都会对可视化的要求造成影响。专案组的成员都是非专业人

图 5-5　瓦雄镇（Vashon）居民大会。在会议的过程中，我们越是以形象直观的方式让公众理解相关的内容，会议讨论的开放程度就会越高，会议的互动就越能产生实质性的意义

士，他们需要直观地参考、定位资料，才能理解项目所在情境的状况：相较于二维图纸，三维比例模型、三维示意图和三维草图都更能清楚地表现出情境的状况。绘图风格可以是正式严谨的，也可以是比较随意的手绘图，或是两者搭配运用。对与会人员来说，表现构思过程中的概念性草图比正式的完成图更为友善，因为后者会让人们觉得，设计师还没有征求专案小组的意见就自己作出了最后的决定。

三维模型

　　纸、硬纸板或泡沫板都可以用来快速地制作模型，向委员会的成员展示正在构思中的想法，以及这些想法可能带来的影响。这样的模型展示的是抽象的概念，并且鼓励参观者通过移动其中可以活动的部件来探索设计理念。对规划师或设计师来说，这些研究模型具有很多功能：除了形象直观以外，它还为参与者提供了另一种进行内部交流的媒介，通过组建模型的过程，提高人们对于形态的理解和认识；对模型的构件调整互换并拍摄照片，这些照片可以成为日后绘制草图的基础素材。从不同的角度对同一个

模型进行拍照，就可以记录下不同的设计理念。当我们利用模型，对现有的环境状况和各种变化的特征进行交流的时候，使用带有颜色的材料是很有帮助的。例如，我们可以用灰色或棕色的硬纸板表现环境现状，用白色的硬纸板表示变化或新提案的特征。

　　作为一种公共互动的手段，在研讨会之前，设计师可以设定一个合适的比例，从瓦楞纸板上将建筑的形状剪下来，必要的地方可以将两层瓦楞纸板叠放在一起，模拟出近似的建筑物高度。根据给定的建筑类型（规划师可以向当地的建筑师确认单侧走廊和中央走廊住宅建筑的宽度，或零售商店的进深等资料），将瓦楞纸板切割成矩形或其他接近于建筑外形的几何形状。用彩色马克笔在硬纸板的最上层标注其用途（红色代表零售建筑、蓝色代表公共建筑、橘色代表集合住宅等），通常的做法是沿着纸板的顶面画一个彩色的边框。为了便于参考，还会在纸板的顶面标注出每一个形状所代表的建筑面积，或者其中的单元数量。

　　停车场可以用平的刨花板或比较薄的硬纸板制作，宽度一般为 60 英尺或 120 英尺，长度以 10 英尺为模数递增，并标出每一个地块的空间编号。娱乐场所和球场等空间，也可以用类似的方法制作。

　　各个构件都裁切好形状并标注用途之后，就可以放置在一个同样比例的高画质航拍照片上（照片可以显示出现有的条件、建筑和道路等信息），这样，公众、专案小组或设计团队就可以围绕着照片摆放各个构件，激发灵感与创意。当一个想法逐渐成型的时候，就可以拍照打印出来或制作成幻灯片，之后就打乱构件探索下一个想法，以此类推。运用这样的方法可以有效地引起非专业人士的兴趣，而在操作过程中，可以利用

一些小手段或实例展示来缓解他们的不安情绪。

根据地形和现有建筑物的状况，还可以提前制作更为精细的模型，使用效果是相同的。这些交互式的模型幻灯片可以用于投影，也可以成为描摹草图的基础资料。

三维模型与草图

带有彩色编码的三维草图，是用来展示复杂的系统或活动网络的有效工具。要记住，草图所描绘的是各个部分的概况以及它们的相互关系，并不一定要表现出细节。因此，草图所表现的是整体的框架：水平向上的关系、垂直向上的关系和透视的关系，各个参照和定位元素以及它们之间的相互关系，以及主要的发展趋势、样式、形状，和/或网络与原则。例如曼哈顿城市设计中，以模型来研究运动系统（区域规划协会，1969），"纽约州布法罗（Buffalo）市中心区综合规划"中，以三维草图来研究建筑网络与运动系统（布法罗市，1971），在这些实例中，三维草图都非常有效和实用。

以同一张透视图为基础图，绘制出各种不同的草图，这就是在创作构思过程中绘制草图的方法。这些草图可以在会议过程中粘贴、钉或覆盖在基础透视图上，展示给与会人员进行讨论，探求进一步发展的可能性，并从委员会的非专业人士那里得到反馈与建议。

公开展示（"开放参观"）

公开展示，指的是提供资讯供民众参观。这种展示方式会在很长一段时间内吸引大量民众来参观，但相较于正式的公众听证会，民众的参观时间会比较短。展览可以是全天开放的，这样民众就可以安排自己方便的时间参观了解。配合回答问题与填写问卷调查表，这种展览形式在获得参观者反馈的品质和资料收集方面是很有成效的。举办简易公开展示的形式包括以下几种：

小组互动式的展示。在一段较长的时间里（例如8小时），聘请熟悉展示信息和研究内容的工作人员为参观民众展示图片；展品按照一定的顺序布置排列。工作人员都有自己固定的位置，每个人附近安排一个或多个展品，以便方便回答参观者提出的问题。工作人员的存在极大提高了展示的效率，他们可以为民众解释图形所代表的含义，并传播设计理念。此外，工作人员还可以进行问卷调查等工作，从质和量两方面收集参观者的回馈。

小组互动与有计划的简报。公开的展览便于工作人员的参与，在展览过程中，如果能针对一些要点问题进行有计划的简报、总结或启发，那么就能实现更好的展出效果。这种简报的特点在于会事先安排一个合理的时间（20-40分钟），工作人员会在这段时间内传达必要的信息与建议，之后再与听众进行问答互动。

公开展示与同期活动。在公开展示期间安排一些同期活动，可以吸引民众针对各种相关议题提出自己的看法，使展示获得更好的效果。这些同期活动可以是利用图片或照片调查人们的偏好，这种问卷调查一般会安排在主要展示区附近进行；或是播放影片，时间不会超过15分钟；也可以利用棋盘游戏、计算机，或雇佣工作人员与参观民众进行游戏互动，以及安排一个安静的场所，让人们可以坐下来从容不迫地完成问卷调查，并将自己的意见与反馈记录下来。

在各种各样的公开展示中，将与空间相关的信息和想法以图像的形式直观地表现

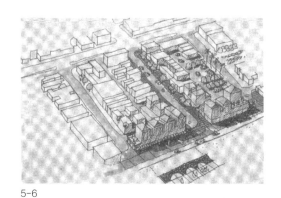

5-6

5-7

出来，这对于公众的参与和理解都是非常重要的。从人口统计到文化与经济的发展趋势，所有相关信息最终都要为公众转化为一种空间的架构或语言。在公开展示的过程中，信息的吸收与回馈对于项目发展来说具有非凡的价值，但图表、表格和文字叙述都存在着一定的局限性。公开展示中的图像化表现包含以下基本构成：

直观的参考与定位。 这些直观的参考资料指的就是地图和草图，它们向参观者展示了项目相关的位置、地形地貌与系统、基础设施网络、聚落模式、相关的尺度、配置、方向，以及逐渐成型的新格局。

指导性与互动式的草图。 在一座城市的基本地图中包含各个街道的名称，有些还包含建筑占地轮廓（也有些不包含这项内容），可以用来指导人们如何查阅地图，以及用一个彩色的圆点标记出他们住家的位置，再用另一种颜色的圆点标记出他们工作的地方。这些活动需要参观者学习研究地图并确定自己的位置，通过使用相同的或类似的基础地图提高对于其他信息性图纸的熟悉度。通过阅览地图，确定居民／参观者与项目所在地的相对位置，从而建立起他们与项目之间的联系，并获得对项目定性和定量的建议。

对整合了复杂信息的图纸进行概述。 空

中成角透视图、照片和模型都可以为参观者提供土地特征、聚落模式、建筑体量和规模，以及其他项目相关的信息。在展览中尽早为参观者展示这些图纸是很有好处的，这样一来，民众在面对议题和提议的时候，就不会为了试图理解图纸中一些约定俗成的符号而大费脑筋，无暇顾及实质性的交流内容了。

对公众友善的图面。 即使对专业的规划人员和设计师来说，如果将信息和设计理念从情境背景中抽离出来单独展示，也会使问题变得相当复杂。要决定图像化表现的性质和方法，就先要明确受众是些什么样的人，他们对图纸惯例的熟悉程度如何，这是非常重要的一个步骤。对公众友善的图面都是由比较容易理解的惯例和符号组成的，其特征是在画面中包含着现实的、人们所熟悉的地标建筑和／或建筑构件（塔楼、老虎窗、门廊等）。还有一些更为成功的现实主义表现方式，那就是合理地安排展出的顺序，即（最好）以三维透视图描绘出现有的条件，再以同样的视角绘制出提案所带来的变化。参观民众通过对原始透视图的参考和定位，对项目所在的环境生产了一定的熟悉度，这样，再理解第二幅图所发生的变化就容易多了。还有其他一些三维图形也是对公众比较友

5-8

图5-6—图5-9 赫莫萨（Hermosa）滨海区，区域和城市设计协助团队（R/UDAT）。这幅草图以及其他六幅草图都是在一天的时间里绘制完成的，这些图纸清晰地表达了专家小组提出的建议。在制作这些草图的过程中，工作人员运用了所有可以想到的辅助手段：航拍照片、现场速写、照片、模型等。草图是用派通签字笔在薄质描图纸上绘制的，而颜色的部分是用彩色马克笔绘制在图纸背面，使画面呈现出柔和的色彩

下方照片（上排，由左至右）：戴维·安德鲁斯（David Andrews），来自美国景观设计师协会（ASLA）；罗恩·卡斯普利辛，建筑师/规划师；约翰·P. 克拉德（John P. Clarde），来自美国建筑师学会（AIA）和美国注册规划师工会（AICP）；肯尼思·H. 克里夫林（Kenneth H. Creveling Jr.），来自美国注册规划师工会；丹尼斯·塔特（Dennis Tate），建筑师/城市设计师；简·霍华德（Jane Howard）、赫伯特·W. 史蒂文斯（Herbert W. Stevens），来自美国注册规划师工会。

5-9

善的，包括将半抽象的形体同现实的形体相结合，同样能够为参观者提供参考与定位。

还有一些对图像化公开展示的建议如下：

坚持运用尺度的阶梯。展示内容从头到尾，按照尺度比例逐渐增加或逐渐缩小的顺序安排。换句话说，我们在进行展示的过程中，不要一下子从宏观转换到微观，一下子又从微观转换到宏观，并奢望参观民众可以跟随着展览的顺序同步转换自己的思路。

绘图惯例使用一致。如果一份图纸的上方代表北向，那么所有图纸的上方都应该代表北向。如果在一份图纸中，星号代表一种设计或规划元素，那么在展出的所有图纸中，星号就都要代表这种元素，而不能有其他的意义。如果展示用的故事板和展板等都采用同样的规格，摆放方式也都一致（横向或纵向），那么就能产生更吸引人的效果。

资讯活动

通过安排具有吸引力的资讯活动，有助于将人们聚集在一起。这类活动包括安排餐后甜点、晚餐、拍卖等，主办方可以在这些活动上将展品向公众展示。类似于公开展示，这类活动的形式也可以有很多变化。

讨论会

讨论会是公开讨论公共事务的集会或组织。较为成功的居住区规划设计讨论会通常包含以下几种形式：

座谈小组－主持人－观众。座谈小组的成员是从特定地区或针对特定主题，从利益相关人员当中挑选出来的。会议开始，可能会由小组成员进行开场陈述，介绍项目所在的位置，之后由主持人提出问题。这种讨论形式能否取得良好的效果，在很大程度上依赖于主持人对项目的了解；他可以追寻着小组成员的解释，锁定关键议题，并为后面的讨论埋下伏笔。在这种形式的讨论中，台下的观众所扮演的只是观察者的角色。

观众－座谈小组－主持人。通过主持人，观众与座谈小组成员交换意见，可以让观众拥有更直接的参与机会。在座谈小组专业人士介绍的过程中，图像化展示对于将信息传递给观众是非常好的方法。幻灯片、海报和拼贴图都是有效的展示方法，相较于在黑暗的会议室播放幻灯片，直观的展示更适合于这种讨论会的形式。

"城市街头"展示／访谈

要想在街头向一般民众传递信息，就需要拥有一定的技巧，才能成功地将民众拦截下来，并鼓励他作出反应。步行者集中的公共或半公共区域，例如街角、广场、室内购物中心以及公共建筑的大堂，都是很好的展示场所，借助图像化的展示，可以获得整体的交流效果。在安排的设施当中，图像化的展示资料必须是引人注目的、极富感染力的，无论是照片还是表现图，都要能够将人们的注意力牢牢锁定在画面上。除了照片以外，对比前后变化的三维草图、空中成角透视图和研究模型等也都能吸引路过行人们的注意。如果展示空间比较受限，那么可以将多幅画面集中在同一块展板上展示，也能传递出足够的信息，以便参与者能够顺利填写问卷调查表。主办方可以将路人的评论和建议记录在活动挂图上（一种可视的图像记录装置）。利用这种展示形式可以达成三个目标：1）在公共区域以非正式的形式交流信息和想法；2）可以获得一部分公众的回馈，而这些人之前都没有参加过比较有组织的展示活动；3）向公众介绍规划／设计的

图 5-10 枫叶购物中心

图 5-11 飞越城市景观的机器。当看到一个巨大的机器从你所在的城市或居住区上空飞越而过的时候，可以让人们暂时停下来，打破公共会议紧张的气氛

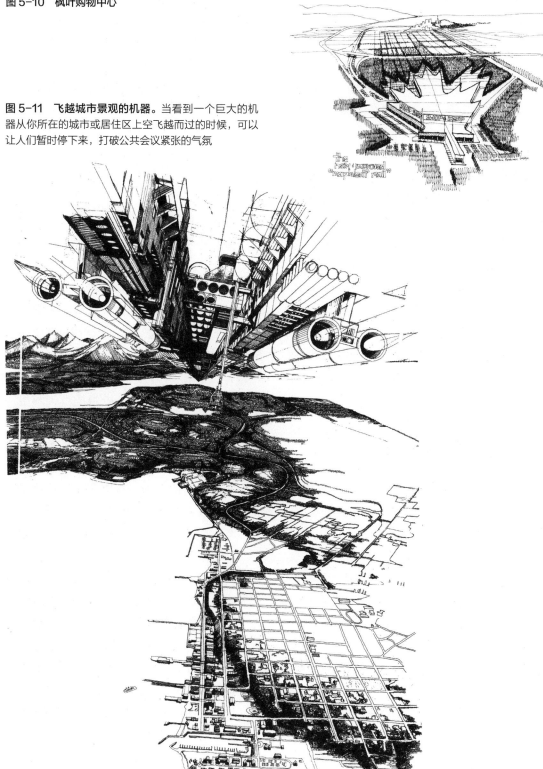

过程，至少让公众了解设计的流程及其进展情况。

讨论会

讨论会的模式是由一个延续多日的议程组成的，与会者都是与规划设计项目利益相关的人员，他们受邀出席并在会议上建立共识。会议围绕着某一项主题进行讨论，会议的主题有可能是"愿景"、目标设定，也可能是寻求替代性方案等。举办讨论会的目的是为了让参与的民众充分了解项目的相关资讯与存在的问题，使用各种技术，并辅以简报与讨论，最终达成共识。就特点而言，讨论会可能包含多元化的会议，会议纲要不断演进，建立共识，并 / 或实现创造性的整体效果。讨论会这种形式的优势就在于，它可以从一开始就为参与者描绘出一条学习的路径，而当大家掌握到足够的信息以后，就能激发出有价值的想法。

专家研讨会：区域和城市设计协助团队（R/UDAT）、大道团队

专家研讨会是一种短期的、议程安排密集的交流活动形式，在会议的过程中，规划 / 设计团队会与当地居住区合作，共同为项目确定一个设计理念或制定出实施策略。在美国，这种专家研讨会主要有两种模式：一种是区域和城市设计协助团队（the Regional & Urban Design Assistance Team，R/UDAT）；另一种是大道计划资源团队（the Main Street Program's Resource Team，简称"大道"团队）。

R/UDAT。 区域和城市设计协助团队是由美国建筑师学会（AIA）赞助的一项计划，开始于 1967 年，当时一群建筑师访问了南达科他州的拉皮德城（Rapid City），为当地的居住区规划问题提供了来自外界的建议。他们的建议为这座城市的规划提供了很大的帮助，于是，其他居住区也纷纷请求美国建筑师学会提供类似的团队支援。自 1967 年以来，美国建筑师学会赞助的区域和城市设计协助团队已经通过组织为期四天的公共论坛、设计研讨会、实地考察和公开演讲等形式，向全美国超过 100 个县、市和城镇提供了援助，为当地的规划工作提出了宝贵的建设性意见。

这是美国建筑师学会组织的一项公益活动，接受援助地区无需向参与团队的成员支付任何费用。

区域和城市设计协助团队是"来自外界的努力……帮助居住区建构起他们未来的'愿景'，并为实现这一未来愿景提供现实的想法"（R/UDAT：AIA，1992）。其运作模式如下：

- 申请，评估及委托：由当地市民和组织构成的联盟向 AIA 提出需要 R/UDAT 支援的申请，申请工作通常是由当地的工作小组协助执行的。居住区向 AIA 提出正式的申请，再由 AIA 评估该居住区的参与能力。组建起一个由外部专家构成的团队（8—12 人），援助计划开始执行。

- 出访前的准备：由于专家研讨会的时间短、议程安排紧凑，所以居住区和规划团队的负责人要在提前一年的时间就开始着手筹备工作，包括安排会议地点、住宿、日常用品、印刷品、宣传与媒体报道、学生参与等，迎接专家团队的来访，以便在短短四天的时间里能有效地完成任务、解决问题。

- 团队访问：访问时间安排在从周四到下周一的晚上，主要议程安排包括团队研

讨论会、实地考察、同居住区负责人和利益相关人员的会谈与交流、公开的市镇会议、针对细节问题的个别会议或小组会议、撰写并打印书面报告，以及向公众展示调查结果与建议——所有这些工作都要在四天之内完成。

- 后续活动：在援助任务完成之后的 6 至 18 个月内，专家团队的负责人会再次访问该居住区，与当地相关团队会面，评估该项目进程的顺利度，并提供一些除了实际执行面以外的建议。

大道团队。"国家大道计划"（The National Main Street Program）是在全美实施的一项活动，旨在为各个市中心区的建设提供设计、营销以及实施上的支援。参与该项活动的州通过募款来支付相关费用，这部分资金会交予大道计划的执行长处理。在公众参与方面，其形式与组织都与前面的专家研讨会大致相同。

资源团队的成员一般有三名，其中包括一名城市设计师和一名零售销售专家，他们都来自其他的州。大道计划和 R/UDAT 在主要做法上存在显著的差异；大道计划所侧重的是城市美化以及短期的实施策略（即街道景观、沿街立面的重新设计、零售市场和停车等），而 R/UDAT 则主要侧重于短期和长期的设计建议，以及经济和政策面的实施策略。

建设性的幽默

通过幽默的表述，可以克服由于政治、文化和居住区内相互对立的议程而产生的障碍。在公众参与的舞台上，图纸可以表现为卡通或是具有讽刺意味的漫画。在展示这类漫画的时候，必须要注意形形色色的个人与群体的敏感性；但是，就像很多社论漫画一样，这种表现形式的主题丰富多样，不失为一种自我嘲讽或缓和与他人之间矛盾的方式。

贝灵汉姆（Bellingham）的漫画。为了表现居住区的发展愿景绘制了两幅漫画，反映了加拿大的大批购物者潮水般涌入华盛顿北部这个居住区所带来的问题；而且，画面还表现出了渴望在西华盛顿大学和市中心区之间建立起更密切联系的意愿。画面自己会说话。

汤森港的宇宙飞船。在富有争议的市长选举一周以前，针对滨水区总体规划议题组织了第一次讨论会，不同派系都出席了这次会议，并就相关问题进行了研究与讨论。设计团队感受到了居住区的政治气候在不断地变化，气氛相当凝重，于是就想出了一个有些冒险的策略，用聚酯薄膜制作了一艘宇宙飞船并将其叠加在草图上，而且飞船的透视角度与下面鸟瞰图中市中心区和滨水区的透视角度是相互一致的。会议期间，人们个个表情严峻。表面上，设计团队是要介绍一种航拍的新技术，用来研究一块新的渡轮码头用地（具有争议性），但实际上，却故意东拉西扯地谈到在研究过程中华盛顿运输部门所使用的新设备，台下的听众满脸疑惑。就在这个时候，鸟瞰图的上半部分被工作人员"唰"的一下撕掉了，展现出了气势磅礴的宇宙飞船，刚好与鸟瞰图的视角相契合。顿时，观众席上爆发出一阵笑声，随后人们竟然排起了长队，纷纷索要这幅画的复制海报留作纪念。这个小插曲打破了僵局，营造出了一种更为融洽的会议气氛。

作者们都喜欢将宇宙飞船作为一种隐喻和信息传递的载体，这对于公共会议是很有帮助的。20 世纪 80 年代，有三个科幻作品为阿拉斯加州费尔班克斯地区的工作带

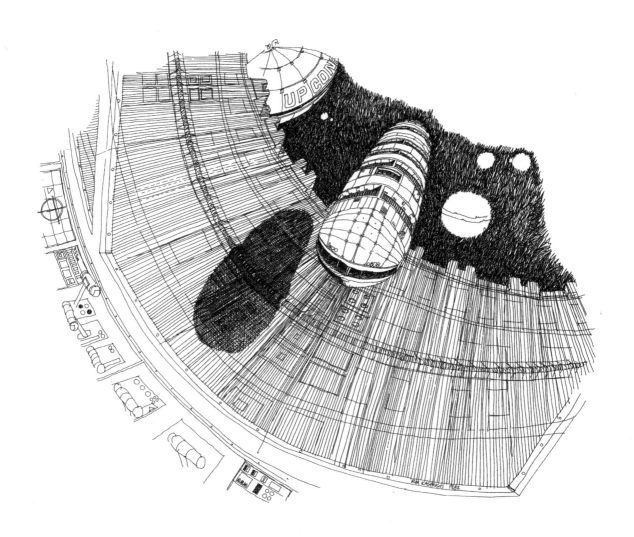

图 5-12　绘画作品《phu surrender》。没有草稿，也没有预先的概念，直接绘制而成的线条图。概念是在绘画的过程中逐渐发展成型的

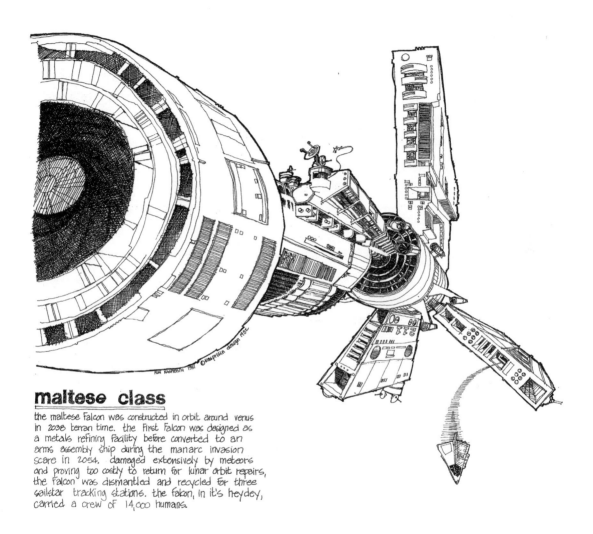

maltese class

the maltese Falcon was constructed in orbit around venus in 2038 terran time. the First Falcon was designed as a metals refining Facility before converted to an arms assembly ship during the manarc invasion scare in 2054. damaged extensively by meteors and proving too costly to return for lunar orbit repairs, the falcon was dismantled and recycled for three sailstar tracking stations. the falcon, in it's heydey, carried a crew of 14,000 humans.

图 5-13　绘画作品《maltese class》。从一个形状到另一个形状，再到最终形成的图案，这就是利用视觉思维逐渐发现的累积过程。这些画作与规划任务并不相关，但它们却可以激发参与者的想象，唤起公共讨论会上热烈的气氛

来了很大的帮助，这些工作都是会同教育计划部门的主管和其他大学工作人员一起进行的。这些绘画都有一个共性，那就是可以引发人们更强烈的兴趣：每一幅画在绘制之前，作者都没有事先构思它应该是什么样子的。例如画作《phu surrender》和《maltese class》，作者一开始就是将一根针管笔放在一张聚酯薄膜上，并随意画出一个形状。之后，就从这个初始的形状开始，逐渐发展出形体、方向和概念。不需要提前打草稿，绘制的过程中也不需要涂改。例如，在《phu surrender》这幅作品中，作者首先勾勒出来的形状是一个椭圆形，它并没有什么具体的意义和内涵。后来，随着作者继续描画，它就逐渐变成了一个进入费尔班克斯星际巡洋舰停靠舱的救生艇。试着让自己放松下来，将注意力只集中在手边的线条和形状上。

　　报纸插页。将图纸印制在当地报刊的插页上，这是让公众参与并获取信息的一种非常有效的方法。看到反映当地环境、问题和事件的富有创意的插图，人们都会有所反应。同当地的报社协商，了解印制插页的大小和格式、如何操作，以及由谁来操作等相关问题。报纸插页的印刷成本很低，这种方式对于小城镇和农村地区都是非常适合的。有很多小发行量的报纸甚至愿意将这些信息作为公共业务文件免费插入，希望可以由此带动发行量。

参考文献

National Trust For Historic Preservation, *National Main Street Center Training Program: 1981.*

The American Institute of Architects, *R/UDAT, Regional & Urban Design Assistance Team.* A Guidebook for The American Institute of Architects Regional & Urban Design Assistance Team (R/UDAT) Program, 1992.

University of Washington, Department of Urban Design and Planning, *Sedro-Woolley, Community Visions;* URBDP 507 General Planning Lab report: 1993.

第二部分

卡斯凯迪亚地区案例分析

绪　论

第二部分包含卡斯凯迪亚生物区境内的四个案例分析。我们以居住区规划和城市设计的项目为例，说明整个生物区的情境背景、在情境背景之内的尺度阶梯、时间模式、公众参与和图像语言的概念。这几个项目并不属于同一个设计案，而是选自多年来我们处理的若干个项目，它们各有不同的规模、目标与问题，但都运用了图像化的技术作为规划和设计的辅助手段。我们主要研究的生态区包括阿拉斯加州东南部、伊什河（华盛顿州西北部）、太平洋西北部的考利茨－威拉米特河，以及喀斯喀特山脉东部的克拉克福克／比特鲁特。案例分析的重点在于不同规模的城市结果现状，以及自然环境之下的人类住区。所有案例都设定了一个公众参与的大方向——一份公众认知的议程。这些项目的进行，需要与居住区工作小组、居住区团体、指导委员会、领导委员会和／或更大的市民团体共同合作。除了参加研讨会以外，还要通过手绘草图，利用大量的图像化语言，推动这些个人或团体进一步理解规划设计所带来的改变以及对住区的影响。这种图像化的语言可以为规划师／设计师和居民提供一种相互交流与设计的方法。

第 6 章 特林吉特群岛项目的研究背景及概述

◎ 研究目的：长期规划 / 设计工作

本书的几位作者曾有机会共同参与了一个在阿拉斯加州凯奇坎（Ketchikan）地区的规划设计项目，这个项目虽然只是一个单一的区域及其周边地区，但却涉及多个不同的尺度规模、议题，并跨越了漫长的时间。从 1974 年至今，他们进行过各式各样的城市规划、城市设计和建筑研究，涉及整个市镇的整体规划、高速公路的影响分析、历史建筑的保护与设计，以及特定场域的建筑设计。凯奇坎项目的分析为我们提供了一个很好的机会，可以再一次对"场所当中的场所"这一概念进行回顾与讨论。它通过不同的尺度和场所深入探讨了"场所"定义的转化，使读者认识到场所并不该仅仅根据其内部的元素和活动来定义，还要考虑其所处的情境背景、与之相连的外部网络（可能是健全的，也可能是不完整的），研究范围从生物区到相邻的建筑物或自然特性，都要有所涉猎。

◎ 与局部场所相连的区域场所

凯奇坎位于阿拉斯加州东南部特林吉特群岛的卡斯凯迪亚生物区境内。这些定义的一部分是由西雅图大学的戴维·麦克洛斯基（David McCloskey）提出的，他是卡斯凯迪亚研究所的创始人兼负责人。该地区的人类聚落模式与区域形态以及自然生态系统有着直接的关联，包括山脉 / 水域的界限、流域的分水岭、鲑鱼和大比目鱼的栖息地、林木繁盛的山脉、边界区域岌岌可危的分散的定居点，以及连接不同的定居点和外面世界的交通服务设施等。每一个居住区对于自然景观的适应性都不相同，但却可以反映出更大范围情境的状况。

◎ 依水而生的工业居住区

规划师和设计师如果想要对存在的问题提出负责任的解决方案，就需要尽可能多地考虑来自现实世界的影响，而不只是推敲那些与现实世界几乎无关的有趣的几何图形。

要达到这样的目的，一个有效的工具就是利用图像化技术，以不同的方式在大的情境背景中描绘小的场所，辨识出特性的转变。将图像化渗透到设计的各个环节当中，并使之成为整体规划过程中一个不可分割的组成部分。

◎ 卡斯凯迪亚生物区

阿拉斯加州的凯奇坎自治市位于卡斯凯迪亚生物区的特林吉特群岛南部生态区，属

图6-1　卡斯凯迪亚生物区

图6-2　阿拉斯加州东南部 / 特林吉特群岛

于将阿拉斯加 / 不列颠哥伦比亚大陆（British Columbian）同太平洋分隔开的岛屿系统的一部分。卡斯凯迪亚生物区这一部分沿着不列颠哥伦比亚海岸形成了一块狭长的地带，被当地居民和大部分游客称为"东南部"。

这三份平面图中都包含该地区相关的参考与定位资料，便于读者在空间上对卡斯凯迪亚和"东南部"的相对大小有所认识。

凯奇坎市坐落在一个群岛上，这样的地理位置决定了该区域的物理界限，其特点就是区域内遍布着河流与溪流水系，海拔3000英尺的沿海山脉，以及内陆广阔的盐水区域。

凯奇坎的奇妙之处主要来源于它的位置坐落于岛屿上，即雷维亚希赫多岛（Revillagigedo）。这座岛屿的面积同美国罗得岛州（the State of Rhode Island）的面积相仿，并具有大型生态区的地理学与地质特征（例如，大面积的水域与云杉覆盖的山脉）。从地质学的角度来说，这个自治岛脱离了大陆地区，形成了比姆水道（Behm Canal），并沿着其西部和南部边缘形成了锯齿状的水湾，有些水湾甚至向内延伸到了岛屿的中央。这个界限明确的生态系统为各种生命形式提供了栖息环境和食物来源，其中也包含人类及其活动。特林吉特群岛

图6-3　阿拉斯加州地图：每一个项目都可以将这份地图作为基本的定位与参考工具。从华盛顿州的贝灵汉姆出发，乘船38小时后可以到达凯奇坎；如果乘坐喷气式飞机，一个半小时就可以到达西雅图。雷维亚希赫多群岛就是经由水路进入阿拉斯加州的门户，这里是一个自治市镇，其面积与罗得岛州相当，居民有2万多人

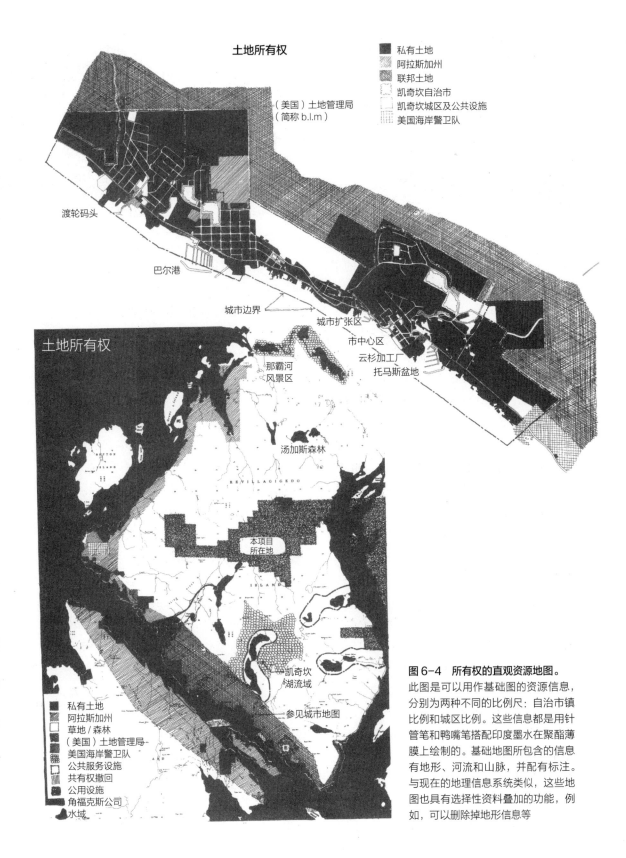

图6-4　所有权的直观资源地图。
此图是可以用作基础图的资源信息，分别为两种不同的比例尺：自治市镇比例和城区比例。这些信息都是用针管笔和鸭嘴笔搭配印度墨水在聚酯薄膜上绘制的。基础地图所包含的信息有地形、河流和山脉，并配有标注。与现在的地理信息系统类似，这些地图也具有选择性资料叠加的功能，例如，可以删除掉地形信息等

Visual Thinking for Architects and Designers: Visualizing Context in Design

图 6-5　由水中看向凯奇坎的景象。这幅凯奇坎水岸景观草图是用针管笔和墨水绘制的，整幅画面都使用简单的竖向线条，通过调整其密度表现出远方树木的质感和色调的变化

（Tlingit Archipelago）南部生态区境内的居住区主要分布于群岛的边缘，从威尔士王子岛（Prince of Wales Island）到雷维亚希赫多群岛，彼此之间通过航空和水路运输系统连接。尽管这些居住区与大陆地区相互隔离，但却并不孤立，这里建立起来的相互关联的文化模式，在很大程度上是由它们周遭的物理环境所决定的。

◎ 大背景之下的居住区：凯奇坎门户自治市镇综合规划，1976 年

引言与背景

　　1976 年，凯奇坎门户自治市规划部发布了《凯奇坎门户自治市 1976 年综合规划策略》，重点关注于城区和自治市镇的社会、经济以及物质发展。这份文件的形式受到了旧金山市整体规划的启发，对规划的策略进行了讨论与说明。由于该项目鼓励公众参与，并会将公众的意见纳入规划进程与相关文件，因此就需要从政策上拟定一种形象化交流的技术，这在 1976 年的阿拉斯加州还是非常创新的做法。该项目大部分的工作都是在阿拉斯加州的凯奇坎当地进行的，为期

三年，最终于 1976 年 8 月发表了相关的文献资料。

　　阿拉斯加州的凯奇坎地形崎岖，拥有大规模的水域、山脉，天气状况变化多端。从诸多列岛到海拔 3000 英尺的岛屿山脉，再到依附在水岸边的人类定居点（有当地的土著居民，也有外来的移民），它体现了不同场所之间套叠的概念（即场所当中的场所）。从被群山环绕的大海湾和入海口，到狭长隐秘的凯奇坎市区街道，以及凯奇坎溪（Ketchikan Creek）的溪街（Creek Street），这个地方是在现在的和历史的双重作用下定义出来的场所，而它的周边又环绕着一些更大的场所，滂沱大雨击打在地上泛起泥土的气息，附近山坡上耸立于云杉树顶的老鹰声声鸣叫，这种感觉令人陶醉。

　　想要编制一份关于凯奇坎地区的政策性文件需要很多资料，只有静态的二维图纸和文字说明是远远不够的，于是，尽管当时还没有什么经验，但设计团队还是竭尽所能，绘制出了这个地区垂直向的影响力量和场所的尺度。

　　特林吉特群岛狭长的地形决定了依水岸边布局的人类聚落模式也同样是线性狭长的。凯奇坎门户自治市镇所表现出来的就是这样一种聚落模式，长度约 36 英里，从北

图6-6 凯奇坎周遭地区未来土地使用状况

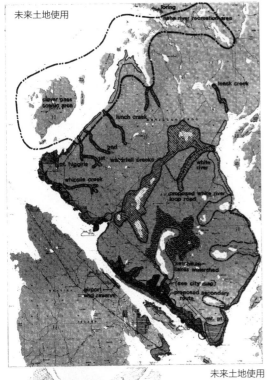

部的克洛弗隘口（Clover Pass）一直延伸到南部的卡罗尔湾（Carol Inlet）。凯奇坎城区就坐落在这个线性的聚落模式内部，包含聚集着当地土著居民的萨克斯曼村（Saxman），还有一些小型的自治居住区，例如希金斯（Point Higgins）和波因特山（Mt. Point）等。从1960年到1990年的30年间，这个地区的人口从8500人增长到16000人，几乎翻了一番。

　　土地的状态、使用情况、控制或所有权，都被控制在一个董事会的掌握中。在所有规划和/或设计项目中，对土地所有权和使用情况的空间描述都会涉及一些利益相关人员。于是在这种情况下，信息地图的绘制工作是设计团队在凯奇坎自治市镇的办公室内进行的，并没有让主要供货商或生产厂商接触。这些草图都是将聚酯薄膜覆盖在原始图纸上，再用鸭嘴笔和印度墨水徒手绘制的。

　　自治市镇比例图纸的绘制，是将一张透明的聚酯薄膜覆盖在空间参考系统图上，之后再添加各种信息，基础地图中包含大量的数据资料（河流、小溪、名称、地块等），如果不依靠描摹，那么这些繁复的内容是很难徒手绘制出来的。地形

现有城市
土地使用概况

■ 商业用地
▨ 住宅用地
▢ 休闲娱乐
▲ 教育
▢ 公有土地
· 半公有土地
▦ 美国海岸警卫队
▢ 工业用地

卡兰娜溪　托尔路
杰克逊大街
华盛顿大街
渡轮码头
怀特克里夫大道
酒吧、港口
西部边界线
凯奇坎溪
（鹿山大街）
城市码头
市中心区
托马斯盆地
墓地

卡兰娜溪　托尔路
杰克逊大街
华盛顿大街
渡轮码头
怀特克里夫大道
酒吧、港口
城市边界
凯奇坎溪
（鹿山大街）
城市码头
市中心区
云杉加工厂
托马斯盆地

▢ 历史区
■ 一般商业区
▨ 高密度住宅区
▨ 中密度住宅区
▨ 低密度住宅区
▢ 未来开发区
▢ 轻工业区
▨ 重工业区

城市现有分区

↑
北

图6-7　城市地图

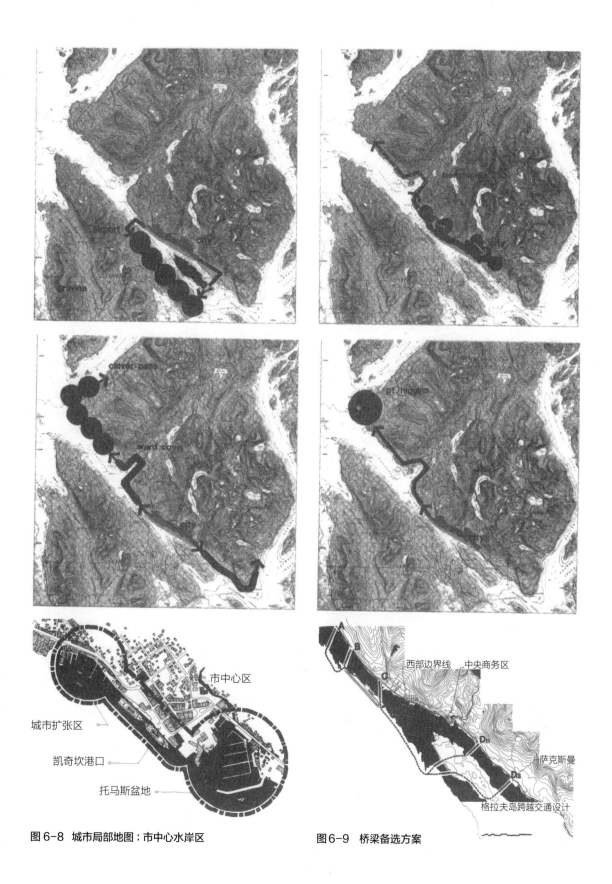

图6-8　城市局部地图：市中心水岸区

图6-9　桥梁备选方案

变化以各种不同的填充线表示，最淡的色调代表海拔最高的地方，最深的色调则代表海拔最低的地方（即水域）。人口信息是在白色背景下以深色的字母和数字表示的，包括估算人口数和普查人口数。现有土地使用情况和未来土地使用情况，也都是用鸭嘴笔绘制阴影线表现的。

◎ 区域形态内的城镇景观

凯奇坎城区位于鹿山（Deer Mountain）西部山脚下，这里属于雷维亚希赫多群岛的西岸。城镇的形状呈线性，非常狭窄，宽度大多不超过四个街区。这幅立面图是根据一系列照片绘制的。拍摄者站在格拉维纳岛（Gravina Island）上面朝西方取景，捕捉到了人类聚落的线性形态同垂直的岛屿地形

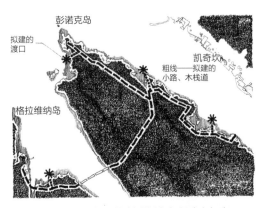

彭诺克岛/格拉维纳岛规划方案

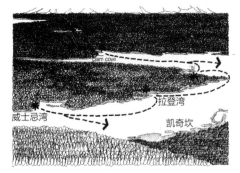

图6-10 临近摆渡点的备选方案

之间的相互关系。所有树木都是以简单的竖向线条表现的，通过调整线条的密度可以表现出画面的纵深感，并勾勒出城市后面山麓的形状。凯奇坎常常是多云的天气，天空中的点所代表的就是云层，同时也遮挡住了一部分高海拔地区的景象。这些点的密度也有变化，如此便可以表现出云朵的形状。建筑物的表现很粗略，只勾勒了外轮廓线。

土地所有权信息指明了什么人或什么单位控制着哪块土地。在凯奇坎，城区边界大部分的土地都是私人所有的，用最深的色调表示。凯奇坎城区公有土地用最浅的色调表示。街道部分留白。城区界限之外自治市镇的土地则用针管笔填充灰色调阴影线来表示（一般惯例是用白色表示私人土地，黑色表示公有土地，但在这个项目中，对公众来说，私人土地所有权是一个具有争议性的问题）。

图纸表现了城市关于土地使用的政策现状：现有的土地使用情况（以居住区活动为基础），现有的分区（城市土地使用政策所允许的用途，并不必要与居住区活动相一致），以及未来的土地使用情况和发展方向（城市希望能够达成的目标）。土地使用状况地图中增添了建筑外轮廓线，有助于参观者了解比例与方向。

规划平面图是向一般民众传达信息的最有效的方法之一，因为它可以将繁多的信息提炼成一种易于阅读的空间形式表现出来，通常还会列出一些关键的生物物理学参考作为指导。市中心的滨水区草图以最深的色调突出表现水域和水岸边缘，绘制出邮轮的外轮廓线是为了给予尺度上的参照，市中心区建筑物的密度和尺度是以阴影线表现的，深色折断线所表示的就是待研究的区域。格拉维纳岛渡口研究地图

所描绘的是桥梁以及硬水渡口，而非邮轮渡口。这一议题在凯奇坎存在很大的争议，设计师将这些选项绘制为详细的地形图，并将现有的道路系统也融入其中，供公众参考与定位。另一个有关交通的议题是当地的轮渡系统，它对于东南部居住区是非常重要的。摆渡点位置的示意图要求简洁明了。图中包含水域、陆地，以及作为参考背景的界限。以此为基础，再添加摆渡点的位置和提议路线等信息，白色的标志与黑色的水面形成了非常强烈的反差。

◎ 城市景观中的专题研究：凯奇坎地区交通研究——交通模式和路线选择，1976 年

引言与背景

在凯奇坎市中心区北部边界，通加斯（Tongass）高速公路沿线的凯奇坎隧道一直以来都存在着突发事件的隐患。由于西边临水，东边是陡峭的花岗岩山体，如果隧道内发生交通堵塞或其他事故的话，根本就没有其他的路径可以绕行。自 1924 年以来，为了满足应急的需求，人们提出了很多替代路线的想法：1924 年提议开辟辛塞尔曼（Hinselman）高速公路的支线，1940 年提议开辟舍恩巴尔（Schoenbar）公路支线，1976 年又对舍恩巴尔公路支线方案进行了深入研究。

距离现在最近提出的舍恩巴尔公路支线方案是修建一条二级道路，用来缓解凯奇坎现在和将来可以预见的交通问题，因为随着城市的发展，只有一条主干道显然已经不能满足要求了。这项研究由凯奇坎门户自治市镇的规划部门，会同阿拉斯加公路局以及凯奇坎市工程局共同出资合作，此外还邀请了经济学家乔治·纪（George Gee）加盟。

这项研究的目的在于探讨高速公路建设的备选方案，并将这些方案交予凯奇坎自治区、州和市民评判，以便最终获得批准。最终完成的资料是一份供公众审阅的技术性规划文件，其中包含文字说明、图表，以及二维和三维视图。规划人员将透明的图纸叠加在一份详尽的地形图上，这样，只需绘制出各个备选方案的基本路线就可以了。

通常，三维视图比二维视图更容易表现出情境背景中垂直维度的数据资料。在两份路线备选方案图中，临近的地形提供了必要的尺度参考，也为路线的准确定位提供了约束。反复出现的水平线条代表树木繁茂的坡地与山麓，随着距离越来越远，线条的长度也越来越短。路线选项的箭头使用了最深的色调，与浅色和中浅色的山脉背景形成鲜明的对比。关于建筑物只勾勒出了少数几栋的外轮廓，其主要目的是参考与定位。

利用同样的鸟瞰草图作为基础图，通过在聚酯薄膜、复印照片或其他高品质的复印件上添加信息，就可以生成其他方案的示意图。注释部分可以用手写标注于图面上，也可以利用字母模板，或是将计算机生成的文字（或胶片上的文字）剪贴在图面上。在这个项目，现场并没有计算机或打字机可以使用，所以直接手写是最方便有效的方式。地形部分是用针管笔绘制的，道路系统使用的是鸭嘴笔，或者比较粗的针管笔也可以用来绘制道路系统。水面部分被施以深色的色调来营造出动感，同时也强化了水面与山脉之间的关系，而正是这种关系决定了道路系统会呈线性布局。

6-11

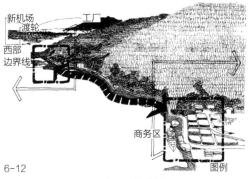

6-12

图6-11和图6-12　交通系统分析

◎ 作为历史遗迹与活跃飞地的场所：溪街公共设施设计，1984年

引言与背景

溪街（Creek Street）是在凯奇坎市中心以南沿着凯奇坎溪分布的一个木栈道街区。其现状在很大程度上是由历史因素造成的：早在欧洲殖民者来到这片土地之前，这里就已经是当地特林吉特人的晒鱼场了。凯奇坎溪是当地人很多民间习俗的发源地，在凯奇坎溪走廊的图腾柱上，就镌刻着很多当地的神话与传说。伴随着外来文化的传入，锯木厂、水产腌制加工厂，以及声名狼藉的"欢乐街"（Street of Joy）纷纷设立于小镇，于是，就沿着溪流铺设起了木栈道，并搭建了一些底层架空的小木屋，一侧是花岗岩的山壁，另一侧是市中心区的建筑物。这个地方是由当代的活动、历史条件、土地与溪流的形态、一座历史悠久的钢桁架大桥，以及凯奇坎河口的托马斯盆地（Thomas Basin）共同限定的结果。现在，鲑鱼和各种各样的鳟鱼仍然会来到这条小溪里产卵，当地居民、商店业者，以及为了躲避阿拉斯加东南部经常遭遇的降雨而来到这里的游客，都可以观赏到这一神奇的景象。

溪街设计研究的目的在于评估其地理位置，并探讨对现有的古老木栈道和沿河岸分布的几块公有土地进行改造的可能性。研究工作开始初期，当地就已经在考虑兴建新的车辆与步行大桥的提案了。1984年，一座由本地人经营的酒店/餐饮综合体提报了设计方案，并且开始施工（现在这栋建筑已经建成了）。连接溪街的木栈道和度假村的索道就是在这个项目中提出来的。目前，这条索道已经建成，在度假村和溪流之间建立起了重要的联系。然而，我们希望通过这项研究解决关于新建跨河大桥定位问题的矛盾，以实现步行者从酒店出发，经过溪流来到临近市中心区的愿景。

想要解决木栈道和桥梁的扩展问题，就需要一种生动的、图像化的研究方法。这种方法和定义，以及溪街接下来所做的一些小改变，就是本节要介绍的主题。

溪街紧邻凯奇坎市区，位于市区的东南方向（实际上，凯奇坎溪的岸边就是市中心区的界限），这里是久负盛名的大马哈鱼产

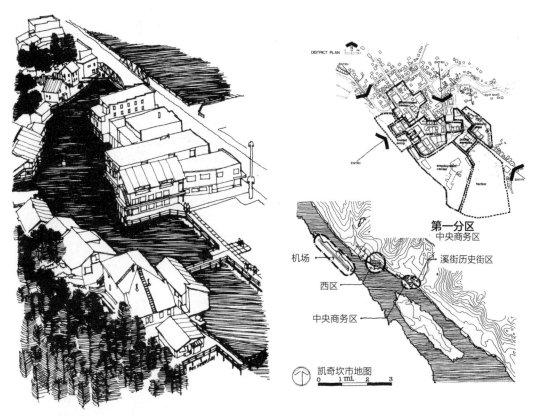

图 6-13 溪街。展示历史街区核心景观的轮廓草图和基础规划平面图

卵地（至今仍然非常活跃）。凯奇坎溪坐落于托马斯盆地的河口，并由此开始汇入咸水，所以这里被设定为历史区域。溪流的东岸紧靠一座花岗岩山脉，在其陡峭的山壁上广植着 70 英尺高的林木；沿着溪流的西岸是市中心区，这里间隔布置的 2 到 3 层高的围墙，形成了溪流西部的边界。在北部，溪水从高山潺潺流下，从公园大道下方穿流而过，附近的居民区都是围绕着它的流向布局的。它是一条山涧，流经一片线性的住宅区，又穿越一个历史街区和一个商业区，之后从一座钢桁架大桥下穿过托马斯盆地，最终汇入群岛的水域。一个场所包含在另一个场所内部，所有的场所都各不相同，又互有连接，它们的界定也是彼此关联的。

空中成角透视展现了沿着这条历史悠久的溪流分布的建筑，由于要建造新的桥梁，所以设计师将水面设定为了画面的焦点。这幅草图是用针管笔在描图纸上绘制的，整幅画面的色调都很淡，水面是最吸引眼球的部分。

信息系列地图代表大量的图纸，它们按照一定的顺序描绘了项目的各项线索与条件，这些信息会对设计结果产生影响，同时也会影响与支持设计师的决策。所有图纸都是利用针管笔和印度墨水在描图纸或聚酯薄膜上绘制的。选出的实例包括：

视窗。步行者沿着溪流走廊行进，可能的视窗位置依照所有权分类，可以分为公有的和私人的。

土地所有权状况。所有权归属于城市和州政府的地块，对于可能进行的扩展和观察都是非常重要的，可以避免同

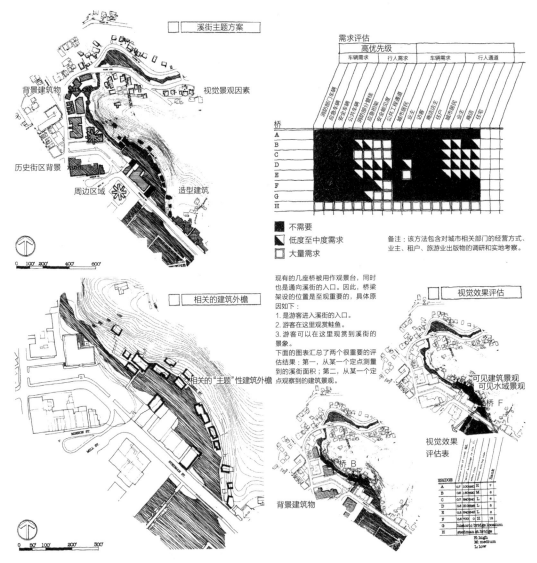

图6-14　溪流景观评估方法。根据从每一个可能的木栈道改善位置能够看到的相关立面的数量和溪流水面的面积，开发出一种图解的方法，对沿着木栈道各个可能采样的视点的优劣等级进行排序。在公众参与的研讨会上，以评估矩阵的形式针对每一个可能的观测点都进行了比较。这样的对比是总体定性评估当中的一部分，可以提供关于历史街区关键品质特征的摘要信息：历史建筑的立面、建筑形态的构成、溪区自身条件，以及邻近的街区和山脉背景

溪街及其图像化分析。利用线条所形成的反差来强调待研究的区域。这一系列草图描绘了对凯奇坎溪街附近街区以及溪街线索和背景的研究。以图像化的形式描绘了建筑条件、历史元素、观景走廊、基础设施和许多其他构成溪流走廊的条件和部分，对研究工作和公共参与过程具有很大的帮助。这些草图大多是用针管笔和鸭嘴笔在聚酯薄膜上绘制的。在一些草图中，比较粗重的线条是用派通签字笔描画的

私人土地所有者发生冲突。

　　私人开发。对私人土地开发的位置也有考量，这部分以鸭嘴笔绘制，并在适当的地方以针管笔填充阴影线。

　　相关的立面。河湾地区的历史特征在于当时河岸边建筑设计的式样，这也

是我们在设计后期对各个备选方案进行评估的基础。这部分凸显"主题"的建筑外立面轮廓线，是用鸭嘴笔以较深的色调表现的。

溪街的主题。站在溪街的木栈道上，可以看到的景象包括建筑背景和地形，这些虽不属于历史街区的范畴，但对于景观的品质却具有非常重要的影响。这幅草图标识、定位并突出表现了那些对景观品质产生影响的主要信息。这些重要的景观要素包括：溪街本身的建筑形象；具有历史意义的背景建筑；与溪街的历史和建筑风格没有什么相关性的背景建筑；规模和设计都比较醒目的建筑，虽然不具有什么历史意义或建筑意义，但它们的存在却带来了更优质的景观效果，以及图书馆/博物馆这一类的参考性建筑，它们的结构设计和材料特征都是现代的，与历史街区形成了鲜明的反差。

可能进行的项目。基础地图中描绘了经由分析研究和公共参与研讨会而产生的项目。

景观评估草图。对于各种桥梁设计方案的挑选方法，是项目获得政治上认可非常重要的因素。具体来说，每一种桥梁设计方案会对溪流及其特征造成什么样的影响，以及经过测试，每一种备选方案是否能站得住脚？

所使用的图示方法如下：

- 针对每一个备选的桥梁方案，分别从桥的中心以及两端向不同的方向（朝向溪流的上游和下游）绘制视窗画面；
- 在视窗画面中，所有水面部分都以深色调加以强调，以便进行视觉效果上的对比和定量的测量；
- 对从视窗中可以看到的"主题"建筑予以强调，并根据视窗中可见的建筑正立面或侧立面进行测量；
- 强调城市景观或背景景观，并对可以看到的建筑立面进行测量；
- 视窗中能够看到的山脉和水域等自然环境，按照"高"和"中"，或"低"的顺序进行排序。

绘制评估草图包含以下几个方面：在指定的桥梁或扩建的木栈道上选择一个中间观测点；从这个点开始到第一个拐角或边界为止，绘制出一个投影面，画面就截止到这个位置；转换到另一个方向并重复上述操作（想象在观测点的上方放置一个180°的量角器，朝外指向的箭头就限定了视窗或角度的大小）；对每一个投影面的长度进行扩展，直到它遇到边界的阻挡。凡是在视窗中可以看到的水面和建筑立面，都要进行强调与测量。

利用景观评估草图，可以帮助外行的官员和民众根据一些预先设定的景观条件——例如历史建筑以及可以看到的水面——形象直观地对比每一个桥梁和木栈道方案的优劣。这个项目的进行需要公众密切参与，特别是当地的居民、商贩、河畔土地的所有者，以及热衷于保护河流历史风貌的市民。快速研究草图和最终的说明图纸都属于图像化表现的方法，即以三维视图的形式展示规划概念。在准备包含现有条件的基本透视图时，最常用的方法是利用幻灯片进行描摹，而新的设计理念可以叠加在这些基础视图之上。以基础透视作为底图，上面覆盖透明的描图纸快速勾画出各种设计理念，直到达到了预期的效果，就可以开始绘制最终定稿的墨线图了。

基础图一经画好，就可以将它作为底图，在上面覆盖各种研究草图。

在天气状况允许的情况下，有些草图是在户外绘制的，这样的草图更具随意性与概念性的特质。事实上，这些草图是用红色和绿色的派通签字笔勾画的，可以很好地突出林木繁盛的山坡和木栈道的特色。利用鲜艳的颜色区分自然景象和建筑形态，这样，在进行公众展示的时候就可以产生更加醒目的效果。

◎ 作为历史文化的场所：凯奇坎市斯特德曼大街历史建筑立面设计研究，1989 年

引言与背景

斯特德曼（Stedman）大街商业区紧邻溪街的西南侧，面向托马斯盆地。斯特德曼

大街东侧的都是一到两个楼层的斜屋顶木结构建筑，配有方方正正的女儿墙及一些装饰构件和檐口。这样的立面就构成了城市的"围墙"，限定出托马斯盆地的范围，同时也是从南向进入溪街的入口。

历史上著名的凯奇坎人有一个非营利性的组织，他们致力于保存与保护凯奇坎市的历史与建筑遗迹。斯特德曼大街的立面被挑选出来作为改造的重点，它的修复对市中心区和溪街的复兴将会产生很大的助力。针对这个项目召开了公共会议，让市民们了解相关的情况，同时也向商界和业主们征求意见与支持。要提高民众对于现有建筑改造潜力的认识，图像化的交流是直观而重要的：自该项目研究以来，对斯特德曼大街沿街大部分建筑的修复，都保持了原有的设计风格与

图 6-15 和图 6-16 溪流研究草图以及特定场域的规划建议。 在公众研讨会上，用彩色签字笔进行随意而快速的勾画，之后，再转变为针管笔墨线图，以便后期复印

6-15   6-16

图6-17　斯特德曼大街的三角区。局部的草图可以帮助公众了解规划理念所带来的三维效果

斯特德曼大街的木栈道　　海滨旅馆前景

花池 / 长凳

斯特德曼大街的三角区

图6-18　提案草图。在用纤细的线条绘制的详细草图之上，每一种提议的木栈道改善方案都用粗重的线条勾勒出外轮廓予以强调

那个时期建筑的特色。

在斯特德曼大街的草图中，将沿街建筑同溪街、托马斯盆地和市中心区都涵盖了进来。街道景观和沿街立面图都是用针管笔和印度墨水绘制的，通过不同层次细密的阴影线创造出色调变化，突出图面的焦点。每一个立面[1]都是整体建筑链中关键的一环，而这完整的建筑链就构成了具有

① 一些早期的设计理念是由前自治区规划总监斯蒂芬·里夫（Stephen Reeve）提出的。

斯特德曼大街北侧街道景观

图 6-19A　斯特德曼大街的历史建筑群。这幅钢笔素描将所有需要整改的建筑都汇聚在一起作为一个单独的情境元素，构成了托马斯盆地的"围墙"。它们的重要性既在于它们各自的特性，也在于彼此之间的关系

改造前　　　　　　　　　　　　　福斯勒酒吧　　　　　　　　　　改造后

图 6-19B　福斯勒（Focsle）酒吧

斯特德曼大街凯悦大厦沿街立面改造前

斯特德曼大街凯悦大厦沿街立面改造后

图6-20　凯悦大厦（Hyatt Buildings）改造前后对照。以细针管笔描绘了在现有条件下的凯悦大厦,以及改建后的景象

历史特色与一致性的城市围墙。这组建筑群已经变成了凯奇坎滨水区一个独特的地方,同时也是将滨水区同其他区域联系在一起的纽带。现在,这些建筑的使用功能包括礼品商店、饰品店,还有一栋经过修复变成了纽约饭店。

这幅草图是根据将一系列现场拍摄的照片拼接在一起进行参考而绘制的。背景的景观使用了比较暗的色调,有利于将明亮的立面建筑群烘托出来。

图 6-21　凯奇坎托马斯盆地商业中心：新建的基地路网是现有路网模式的延续

凯奇坎托马斯盆地商业中心设计

新城区：云杉锯木厂项目

　　我们选择这幅草图作为范例，是为了展现凯奇坎市中心区待研究区域和其周围自然环境力量之间的关系。将坐落于山地环境中的城市景观形象化地表现出来，把研究基地放置于透视当中，使之成为凯奇坎市区规划策略研究的一部分。如此，研究基地就成为整体当中的一个片段，紧挨着海岸山脉山脚下一个小填充地块。第一幅鸟瞰图展示了研究基地的现状，它是一块靠近水岸边的空地，被夹在历史城区和久负盛名的溪街之间，而在另一个方向，则被夹在通加斯海峡（Tongass Narrows）的水域和通加斯盆地之间。

背景、设计目标和公众参与

　　这块研究基地就是根据原来占据这里的云杉锯木厂而命名的，后来在 1976 年，这座工厂被大火焚毁，于是城市出资购买了这块土地，并将其清理出来以待后续开发。最早兴建的项目是一座博物馆，它就建造在这个研究基地中央一个捐赠的地块上。1992 年，在严格的设计控制下，该区域剩余部分的开发权都被授予了云杉锯木公司（Spruce Mill Corporation）全权负责。

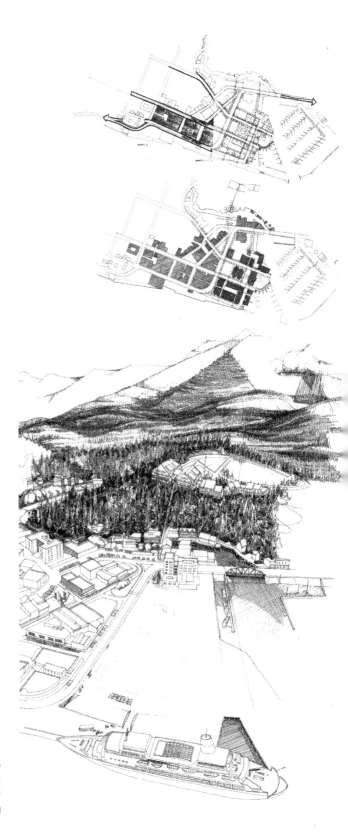

图 6-22　阿拉斯加州凯奇坎云杉锯木厂项目基地。这幅鸟瞰图是根据一张基地的空中成角透视照片绘制的，以自然景观条件和现有建筑为背景，环绕着前景中空置的基地，这些现有条件就是规划设计的依据

云杉锯木开发集团最关心的问题就是希望能借助所有规划设计的机会，实现对这座历史悠久的城市中心区的复兴。在对设计方案进行图像化表现的过程中，设计师将这块基地视为从市中心区缺失掉了的一部分，期待与周围的历史文脉重新建立起联系。草图中涵盖了邻近的历史情境，新的设计方案会对现有条件产生非常重要的影响，通过图纸，我们可以判断出新的开发建设是否会威胁或削弱市中心区的重要地位。

在设计过程中对方案特征的图像化表现

与很多大型开发案一样，具体的建筑方案是在设计过程中逐渐发展完善的。随着公共投入、财务限制和市场条件的不断变化，具体的设计方案也会进行相应的调整。描绘开发项目方案设计的图面表现必须要足够清楚，才能有效地将设计特色传达给那些没有接受过专业训练的公众了解，同时，还要保留足够的开放空间，才能适应未来可能对用途和尺度等方面的优化与调整。通过一系列的鸟瞰图展示了设计过程中不同阶段的各个方案，这些方案能明确地表现出建筑的特色，并且比较偏重于草图的形式，为未来可能出现的调整与发展保留了足够的空间。

研究基地与市区之间的联系

这两幅平面草图为在研究地基与现有市中心区"主干道"网络之间重建联系奠定了基础。其中一幅草图表现的重点是廊道，也可以说是在实体周围起连接作用的负空间。在这幅草图中，通过对穿越研究基地通向水岸边的前街、主街和X街施加一定的色调，使这个区域同城市道路系统联系起来，此外，还引入了一条名为市场街（Market Street）的新街道，将前街林荫大道同溪街

的历史街区南入口联系起来。前街与市场街平行，如此便形成了研究基地完整的街道结构。这块研究基地内共划分为六个新的城市区块，而最近刚刚竣工的博物馆就坐落在其中的一个区块内。另一幅草图的表现重点在于对建筑物的定位，也就是说在这幅草图中，起到连接作用的都是实体空间。设计师将市中心区建筑体块的式样延伸至研究区域，初步作为新建筑的参考式样。

对研究基地内新的路网开发及其节点与联系的图像化表现

新街道框架系统的建立，为研究基地及其三个边缘地带的发展设立了合理的、可以信赖的秩序。在这些平面草图中，展示了沿着通加斯盆地复杂的水岸地形组成，并推敲了不同的建筑、开放空间和码头的配置方案，而所有的方案都是围绕着水岸边缘同城市路网系统之间存在着45°夹角这一先决条件进行的。在这些调查分析中，设计人员在绘制公共道路和人行道路连接系统时，也同时加入了建筑体块。鸟瞰图中，设计人员将其中一种配置方案放置在预先建立起来的道路框架系统当中，而配套的平面图则侧重表现相对复杂的交界处以及边缘部分的细部处理。这些依比例绘制的草图并没有将研究基地的内部和外部断然分开，而是将外部的街道和人行道连接系统同内部的建筑都融合为一个整体来处理。

在区域框架内的街区开发

研究基地最终定案的公共道路连接系统将基地划分为几个新的建筑区块，如图所示。该草图显示出了每一个建筑区块具体的位置；例如，转角处的区块，与水域或建筑边缘相邻接的区块，以及这些区块与城市中

存在的活动之间特殊的关联。包含以下：

1. 基础区块（Cornerstone Block）：是整个网络框架的基础，很可能是在第一阶段开发的区块，延续了城市前街水域的边界，并新建了一个邮轮的泊位。

2. 海角区（Corner Waterblock）：位于通加斯盆地和通加斯海峡之间的"海角"区，两面环水。

3. 溪街区块（Creek Street Block）：该区块沿通加斯盆地水岸分布，邻近溪街的历史街区。

4. 内部区块（Interior Block）：这个区块由锯木大街（Mill Street）和另外三条规划方案中新建的街道围合而成。该区块内大部分土地都被划拨为新建博物馆用地，只有沿着锯木大街的一小部分土地保留下来，作为未来的发展用地。

5. 停车区（Parking Block）：这个位于基地内部的区块是由锯木大街、W 大街，以及基地的两条边界线围绕界定而成。该区块朝向城市的一面非常狭窄，而纵深却很长，是个理想的停车场所；最终，会在这里建造一栋面朝锯木大街的狭长的新建筑。

6. 三角形的过渡区块（Triangular Transition Block）：在提案的设计中，这个三角形的区块位于路网框架系统的中央，是由水岸边缘地区转变为城市网格系统的过渡。在草图中，这个区块的位置在整个基地构成中是非常重要的。在它的前方还有两个区块，而且在整个网络当中，所有的区块都与之接壤。其中，三角形的两个顶点分别是延伸进入研究基地的两条城市道路的终点。

城市区块内的历史建筑类型

将围绕着云杉锯木厂研究基地的历史建筑形式用简单的线条描绘出来，是一种很有效的方式，可以让设计师和公众了解到这个地区从前的建筑式样；包括建筑物的外形、规模、高度，以及立面的形式。设计人员在构思研究基地新的建筑项目时，会将这些历史式样作为参考的基础，因为这些新建项目与历史悠久的市中心区有着密切的关联。草图描绘了凯奇坎地区三种基本的建筑类型：

1. 独栋的斜屋顶建筑：这类建筑的用途一般都与住宅相关，是凯奇坎地区最早兴建的一批建筑。现在，这类建筑很多已经被其他建筑取代了，有些仍然存在，还有一些则分散地夹杂在其他类型的建筑当中。

2. 平屋顶建筑：这些建筑通常用于商业、零售、办公和制造业等。

3. 矮护墙 / 店面建筑：在闹市区，西向的店面外观是很常见的，而沿着重要公共道路布局的店面建筑高度也有所增加。这些建筑在最前方的矮护墙之后，有的是斜屋顶，也有的是平屋顶。

4. 市政与公共建筑：具有标志性轮廓线的公共建筑，但其数量是有限的（教堂等）。

挑檐这种设计元素，在凯奇坎地区的很多建筑中都很常见，它直观地在整个城市范围创造出了一种连续感。在凯奇坎地区，绝大多数建筑物都在户外配置了某种形式的遮雨功能，这些构件悬挑于公共人行道上：各种挑檐的高度与特性都不尽相同，但这种元素却为新的开发项目建立起了一种逻辑上的联系。

针对研究基地提议的建筑类型

三维体块草图描绘出了城市的历史建筑形式同研究基地六个区块内提案的建筑之间可能存在的关系。现在已经建成的 SAPLIC 博物馆坐落于基地的中央，是一栋独立的斜屋顶建筑，依据草图中所概述的规

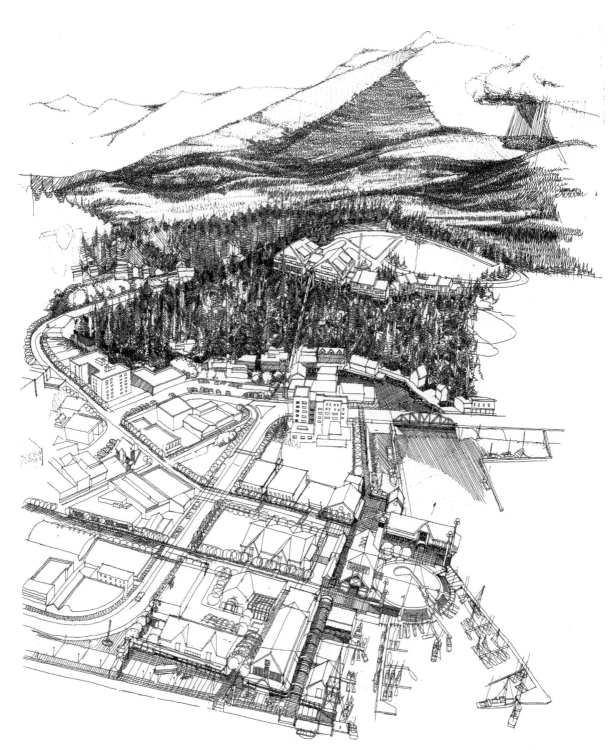

图 6-23　阿拉斯加州凯奇坎云杉锯木厂项目基地整改计划。利用同样的鸟瞰图展示该区域不同的规划方案。画面中包含历史街区以及路网的形式，这些路网一直延伸到研究基地内部，可以成为规划设计的参考。其中包括现有的街道模式、建筑体块，以及基地与滨水区之间的连接

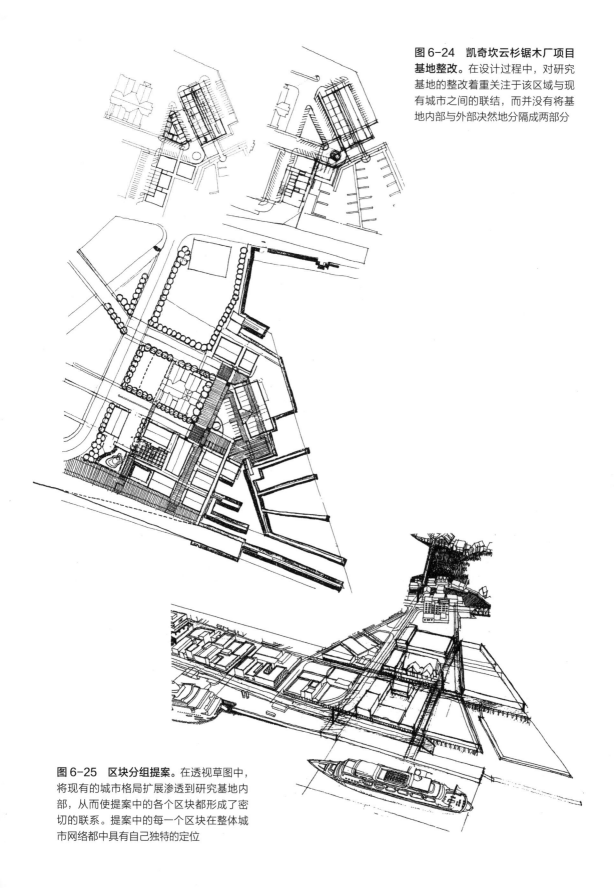

图 6-24 凯奇坎云杉锯木厂项目基地整改。在设计过程中，对研究基地的整改着重关注于该区域与现有城市之间的联结，而并没有将基地内部与外部决然地分隔成两部分

图 6-25 区块分组提案。在透视草图中，将现有的城市格局扩展渗透到研究基地内部，从而使提案中的各个区块都形成了密切的联系。提案中的每一个区块在整体城市网络都中具有自己独特的定位

划原则，这座博物馆的扩建将是第一个新开发的项目。沿着前街和锯木厂大街，区块中提案的新建筑类型为平顶/带有矮护墙，与古老的矮护墙建筑相互呼应。斜屋顶 SAPLIC 博物馆的扩建部分规划于现有博物馆和锯木厂大街之间。沿着基地边缘布局的扩建部分就像是一个连接构件，在锯木厂大街历史悠久的平顶/矮护墙建筑和已经建成的斜屋顶博物馆之间形成了过渡。为博物馆管理委员会制作的定稿透视图中，表现的重点就是沿着锯木厂大街布局的扩建部分，与现有的博物馆相毗邻。这幅草图的深色调主要集中于鹿山背景，这是一种以深色背景突出表现建筑轮廓的方式，而线性的挑檐将不同类型的建筑串联在一起，并与市中心区的人行道系统相连。

SAPLIC 博物馆室内空间。我们可以将室内空间理解为建筑内部的一个场所，反过来，一栋建筑是一个更大区域中的一部分，而区域又是整座城市中的一部分，这是在不同的尺度转换下对设计理念的重申。这幅草图反复说明了在城市当中研究基地的位置、在建筑区块内博物馆区块的位置，以及建筑内部的空间配置。为博物馆管理委员会制作的更为写实的透视图，侧重表现的是建筑设计中内部空间的需求，即对人工产品的展示。为了满足这些要求，透视图还描绘了其他两个概念：其一是通过描绘清晰的结构秩序说明建筑内的空间是如何形成的；其二是通过将鹿山作为主要展示空间当中的展品，说明室内空间在城市当中的定位与朝向。

区块内的建筑：海角区 / 溪街区块

在透视图中，沿着通加斯盆地的立面，可以看到设计方案中基础区块和溪街区块的建筑形式。设计人员将一幅利用计算机制作的基础区块内的酒店透视图，放置在凯奇坎地区的背景图当中，背景中的建筑和自然条件都是根据幻灯片描摹的。在最后定稿的透视图中，无论是基础区块内的酒店建筑，还是邻近溪街区块内的建筑形式，都是以现有的建筑情境作为参考的。方案最终设定的建筑形式在尺度上参考了前云杉锯木厂和

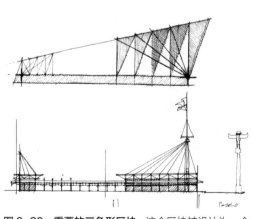

图 6-26 重要的三角形区块。这个区块被设计为一个非常重要的部分，它是一个焦点，也是水岸边主干道的终点

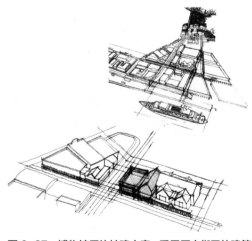

图 6-27 博物馆区块扩建方案，采用历史街区的建筑类型。图中所示的建筑综合体借鉴了历史街区的建筑形式，在市中心边缘区和研究基地内新开发项目之间形成了过渡

附近的独栋住宅，而在式样上则延续了溪街传统的斜屋顶特色。在最后定稿的透视图中，色调安排的重点设定在研究基地的两个边缘部分，一个是背景山脉的山脚区域，它界定出了城市的边界，而另一个是水陆的交界地带。

区块内的建筑：基础区块的开发

在提案的研究基地框架当中，平面草图表现的重点是基础区块内的建筑开发。在设计过程中，建筑项目准确的设计要依赖于所在区块的尺度限制，而这部分信息都包含在整体研究基地的框架之内。所有新区块设计的目的，都是为了在满足区块中心停车与服务这两种新功能的同时，还能保持历史悠久的市中心区建筑外墙特色的连续性。设计人员利用按比例徒手绘制的平面草图，围绕着一个必须配置的停车场，研究各种不同的建筑设计方案，最终得到的区块设计效果与邻近历史街区的风貌是相互协调的。建筑设计中，首层为商业零售空间，它的上面是2层的办公空间，沿着区块的三面都是如此配置。此外，转角处有一家餐厅，沿着主街还有一栋独立的斜屋顶建筑，与邻近的博物馆区块建筑形式相互呼应。平面图和剖面图的演变表现了设计人员对装饰层面的各种尝试。

区块内的建筑立面与连续性

在设计的过程中，以二维的平面模式进行构思是相对容易的，通常建筑的立面和剖面设计都是以平面为基础发展而来的。在这个项目的设计过程中，设计师将沿着前街具有历史风格的建筑立面绘制出来，并将其延续到研究基地的建筑设计当中。在进行区块平面、剖面和立面设计的时候，设计师将城市现有前街区块的建筑立面覆盖在设计图纸之上。于是，这张历史风格的前街沿街立面草图就成为确定新城市区块内建筑设计尺度与风格的参考依据。沿着前街布置的现有建筑物中，有的并没有明显的特征，一层，平顶，不具有什么建筑学上的意义；而其他一些建筑则精雕细琢，仿造出历史风格的立面。所有建筑汇聚在一起形成了一个整

图6-28　阿拉斯加州凯奇坎博物馆扩建项目

图 6-29　博物馆的内部空间以鹿山背景为参照，并建立联系

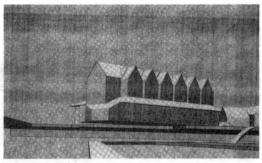

图 6-30　云杉锯木厂海角区建筑开发透视图。利用描摹的城市滨水区情境透视图，分析了提案的建筑可能对水岸区域造成的影响。根据建筑平面图，由计算机生成建筑体块，并将其安插到背景透视图当中。最终定稿的透视图中，色调的重点放置于以鹿山为背景的城市水岸码头沿线区域

图6-31　海角区水岸区域开发

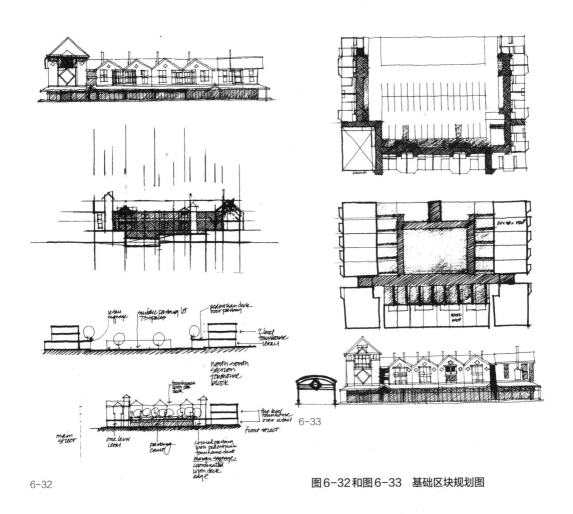

6-32

6-33

图6-32和图6-33　基础区块规划图

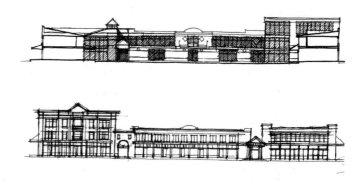

6-34

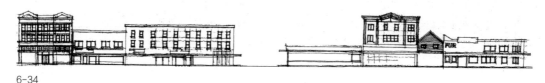

图6-34—图6-37　基础区块剖面／立面设计开发。基础区块的前立面是对主街历史风貌的延续。新街区建筑设计的规模、比例和样式，都参考了历史建筑的立面造型

体的建筑群，将前街界定为一个独特的场所。设计师打破了对前街建筑立面写实的绘画手法，将其特色抽象为一定的比例和元素。这幅草图展示了现有的建筑配置模式，即每个区块包含三到四栋建筑，其中有一栋规模较大的建筑（3—4层高）会体现出较高的历史价值。在基础区块立面草图中，抽象的街墙和挑檐形成了连续性的景观，而具体每一栋建筑又各具特色，初步形成了该街区的组织结构。

◎ 重点工程和交通运输项目的图像化表现：北通加斯高速路整改项目，阿拉斯加州运输部，1993年

引言与背景

北通加斯高速公路连接着北部的阿拉斯加海运公路轮渡码头（Alaska Marine Highway Ferry terminal）和南部的凯奇坎市

中心区，根据阿拉斯加州运输部的提议，要对现有的北通加斯四车道高速公路进行拓宽，将行车道由现在的三条增设至五条。此外，他们还提议在海拔较高的地方再修建第二条道路，即第三大道的拓建，用作北汤加斯地区的备用辅道。凯奇坎是一个线性狭长的城镇，宽度仅有2-6个街区，东部边界地势的陡然升高限制了城镇的扩展。城镇内的建筑紧邻着现有道路，由于缺乏坚实的土地，所以都沿着水岸建造在码头上，多数没有保留退缩空间。城市形态的改变将会对主要道路品质的改善造成非常重要的影响。因此，作为环境影响陈述分析的一部分，城市形态影响的图像化表现被设定为最有力的公共教育手段。设计团队绘制了超过25张图纸，展现了道路建设会带来的影响以及城镇形态的改变，这些图纸将会展示给一般民众，以及一个由居住区居民、业主和官员组成的指导委员研究讨论。下面展出与讨论的图纸就是其中的一部分。

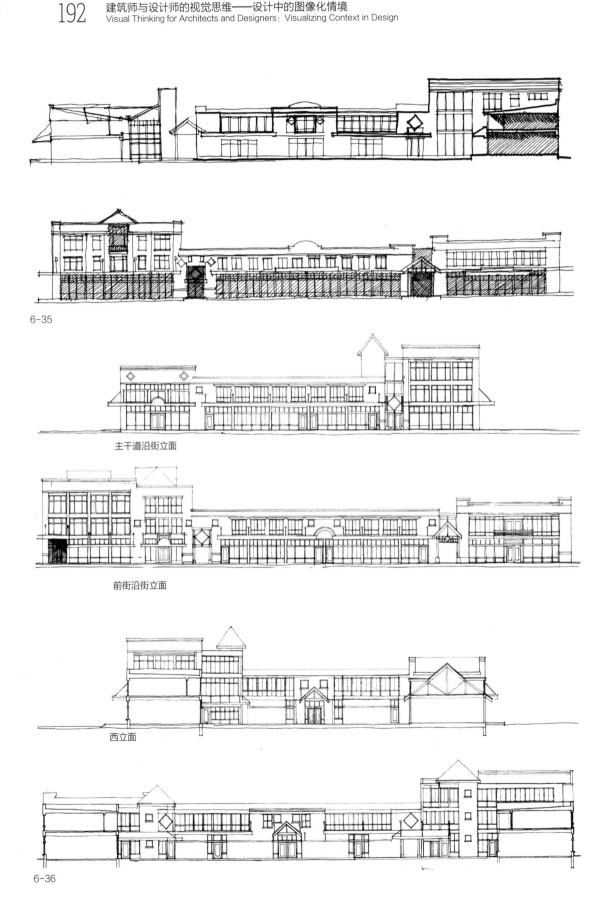

6-35

主干道沿街立面

前街沿街立面

西立面

6-36

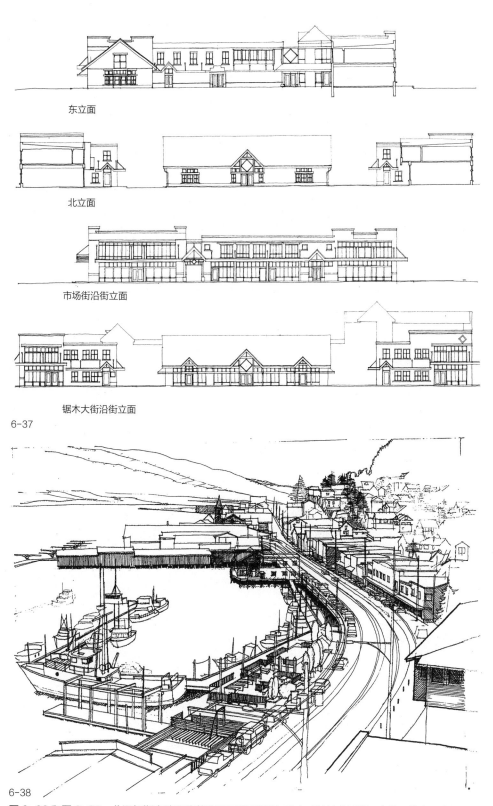

东立面

北立面

市场街沿街立面

锯木大街沿街立面

6-37

6-38

图6-38和图6-39　北通加斯高速公路整改项目系列草图：建立对情境背景以及变化所带来影响的认识

6-39

图 6-40 和图 6-41　通加斯
高速公路项目研究，阿拉斯
加州凯奇坎

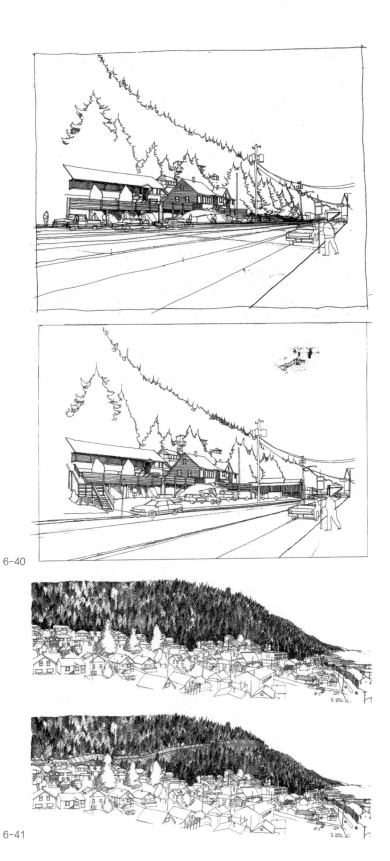

6-40

6-41

第7章 伊什河流域案例分析

◎ 引言与背景

伊什河流域案例分析所涉及的区域范围隶属于卡斯凯迪亚生物区境内，北起由华盛顿州和不列颠哥伦比亚省共同构成的美国/加拿大边界，南至华盛顿州奥林匹亚市（Olympia）附近的南普吉特湾（the southern Puget Sound）地区。"伊什河"（Ish River）[①]这个名字的由来是指该地区分布着很多被当地人称为河谷/分水岭的地方，例如斯蒂拉瓜米什河（Stillaguamish）、斯诺霍米什河（Snohomish）和杜瓦米什河（Duwamish）等。

◎ 居住区研究

此项研究共涉及五个居住区，它们的规模、物理环境和存在的问题都各不相同，但却又都与其所在的生态区域之间存在着密切的联系，通过研究，我们探索了一系列公共规划和城市设计项目当中图像化交流的方式方法。在所有的项目中，我们都要通过鼓励公共积极参与，来寻找一种提高公众认知水平的方法。积极的公众参与需要广泛使用图形化的交流手段，并强调该区域内人类住区的存在与周围多层次自然情境之间的关系。研究工作的主要内容包括前期总体规

划的构想；从城市成长管理的角度，对城市设计成果进行图像化表现；设计指导方针；城镇规划，以及滨水区复兴的可行性分析。用于研究的居住区包括：贝灵汉姆市有52000人，位于诺克萨克（Nooksack）河流域；华盛顿州的肯特市（Kent），是一个拥有38000人口的铁路/农业居住区，隶属于西雅图市郊；皮阿拉普市（Puyallup），也是一个正在经历市郊化的铁路/农业城镇，人口16000，位于雷尼尔山（Mount Rainier）脚下的皮阿拉普河谷；瓦雄镇，人口3000，是在金县境内却并未纳入金县管辖的定居点，位于西雅图西南和塔科马港市（Tacoma）北部普吉特湾的瓦雄岛上；还有布雷默顿市（Bremerton），是普吉特湾辛克莱尔入海口（Sinclair Inlet）处的一个滨海居住区，在西雅图以西，乘渡轮55分钟可抵达西雅图，人口35000，是布雷默顿海军造船厂的所在地，同时也是通往不断扩展的吉赛普半岛（Kitsap Peninsula）的门户。

◎ 伊什河流域生态区

伊什河流域代表的是一个由排水系统组成的生态区域，这套排水系统服务于内陆的咸水水系，该水系从温哥华岛（Vancouver Island）南端的胡安·德富卡海峡（the Strait of Juan de Fuca）起始，到北部的夏洛特王

[①] 这个词最早出自华盛顿州拉孔纳（La Conner）的诗人罗伯特·桑德（Robert Sund）。

图7-1 卡斯凯迪亚生物区。
伊什河流域生态区

后海峡（Queen Charlotte Sound），最终汇入太平洋。这条内陆河道隶属于美国的部分，从加拿大向南延伸至华盛顿州的奥林匹亚。它的南部被称为普吉特湾，其特点就是其海湾内的众多岛屿都是由大陆分离出去的碎片，构成了从北美洲沿岸分离出去的大部分陆地。

普吉特湾北部区域的特点是分布着一系列的沿海港湾，如伯奇湾（Birch）、伦米湾（Lummi）、贝灵汉姆湾（Bellingham）、萨米什湾（Samish）、帕迪拉湾（Padilla）和斯卡吉特湾（Skagit）等；此外，还有众多岛屿群，如圣胡安群岛（San Juan Islands）、菲达尔戈岛（Fidalgo Island）和惠德比 – 卡马诺岛群（Whidbey–Camano Islands）。卡马诺岛（Camano Island）北部的海岸线由两个主要的河流系统构成，它们分别是贝灵汉姆北部的诺克萨克河流域和南部弗农山（Mt.

Vernon）地区的斯卡吉特河（Skagit River）流域。普吉特湾北部的居住区同时受到美国 / 加拿大两国跨界沿海文化的影响，以水域环境为导向的商业、艺术和资源繁盛。该地区居民的活动、城市形态以及未来的规划和设计愿景，在很大程度上都受其生态区域与都市区域特性的影响。贝灵汉姆市由原来贝灵汉姆湾沿岸五个木材和渔业城镇合并发展而成，是美国在该地区的主要城市，无论在地理、经济还是文化领域，都与20英里以北的加拿大存在着非常密切的联系。

伊什河流域的中央区域和普吉特海湾都属于西雅图 – 塔科马港市（Seattle–Tacoma）大都会区的范围，沿着普吉特湾的东海岸线扩展，向北延续至斯诺霍米什河流域，向东延续至斯诺夸尔米河（Snoqualmie）和萨马米什河（Sammamish）流域，向南则延续至杜瓦米什河（Duwamish）、锡达河（Cedar）、格林河（Green），以及发源于东南部雷尼尔山的皮阿拉普河流域，直到大都会区的南部边界；此外，还包括班布里奇岛（Bainbridge）、瓦雄岛，以及西雅图西部的基赛普半岛。在这个生态区域的形成中，河流及其流域的生态系统，以及咸水水系的海湾和港湾都扮演着非常重要的角色。布雷默顿市是西雅图市区以东的一个城市，搭乘渡轮55分钟可达西雅图，若开车则需要一个多小时。从瓦雄岛出发搭乘渡轮向南行至塔科马港市不超过2英里，而从瓦雄岛出发搭乘渡轮向东行至西雅图也不到4英里。皮阿拉普市和肯特市在西雅图和塔科马港市东南部 10 英里或稍远一些的地方，分别位于皮阿拉普和格林河谷，与雷尼尔山相连。

◎ 共同目标

这五个案例研究都是近期进行的规划和设计项目，它们大多都是根据华盛顿州颁布的"城市成长管理法案"（Growth Management Act）执行的。每个居住区项目共同和核心的任务，都是在规划/设计过程中要确保所有参与者之间进行建设性沟通的有效性，并将沟通讨论的结果反映在最后的设计决策当中。至少有两个居住区，他们将在设计过程中的公众参与作为最高优先级别的任务来看待。公众的主人翁身份源自他们对居住区公共事务的认识和了解，这是达成可行性共识的一种重要的手段——即使在最终结果上仍然存在个人分歧，也要同意遵守公共参与过程做出的决策。在布雷默顿市的另一个居住区，由于城市公有地块开发策略的制定存在着很大的难度，所以需要成立一个特别工作组，专门处理与开发策略相关的用途、造价和设计概念测试等事务。此外，还有一些问题对太平洋西北部地区的人们来说是特别重要的，那就是环境敏感性与责任问题，我们要查明并测试与城市发展相关的人口密度增加，以及随之而来的环境影响，例如交通、污染、湿地流失等。除了这些需要重视的议题以外，还有一个议题也是值得思考的：在传统的以定量设计为导向的规划过程中，我们还可以做些什么，能够更好地提高建筑形态的品质？还有，在探索改善建筑环境品质的过程中，我们已经认识到了一些更深层次的细节问题，那么，每个居住区应该制定什么样的设计指导方针，才能切实有效地保证所制定的规划和政策，可以代表居住区的公共利益呢？

◎ 华盛顿州贝灵汉姆市案例研究

◎ 区域的联系及影响

生物区内部的生态区：贝灵汉姆

喀斯喀特山脉（Cascade Mountains）河谷和沿岸溪流。

在太平洋西北部地区，相较于政治管辖权所设定的界限，决定人类聚落模式更重要的因素是地理和生态系统。华盛顿州的贝灵汉姆位于美国和加拿大之间国境线以北 17 英里处，然而该地区人类居住模式和迁徙模式主要是受到诺克萨克河和弗拉泽河（Fraser）流域的影响，这两条河流汇聚在一起形成了一大片广袤的平原，还有很多海岸线和溪流连接着山脉与普吉特湾，很快，就有来自两个国家的民众到这里定居。这些河流系统就代表着华盛顿州西部和不列颠哥伦比亚省西部的聚落模式：从山脉发源向西流淌的河流系统创造了幅员辽阔的冲积平原，支撑起相互联系的生境系统，而这些生境系统又都具有自己独特的、明确的地域性生态特征。历史上，这些平原由于拥有丰富的食物和栖息地资源而吸引了人类前来定居，几千年来为该地区多层次的文化奠定了发展基础。

生态区内的人类聚落模式

以美国地质勘探局（USGS）的地图为基础，将河流、山谷、冲积平原及其居住区

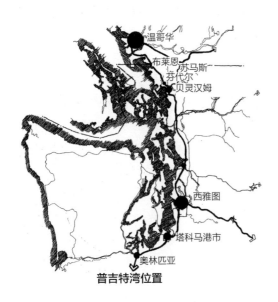

普吉特湾位置

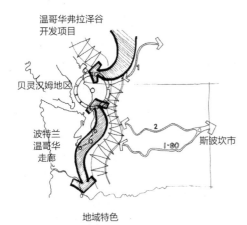

地域特色

图7-2 普吉特湾地区

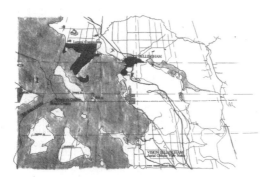

图7-3 贝灵汉姆地区。相较于西雅图和普吉特湾盆地，华盛顿州贝灵汉姆市与不列颠哥伦比亚省的温哥华地区关系更为密切

等资料记录下来，还包括河流和交通运输网络，如此便勾画出了该区域逐渐发展变化的格局。原来沿着贝灵汉姆湾分布的五个以资源产业为基础的城镇合并发展形成了现在的贝灵汉姆市。这些城镇的发展都限定在河口和沿着海湾的溪流附近，因为东部的喀斯喀特山和贝克山阻碍了城镇朝着这个方向的扩张。这些城镇与水岸地区的联系，和当地的聚落模式与文化形态都是一个不可分割的整体。规模较小的生态系统相互嵌套或连接在一起，构成了规模较大的诺克萨克河流系统，再加上斯阔利库姆（Squalicum）、霍特科姆（Whatcom）和帕顿溪（Padden Creeks）这些组成部分，共同塑造出了城市的格局。

聚落、城市分区、居住区、项目所在区域和项目基地

所有这些不同的尺度和聚落形态都是区域环境的延续，是该地区居民所处的环境，同时也是个人空间所在的情境背景。在接下来针对个别案例的分析中，我们主要讨论的是以下议题：贝灵汉姆市的发展愿景——制定整个城市的公众参与程序，为总体规划确定方法，并指明改造的方向；西贝克维尔居住区（West Bakerview）——这是一个遵循设计准则和相互关系而规划的居住区规模的项目。

◎ 项目一：大都会规模

贝灵汉姆的发展愿景：在规划过程开始之前，首先确立方法和改变的方向

在华盛顿州，1990年颁布的《城市发展

管理法案》要求居住区对其整体规划进行更新，以应对该州出现的成长压力，特别是5号州际公路沿线区域的成长压力。在贝灵汉姆，对整体规划的更新要求能够满足20世纪90年代的需求：人口增长，居民生活方式的改变，沿海地区出现新的经济机会，以及解决与发展和自然特征保护相关的价值冲突。

该市讨论了许多设定目标的方法，最后决定要采用一种逐渐形成"居住区"公众意识的方法，这是循序渐进式自我教育的过程，而不是让人们从那些以前就存在的其他居住区景观图片中选出自己最喜欢的。选择过程包含五次会议，由250名当地居民参加，为期三个月。会议的目的是让与会者们深入了解他们自己所在的居住区的各项情况，从早期设立定居点的历史，到地形和流域盆地，再到居住区住宅的类型和停车场的设置。设计人员会要求公众参与者在对本居住区的地理、历史、文化和设计方面尚未累积足够的认识之前，不要对未来进行"概念化"的限制。

300名公众参与者是从居住区活跃分子和选民登记记录中筛选出来的。[1]规划团队总共向14000名选民发出了邀请和调查表；其中表示对这一过程感兴趣的居民有500多人，接受委任并承诺会出席五次会议的居民有250人。于是，贝灵汉姆市的愿景就确立为一项目标的设立，在选民登记筛选这种方法的限制下，选出的公众参与者涵盖了社会各个阶层的代表。发展方向设定的过程与早期传统做法有一点不同，那就是增加了一个新的环节：采用图像化沟通的方式，帮助参与者们在更广阔的居住区范围内（但依然是

---

① 居住区发展部门由主任帕特里夏·德克尔（Patricia Decker）担任负责人，公众参与代表人选从投票记录、居住区团体、支持和反对规划组织、居民和业主中招募。

可以识别的）对设定目标和可能产生的结果进行评估。请记住，这部分工作只是整体规划更新之前的序曲，还没有进入真正的规划制定阶段；"目标设定"如果太多频繁，就有可能变成一个模糊不清的愿望清单。在会议中，图像化的沟通是最主要的交流方式，设计人员可以利用三维图像为参与者对提出的概念或目标选项进行描绘。

作为帮助参与者们了解居住区的手段，召开的五次会议主要围绕着五个步骤进行。第一步是对这个过程的介绍，并对居住区何时、如何发展，以及促成发展的主要原因进行历史回顾。这一阶段的会议一般采取放映幻灯片讨论的形式，引领着参与者们以空间为参考穿越历史。第二步是对自然地形条件下潜在的和动态的生态条件进行介绍与讨论，从山脉和植被覆盖到流域和栖息地的溪流等。第三步是关于建筑环境的设计：列举当地和区域性的实例，加强居民们对当地情况的认知，使其了解设计对他们来说意味着什么。第四步，增进参与者们对当地存在的问题、不同的会议议程的理解，并认识到对居住区状态的评估存在着不同的意见：这是在会议的不同意见中逐渐取得共识的第一步。第五步，为城市的发展愿景设立一个基础，即参与者们理想中的家园，最终达成以空间为表现形式的目标。最终目标的获得建立在前四步基础上，而不是依靠幻想或借鉴其他居住区的想法，后者对贝灵汉姆的发展来说并没有太大的实用价值。

将发展愿景与建筑形式联系起来

在愿景目标构想的过程中，图纸被证明是一种非常有效的手段，可以在更大范围的自然环境中将人类的聚落模式和三维建筑造型表现出来，还可以特别强调聚落与溪

流以及连接着山脉和普吉特湾的开放空间走廊之间的关系。在每次会议之前都要准备图纸，有的时候还要制作幻灯片供大型团体观览。图纸可以摆放在大型会议室的墙边，作为小组讨论的参考和定位资料。下面列举的这些草图，可以帮助参与者们更直观地认识自己的居住区，并引导他们对于居住区秩序、结构和自然环境优势的一些新发现。

在大都会区聚落模式（参见图7-4）和贝灵汉姆市空中成角透视图（参见图7-5）这两个实例中，二维或三维的草图为公众对城市成长和发展模式的理解奠定了基础。空中成角透视图是各种草图中最有效的一种表现形式，它以鸟瞰的视角呈现画面，可以使问题表现得更加真实、理性。根据美国地质勘探局提供的航拍近视图可以绘制出居住区街道的格局；依类似的方式，也可以突出表现溪流走廊和交通网络的布局，最终，这些全景鸟瞰图的焦点聚集于市中心区。对于那些比较大略的概念和尚未深入设计研究的议题，也可以用半抽象的透视图来表现，细节表现程度不需要非常深入，只要能够引起与会者的反应并进行评论就足够了。这类问题包括：对溪流走廊的保存、市中心区的精简与优化，以及沿着子午线国道（the Guide Meridian state highway）的商业开发相关议题，这条国道最终通往北向18英里处的加拿大国界。

在五次会议期间，这些图纸会被反复使用，提醒、激励参与者们设定居住区愿景的目标，并给予他们必要的参考；确定总体规划中需要处理的有关目标与政策的关键问题及存在的争议。尽

图7-4 大都会区的聚落形态。这幅实体－空间草图抽象地描绘出了贝灵汉姆地区的聚落形态

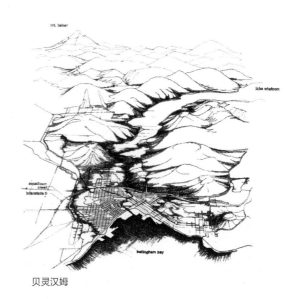

贝灵汉姆

图7-5 贝灵汉姆地区空中成角透视图。在这张透视图中，显示了贝灵汉姆地区整体的流域分布状况、分水岭、街道、地形和发展模式，为公众参与提供参考与定位

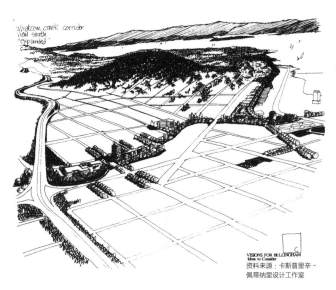

图 7-6　霍特科姆溪（Whatcom Creek）和开放空间走廊。这幅用毡尖笔绘制的草图，重点突出了街道网络、主要的地形特征以及溪流走廊，使公众了解城市的流域分布状况

管在一些重要的议题上仍然存在不同意见，特别是关于寻求保护自然特色的措施，例如鲑鱼的栖息地、湿地、开放区域，以及出于经济原因而追求更加分散、减少受控的聚落模式等意见，但会议还是能就整体愿景和目标达成最终的共识。

在远景目标构想的过程中，如果通过图像化的方法将聚落模式、有利的自然特征和土地运作模式结合起来，就可以在空间和情境背景中对提出的设计理念进行测试，从而推进规划和协商的进程；这与早期目标确立的过程存在着本质的区别（早期目标设计阶段，议题和设计理念的讨论并没有具体的针对性）。早期的目标设定过程中，最终确立的带着美好期许的目标被称为愿景，它没有以空间的形式表现出来，往往是模糊的，其特征就是每一个不同的参与者针对同样的主题进行各自解读，而得出不同的意见。现在通过图像化的交流，公众对于抽象的设计理念和目标的回应与评论水平得到了提升，同时也变得更加切实了。他们更清楚地认识到自己想要的是什么，不想要的又是什么。图像化的表现与对愿景的文字描述都是协调一致的。

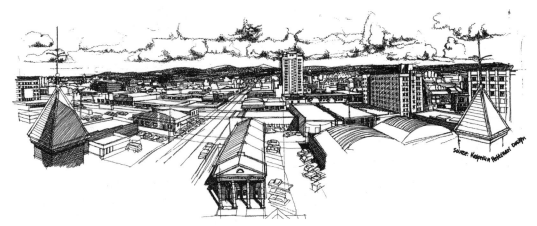

图 7-7　市中心区全景视图。这幅取自老市政大厅的透视图，可以用作对市中心区和城镇广场方案评审的基础

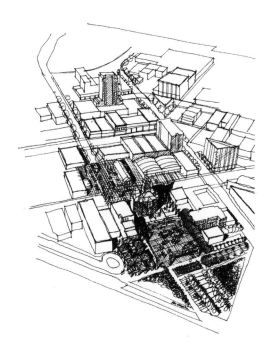

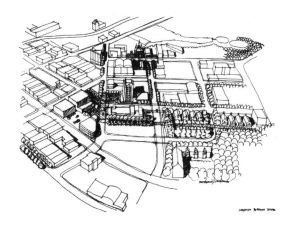

图 7-8　城镇广场鸟瞰图。 将从公共会议中获得的其他想法快速勾勒出来，并从不同的视角展现围绕着市政厅 / 博物馆，利用公共路权扩展城镇广场的设计概念

7-9

图 7-9 和图 7-10　城镇广场构想系列草图。 快速勾勒的草图从概念上集中讨论了城镇广场的位置和特点

7-10

图 7-11 山脉和海湾之间的联系。利用既有的河道和历史中心建构城市的格局

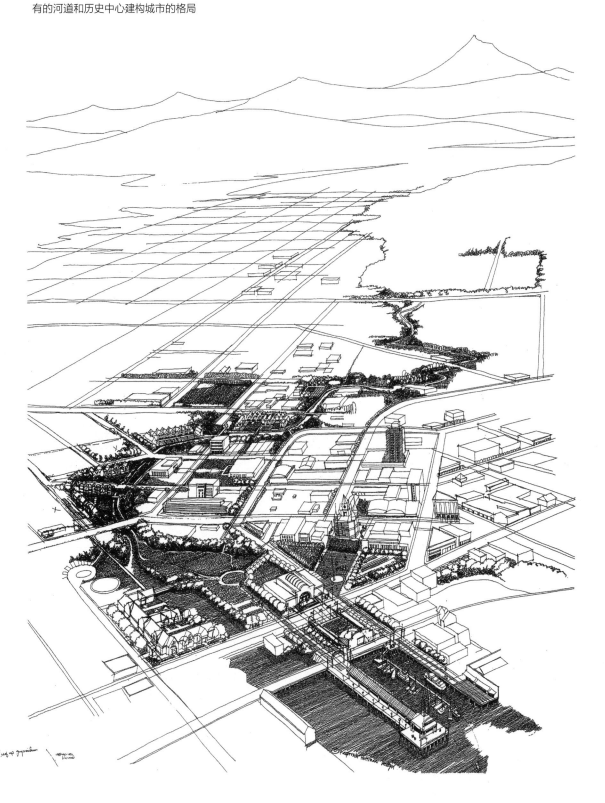

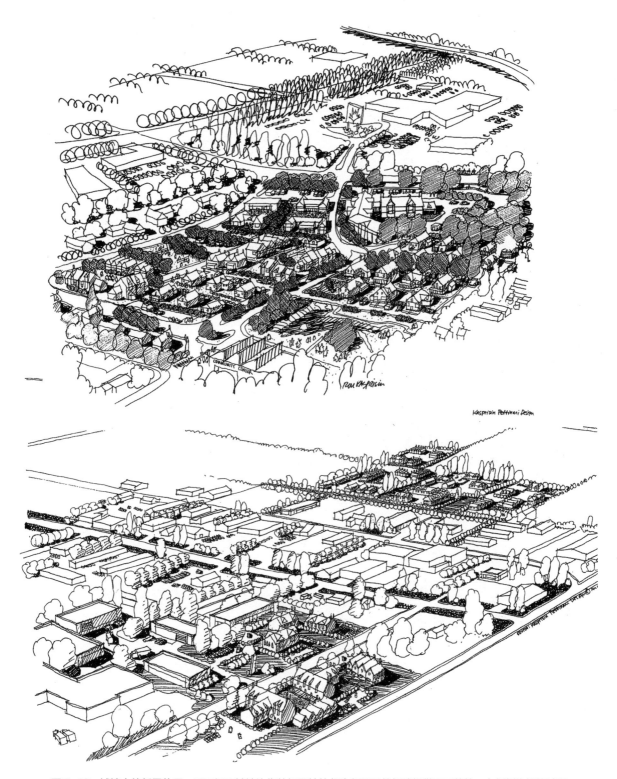

图 7-12　城镇中的新居住区。采石场和城镇边缘的闲置地块都为新项目的插建提供了可能性。在规划构想的过程中，考虑到高密度开发的规模和特点，设计团队很快决定在需要保留的小块开放空间周围，安插不同建筑类型的住宅单元，供与会者讨论与思考

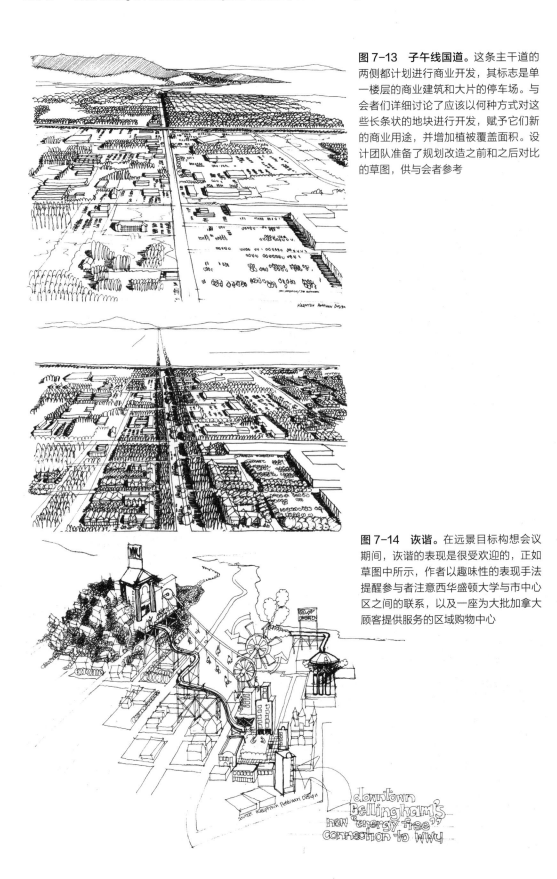

图7-13　子午线国道。这条主干道的两侧都计划进行商业开发，其标志是单一楼层的商业建筑和大片的停车场。与会者们详细讨论了应该以何种方式对这些长条状的地块进行开发，赋予它们新的商业用途，并增加植被覆盖面积。设计团队准备了规划改造之前和之后对比的草图，供与会者参考

图7-14　诙谐。在远景目标构想会议期间，诙谐的表现是很受欢迎的，正如草图中所示，作者以趣味性的表现手法提醒参与者注意西华盛顿大学与市中心区之间的联系，以及一座为大批加拿大顾客提供服务的区域购物中心

贝克维尔城市村落贝灵汉姆展望

资料来源：卡斯普里辛 - 佩蒂纳里设计工作室

图 7-15 西贝克维尔街区定位图。 该地图明确了大都会区内居住区的位置，以及它与贝灵汉姆郊区的贝里斯区域购物中心之间的关系。从原来的交通堵塞到填充湿地，再到周边街区的地价上涨，购物中心一直都对周边地区的变化起着重大的推动作用。当地一些参与者的注意力太过集中于他们自己房产的价值和区域零售设施上，以致忽略了周边一些新兴街区的变化

◎ 项目二：街区规模

西贝克维尔街区：总体规划与设计关系

西贝克维尔街区（the West Bakerview）处于城市郊区边缘向乡村过渡的区域，属于乡村范畴，该区充塞着很多建筑，包括一栋区域购物中心和相关联的新建办公大楼，零售业，以及中等密度住宅，这片土地从前是由一家企业控制的，即之前的怀尔德农场（Wilder Ranch）。从图中可以看出，贝里斯区域购物中心（the Bellis Fair Mall）位于贝灵汉姆以北，在与 5 号州际公路的交汇处，距加大拿边境 17 英里（加拿大以南），靠近不列颠哥伦比亚省的温哥华都市区。由于美国和加拿大货币在经济上的差异，特别是在价格结构上的差异，贝里斯区域购物中心和附近一些其他美国本土的购物中心吸引了大批加拿大购物者的光顾。购物中心用地和土地价值模式的变化对周边的农村住宅区构成了压力，促使它们也进行转变，其表现形式为交通流量的增加，区域零售业面积的扩大反映出土地使用模式的改变，再加上土地价值的改变，都会令土地所有者感觉得，单一家庭住宅这种建筑形式不再符合经济

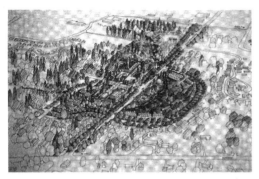

图7-16 西贝克维尔地区空中成角透视图。鸟瞰图中，提案的居住区中心坐落于贝灵汉姆城郊边缘地带，在西贝克维尔路的北侧

性。贝灵汉姆市进行了一项研究[①]，以筹备与促进公众参与的进程，从而落实一套居住区重建的战略方案，研究的重点主要集中在以下几个关键问题上：

- 交通与人流循环动线；
- 停车场和开放空间系统；
- 居住区和区域商业区的位置；
- 居住区与周边地区以及街道格局之间的关系；
- 多家庭住宅与相关服务设置设计指南和/或它们之间的关系；
- 不同土地用途和规划方案的经济可行性分析。

在这个案例的研究中，最为强调的是居住区规划的组成部分，这是设计的指导方针或关系。要将各个部分集合在一起组建一个新的居住区，这些规划提议之所以至关重要，主要源于这样的现实条件：即针对这个面积240英亩的研究地块，没有单一一家大型开发商或土地所有者可以承揽项目，设计团队预测，该区域的开发可能会以一种小规

① "西贝克维尔街区规划设计"，贝灵汉姆综合用途住宅区土地使用和城市设计指南，贝灵汉姆市，规划和居住区发展，丹尼斯·泰特联合事务所与卡斯普里辛-佩蒂纳里设计工作室共同设计。

模渐进式的方式进行，如此便不太适合精准的总体规划设计，而应该依照实际的开发状况逐渐进行调整。设计团队希望以连续增长的概念为基础，找到一种设计关系的策略，即通过一系列相关的准则将居住区各个部分的开发联系在一起，进而形成一个整体。因此，设计团队将三个规划/设计活动整合在一起：一个大型和谐居住区组织和结构的概念、对规划纲要的理解和各个地块的设计，以及一个地块和其他地块之间的关系连接。

设计关系和图像化表现

在西贝克维尔街区这个项目中，设计关系的发展阶段（和测试阶段）以及设计团队同城市和业主/开发商的沟通，全部运用到了图纸这种设计语言。在设计过程中，两个互有关联的开发项目成为研究的重点：首先是团队提议的居住区中心，它是一个包含办公、零售业和住宅等多种用途的综合体；此外，还有其他类型的多家庭住宅综合体，满足居住区在设计和租赁方面可以有更多的变化，而且这种建筑具有很好的关联性，可以形成比较大型的居住区组团。

总体规划限定了每个区域商业用地的位置和住宅建筑的密度，并为这些使用功能提供了整体的交通网络服务。优选总体规划的有效性（以及其他总体规划的有效性）直接取决于所有土地所有者和/或开发商是否能严格遵守规划方案所设计的交通网络、景观以及建筑物的位置，而该项目的实际情况就是所有权人众多、分散，因此要实现这样的条件是不太现实的。因此，考虑到现有地块的状况，是一个165英尺×1320英尺的狭长地块，以及小规模渐进式的开发模式，设计团队制定了两项原则，以确保设计品质，

同时也是对开发策略的检验。

原则一

预先考虑互有关联的开发，设计指导方针的重点集中在相邻开发案之间的关系，以及每一个开发案内部的关系。

原则二

整体设计品质依赖于一个个相互关联的开发过程所获得的结果，而不是一个预先设定的总体规划方案，因为后者的实现需要一个假设的前提条件，那就是所有业主都能保持良好的合作关系。

原则一，连贯性开发。 利用现有的关于基地和建筑设计要求的城市发展规范，沿用到邻近计划开发的地块。要实现这项原则，可以借助于以下方法：在两个相邻的地块之间，需要对其边缘地带条件的关系进行视觉上和 / 或物理上的联系；进行交通系统的连接与合作（即，在两块基地之间以垂直方式，或沿着共同的建筑红线设立步道或长廊）；建筑体量关系要遵循这样的原则，即一个开发项目的体量是某种形式的，那么下一个开发案的体量就要与前一个形成相关或互补的关系；要实施交互性的景观设计，而不要将景观配置屏蔽起来。

原则二，设计是反映研究过程的结果。 它为开发商和设计人员提供了相对于每一个部分和它们邻近部分之间关系的联系，而不是僵化地依照预先制定出来的总体规划作出反应。由于这些地块属于很多不同的业主所有，因此这样做法成功的概率将会很低，或者根本就不可能成功。

设计指导原则[①]或设计关系可分为强制

---

① 这些指导原则仅供讨论之用，在真正应用于特定地区和司法管辖区之前，还需要地方的参与和修正。

执行和可协商执行（不可选）两大类。强制执行适用于对生态系统的保护以及对居住区有利的设计或布局，例如交通循环系统、建筑物的朝向或开放空间的层次。可协商的指导原则指的是那些虽然必须执行，但在执行的过程中允许存在一定灵活性的因素，它们会随着开发基地的不同以及基地周遭逐渐开发的状况变化而有所调整。这些原则的设立，以及它们对城市工作人员、民选官员和一般民众的影响，都是一项尝试，我们在研究过程中绘制了一系列随着开发的进程逐渐变化的草图或场景范例，这种图像化的表现也是提高公众意识的一种方法。

以下部分摘选自西贝克维尔街区规划项目，但对其中某些术语进行了调整，以图示的方式描述了书面政策 / 指导方针与图像化表现之间重要的联系。

◎ 设计与开发指导方针

场地规划

规划目的

在西贝克维尔研究区境内，存在着大片几乎未经人类干预的自然区域，有广阔的树林、平缓起伏的地形，还有自然的、未被分类的排水系统，其中也包含湿地。未来，这一区域可能会进行密集的建设开发，改变其整体的外观，自然系统的功能也有可能会随之发生改变。为了最大限度地减少对这些自然系统可能产生的不利影响，并保持该地区独特的风貌，任何开发项目的设计都必须考虑到现有地形状况的特点，保留现有的植被，并且在整体上尽量减少对土地的破坏。贝克山（Mount Baker）是研究区域内另一

图 7-17　鸟瞰图局部放大

处令人赏心悦目的自然美景，我们的设计工作也要尽可能考虑到它的存在。

指导方针

在整个研究区域内，都应该尽量减少土地整平或任何形式的大规模地形改造工程，除非整平工作与走廊条件的改善直接相关，否则在开放空间走廊中心线 50 英尺之内禁止进行相关作业。

最大限度地利用现有的地形条件，发掘潜力，获得优质的日照、景观和美学趣味。

在研究区域针对湿地状况进行一次完整的调查，以确定各个湿地具体的位置和边界。

根据美国陆军工程兵团（U.S. Army Corps of Engineers）和贝灵汉姆市制定的相关法规，进行保护和减少湿地流失的相关工作。一般来说，我们既可以将湿地视为美化景观的自然工程，又可以将其视为有利于开发的优势条件。对于湿地，我们只能扩大改善，而不能破坏或做其他重大改造。

无论什么时候，我们在新开发案的设计中都应该尽可能保留现有的植被，为了营造出更优质的生存环境，新项目最好以小区域或群组式开发为佳。

多家庭集合住宅的设计指导方针

规划目的

设定设计指导方针和关系的目的，在于通过开发多家庭集合住宅的建筑形式来塑造居住区特色。设计指导方针提供了建筑类型和建筑设计的多样性。我们可以围绕着集体所有的开放空间布局多种类型的住宅建筑，形成一个个小型的村庄，这是设计指导方针当中一项重要的策略。这样的做法可以避免居住区中主要的建筑类型只有一种而形成单调的景观，而且还可以为居民提供有效的开放空间。该项指导方针包含以下几方面的内容：

住宅类型：

- 3 层中央走廊建筑；
- 2 层单侧走廊建筑；
- 2 层联排和 / 或联体别墅，每户都有独立的私人开放空间或庭园；
- 共享公共门廊的住宅单元（视情况

而定)。

开放空间：

- 公共空间或四合院式布局；
- 联排和 / 或联体别墅的前后院；
- 连接不同阶段开发区域，或沿着邻近开发区域设置的人行步道或小径；
- 保留后院和侧院退缩区域的所有树木，以及前院退缩区域 50% 的树木，或建造用地内 50% 的树木，以数量较大者为准。

停车场：

- 在整个开发区域内分散设置多个停车场，而不是集中设定一个大型停车场；
- 在可行的情况下，优先考虑地下停车或建筑地下室停车；
- 将车棚或车库的数量限制在地面停车总需求量的 30% 以内，或是每一套住宅单元仅配置一个车棚或车库，无论该套住宅包含几间卧室，工作室用途的建筑不配置车库——这类建筑尽可能与邻近的商业设施共享停车位。

建筑设计：

- 设置带有天窗、老虎窗或其他特色的斜屋顶，打破屋顶线的单调性；
- 通过重复又稍有变化的手法，用富有规律性或韵律感的间隔打破连续立面的枯燥与乏味；
- 利用较高楼层在转角处或侧院的退缩获得自然采光。
- 利用檐篷、门廊、入口雨棚或其他遮蔽不良气候的构造形式，突出建筑物的入口。

指导方针与相互关系

在太平洋西北部的很多居住区，成长压力主要集中在城郊边缘地带，这些地区从前都属于农村，住宅开发密度较低，而现在随着高速公路和大型购物中心的兴建，形成了以高速公路为导向的带状商业区。我们需要针对这些地区的发展制定规则，才能使开发实践、公共利益和居住区利益需求、私人市场的愿景、自然特征和自然系统的保护相互和谐。本书以三维模型的形式介绍了一系列的发展规则或原则，供参与区域内开发活动的公众和私营机构审阅、讨论和思考。

发展规则或原则

所谓发展规则或原则，指的是在特定领域内实施的、与成长有关的活动方向和条件。这些规则可以划分为两类：强制性的指导方针（必需的）和开发指导方针（也是必需的，但可以协商执行）。

强制性要求

强制性要求是为了落实某种特定的建筑形式而必须遵守的开发运作。其中提出了一些基本原则，我们认为这些原则都是实现城市特定区域内公共发展意愿、目标和政策所必须遵守的。

开发指导方针

指导方针就是一些标准或原则，城市利用它们作为强制性要求的补充，可以给予奖金或制定激励措施，或提供特定场所的总体需求评估。指导方针也是必需的，但在具体执行上可以允许一定的灵活性，为公众和私营机构提供讨论和协商的基础，以回应居住区目标、基地和环境条件，以及市场因素的现状。假如一项开发提案可以带来同等效果的，甚至是更好的发展，符合指导方针的意图，那么这些指导方针都是灵活的，可以针对具体的条件进行诠释。

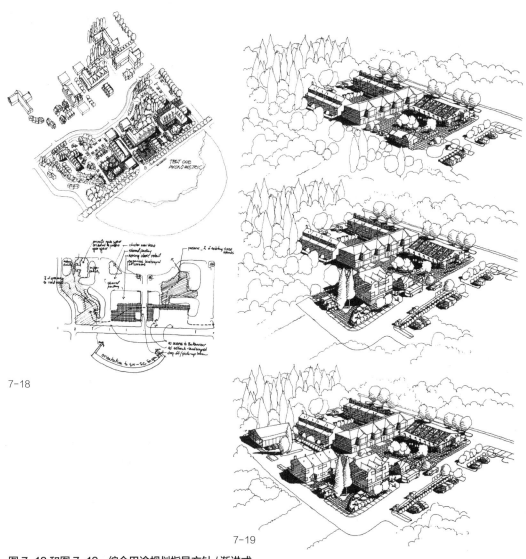

7-18

7-19

**图 7-18 和图 7-19　综合用途规划指导方针 / 渐进式
开发：共分为三个阶段。**对城镇中心的建议书包含强
制性要求和诠释性指导方针，考虑到该地区的土地所
有权分散属于多位业主，因此假设开发作业会分阶段、
分块进行。为了让广大市民、城市管理部门和居住区
居民了解如何更好地将每个开发地块同其他地块联系
起来，从而改善"整体"的结果，设计团队为每一个
假定的开发阶段或地块都创建了三维场景模型。在第
二阶段，增加了一栋混合了居住和商业零售两种使用
功能的建筑物，以及它所必备的一块面向西南方的开
放空间，除了地下室停车以外，还设置了一些分散的
停车场，并在建筑物后部设置了一部分行人广场，作
为与上一阶段开发之间的联系。第三阶段又增加了一
个综合使用功能的项目，包括独立的联排式住宅和一
个单层商业零售建筑，二者共享停车场。联排式住宅
的位置要求能够与行人广场相连

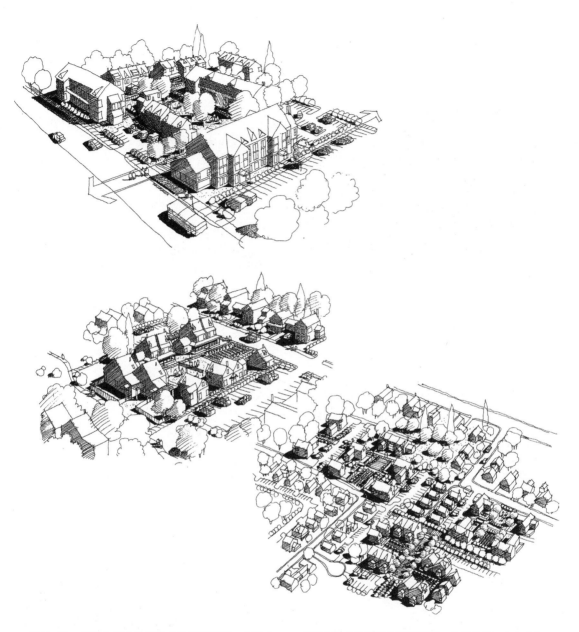

图 7-20　多家庭集合住宅综合体建筑类型。市议会要求找到能够影响住宅建筑外观和街区尺度多样性的方法。设计并不能完全控制或决定住宅的形式，但却可以通过单元配置和建筑类型的多样性，为居住区外观带来影响，为各个年龄层的单身人士和家庭提供多种住房选择。在表现设计指导方针的三维场景中，设计团队为公众和居住区居民示范了三种不同的建筑类型：中央走廊三层多家庭集合住宅，并设有专门针对身障租户的区域；单侧走廊无电梯多家庭集合住宅；2 层（入口设在一层）联排式住宅，它们都围绕着便于使用的公共开放空间布局，住宅组团的周围还分散布置了一些停车场。

多家庭集合住宅综合组团类型：公共住宅。空中成角透视草图将开发引导向这样一种配置形式，其中包括独户独立住宅、独户联栋住宅、双拼住宅，以及附设单层"孝亲房"的独户联栋住宅，以满足各种不同的尺度和市场需求。开放空间当中"公共"的概念，是指鼓励设置有层次的中央或集群式开放空间。居住区开放空间的规模从一两个排球场大小（包含球场界外区），到用护栏围合起来的小型私人开放空间，以及设有遮蔽物的私人或共享式的开放门廊或阳台

经过改变的配置形式

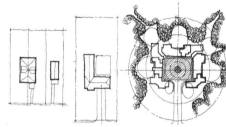

历史城区住宅：　　战后郊区住宅：　　实验性的配置形式：
8—16 单元 / 英亩　4 单元 / 英亩　　12 单元 / 英亩

图 7-21　多家庭集合住宅综合组团类型：组团中的组团。
如图所示，每一个组团都与其他类似的组团相互联系，形成
了一种以街道为导向、同时又包含开放空间的布局形式。这
种设计代替了传统居住区设计中最常见的小地块、后巷、独
户独栋住宅的开发模式，它（传统模式）需要占用更多的地
表进行铺面处理。草图展示了在每一个组团内部都包含不同
的建筑类型。空中成角透视是一种非常好的表现形式，它可
以展示出各种组团配置的可能性，以及这样的布局形式是否
同独户独栋开发相互和谐。在图纸的概念中，最强调表现的
是建筑类型的多样性，以及组团之间或地块之间的相互联系

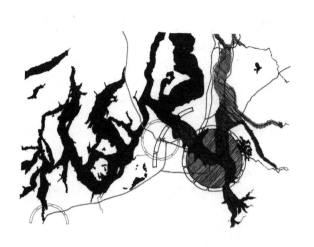

图 7-22　**皮阿拉普市位于伊什河流域。**普吉特湾中部地区以及皮阿拉普河流域构成了城市所在的情境背景。草图中利用阴影线和距离半径表现参照与方位信息

图 7-24　**皮阿拉普市区实体 – 空间草图。**这幅草图展示了该地区城镇聚落形态的范围

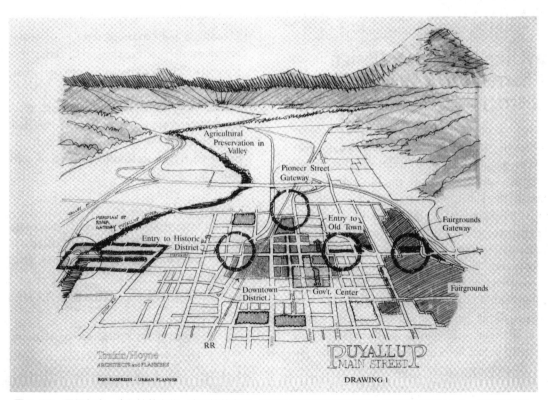

图 7-23　**雷尼尔山、皮阿拉普山谷、皮阿拉普市区。**在针对主要街道设计议题召开的专家研讨会上，现场快速绘制了一幅空中成角透视草图，展示了山谷与其源头和山脉之间的关系，并通过简单的街道网格表现出皮阿拉普地区的聚落模式。图中的色彩是用彩色马克笔在描图纸的背面绘制的

对发展指导方针的描绘：实际案例

为了给外行的民众展示实例，向他们说明指导方针所代表的含义，西贝克维尔项目利用模型这种三维的形式，也可以说是"场景"，以各种各样的方式向民众解释指导方针的含义。这些制作出来的场景并不是最终的建筑解决方案：它们只是表现出开放空间的利用、布局与处理方式，人行道的连接与便利设施，以及各式各样建筑类型的模型。这些场景描绘出了开发的目的，也揭示出对私营业者的挑战，以激发出更多、更好的设计。

◎ 旧 / 新郊区城市

区域联系及影响

皮阿拉普市位于伊什河流域生态区和普吉特海湾盆地的南部边界附近。它所在的位置是皮阿拉普河所形成的冲积平原，皮阿拉普河是从东南方向 28 英里处、海拔 14400 英尺高的雷尼尔山上倾泻而下的主要河流之一。皮阿拉普市位于河流的南侧，河水向东北方向流经塔科马工业区的防洪堤系统，之后注入科芒斯曼特湾（Commencement Bay）和普吉特湾。

皮阿拉普市是一个拥有 2.4 万人口的居住区，坐落于雷尼尔山西北方向一个历史悠久的农业山谷中，由于从北部西雅图到东部塔科马之间 5 号州际公路的贯通，这座城市目前正经历着巨大的成长压力。皮阿拉普市的地形特点是平坦的冲积平原，拥有历史悠久的城市中心和邻近的城市开发、皮阿拉普露天集市、目前仍在耕种的农田，以及虽然正在逐渐缩小但依然存在的鲑鱼栖息溪流。城市的另一个特点来自邻近南山溪谷的

边缘，那里在山坡上和地势较高的地区兴建了新的住宅小区和购物中心，是一个非常重要的新开发区，形成了一个郊区式的商业中心，与古老的市中心形成了相互竞争的关系。

在华盛顿州西部，皮阿拉普每年都会在市中心南部的露天集市举行展览会，吸引参观者超过 100 万人，而皮阿拉普市也因此闻名。在历史上，该地区的经济和文化发展都根源于当地的啤酒花、浆果、大黄和鳞茎花卉，这些植物生长在富饶肥沃的冲积平原上，吸引了大批欧洲定居者、美国原住民和日本农民来到这里。该地区的儿童人口数也在迅速增长。在山谷的谷底和树木繁茂的山坡上，兴建了新的科技与轻工业园区、占地半英亩的住宅区、郊区停车场，再加上新的地区发展标准，所有这些都对古老的市中心构成了冲击，日益严重的交通堵塞问题也在改变着农村和小城镇地区的生活。

◎ 项目一：具有历史意义的市中心区

皮阿拉普市中心区设计专家研讨会：市中心区

1992 年 1 月，皮阿拉普大道协会（Puyallup Main Street Association）举办了为期一周的设计专家研讨会[①]，针对历史悠久的市中心

---

① 皮阿拉普大道协会专家研讨会的部分资金是由华盛顿州大道项目和皮阿拉普大道项目董事会赞助的。团队成员包括历史保护建筑师莱斯·汤金（Les Tonkin）、城市设计师罗恩·卡斯普里辛、景观设计师芭芭拉·奥克罗克（Barbara Oakrock）、城市艺术家维姬·斯库里（Vicki Scurri）、经济学家理查德·狄更斯（Richard Dickens）、交通规划师戴维·凯莉（David Kylie）、皮阿拉普城市代表林恩·约翰逊（Lynn Johnson）和史蒂夫·博斯坦（Steve Burstein），以及皮阿拉普大道项目成员戴维·西科德（David Secord）。

区探讨设计理念，积极参与这次活动的与会人员包括一般民众、商店老板、皮阿拉普市代表和大道协会的成员。专家研讨会的工作室安排在子午线大街（Meridian Street）的一家店面，从周日晚上开始，设计团队和利益相关人员共进晚餐并介绍项目的基本情况，一直延续到下周五的晚上，设计团队会为所有对城市设计感兴趣与关心的市民介绍主要设计理念和策略。设计团队在工作室的工作是开放式的，民众都可以参观，而且在白天，设计人员还会与民众进行互动；必要的时候，设计团队会到现场考察，参观既有建筑，并与业主和商户进行交流；晚上，设计团队会安排与委员会成员和重要人士会面，集思广益，并对调研的结果进行回顾；从周四开始，设计团队会以图像化的方式将最终的建议和政策呈现在公众面前。研讨会期间，团队成员会居住在当地的汽车旅馆。

专家研讨会会议流程

设计（及规划）专家研讨会包括以下内容：

- 通过从前的研究和规划活动，回顾居住区和市中心区的历史和发展模式；
- 与利益相关人员进行非正式的会面；
- 对城市和市中心区进行参观考察，明确其现状和发展的可能性；
- 设立一间开放的工作室，可供民众参观；
- 与当地居民、商家、市政府官员和相关工作人员会面，讨论议题与想法；
- 明确城市景观条件中积极的与消极的因素，提出书面建议和设计图纸，并概述其实施策略；
- 为城市代表、大道协会和私人利益相关者明确具体实施的项目内容，持续改善建筑环境的品质。

关键性问题的选择

设计团队对利益相关人员和其他参与者提出的很多问题进行审阅与回顾，并从中挑选出 10 个关键问题作为本周研讨的重点。这些问题包括：

- 零售核心地区交通与停车环境的改善；
- 米克尔大厦（Meeker Mansion）和零售核心区的历史建筑保护；
- 通往市中心区的通道或入口；
- 商店门面和市中心区建筑的翻新；
- 对人行道、街道景观和路标的改善；
- 与露天市集之间的文化与交通联系；
- 米克尔大厦、露天市集和（城市）入口处的公共艺术；
- 对既有的建筑和建筑群进行改造，使之满足当代的用途；
- 连接市中心区并保持布局紧凑型的空间组织概念；
- 市中心区的市场营销策略。

不同层次的建议

专家研讨会提出的项目实施优先性与责任可以划分为三个层次：

第一个层次：相对短期的项目，却能产生显著而直接的影响，例如对条例和法规的修订、私营单位建筑物翻新 / 修复工作的贷款援助计划，以及某些城市议题的改进，例如街景树木、人行道的式样等。

第二个层次：中等工期（2—3 年）的行动和项目，这些项目的执行以最初的政策、业主的意见和实施之前所出现的其他变化为依据。例如，在采取行动改善先锋公园（Pioneer Park）和与先锋公园相连的市中心人行设施之前，完成正在进行的市民中心总体规划。

第三个层次：长期的行动和项目，这些项目的执行依赖于不断变化的政治和经济因素，例如，兴建一座新的艺术文化中心，以及一个连接多县市通勤铁路的交通转运中心。

专家研讨会的流程是一种创造性的工作形式，其特点是对基地条件和相关信息进行积极的审查与回顾。无论是对设计专业人员还是与之一起工作的非专业人士来说，它都是一个充满活力的脑力激荡的机会，同时也是以快速草图的形式阐述设计理念和想法的机会，这种形式对双方来说都有好处。下面的实例总结了绘制草图的过程，以及过程中的一些固有概念。

市中心区的元素

皮阿拉普市中心区是一个历史悠久、布局紧凑的商业中心，其中包括专卖店、金融机构、餐馆、个人和商业服务设施，以及一些早期（1930—1940 年）汽车经销大楼的遗迹。中心区周围有很多家新的汽车展销厅，有些可以直接通往历史核心区。皮阿拉普河距离市中心区有大约半英里的距离。

东西走向的伯灵顿北方铁路（The Burlington Northern Railroad）刚好将市中心区一分为二，火车频繁地出入塔科马地区和港口。市中心区的北半部比南半部面积小，变化多，但建筑的品质较高，布局也更加紧凑，有些建筑甚至可以追溯到 19 世纪 90 年代，具有鲜明的特色。南半部主要包含银行、主要的零售核心区、政府综合办公楼，以及露天市集。南北向的子午线大街和米克尔大街的交叉口是该区域最重要的交叉路口，而在市中心区的东侧，还有兴建于 1890 年的米克尔大厦。

由于新增了很多停车场以及新建或翻新的商业建筑，逐渐侵占市中心区的土地，使得市中心区慢慢变成了一个布局相当紧凑的步行中心。这里与南山购物中心（South Hill Mall）形成相互竞争的关系，为新建的居民区提供服务。由于市中心区周围遍布着很多家汽车销售业，所以该地区的发展也会面临个性认同上的危机。当然也有好的一面，这里街道狭窄，在尺度上很适合步行需求，因为通勤火车一定会穿越市中心区，所以交通非常便利。该地区的建筑具有非常鲜明的特色，市政府综合办公大楼的扩建和对露天市集的改善，从长远来看有助于增强市中心区的功能与活动水平。

设计建议

实施的设计建议和策略包含以下几个方面：

- 在城市商业中心设立一个历史街区和一个商业促进协会，作为公共和私营部门实施行动的管理框架；
- 对市中心区的商店门面和建筑进行翻新设计，其范围包括周遭环境的油漆和修缮，以及建筑物的新建或扩建；
- 将米克尔大街旁边一家空置的家具店买下来并拆除，因为这家店遮挡住了看向米克尔大厦的视线；
- 将历史悠久的米克尔大厦并入拟建的百年纪念公园（Centennial Park）；
- 根据团队内艺术家的设计建议，建构第一阶段街景人行道的式样；
- 为满足特定历史街区的商业和办公需求，拆除所有路边停车设施；
- 在市中心区范围内规划出开放空间的网络，连接所有既有建筑和新插建的项目；
- 目前在城市的入口区域以带状的汽车销售展厅为主，建筑物在造型上没有退缩，在接下来的工作中要重点关注城市入口的设计，作为提高历史商业中心的知名度以及公信度以及公信度的手段。

图像化设计

图像化设计是从山谷地区开始的，包括它的聚落模式，以及由群山形成的山谷"围墙"，并将气势磅礴的雷尼尔山纳入画面当中。这张速写草图是用派通签字笔在描图纸上绘制的，底色使用宽头马克笔，在大面积的情境背景中呈现出主体。将这种草图作为一种基本的研究工具，时间和速度是关键性的因素。在绘制的过程中，建筑物、树木以及比较小型的街道路网都被过滤掉了，以便更突出地表现重要的基本信息。

在开始公开展示的一个小时前，设计团队准备好了一份简单的图表概述并将其拍摄成幻灯片，为参观者提供关于项目和设计阶段的视觉辅助资料。在这份图表中，标明了景观处理区、立面改造区、人行道改造区，以及一个新设定的历史街区。

在现有市中心区建筑环境的情境下，为了让参观民众更清楚地了解设计团队规划建议所产生的效果，他们还绘制了一张轴测鸟瞰图，这是第二个阶段的草图，是以一份比例尺为 1 英寸 = 100 英尺的建筑平面图为基础绘制的。在绘图的过程中，设计师选择尽可能过滤掉有可能会造成干扰的背景线条，从而形成了由体块构成的图形，而且体块只保留外边界线，内部的建筑屋顶线都被省略掉了。通过勾勒轮廓线和绘制阴影，突出表现重要的建筑物以及它们周围的空间。图像表现的目的，是在一个较大的建筑环境中，以快速而轻松的方式突出表现重要的开放空间网络。用彩色马克笔在描图纸的背面进行着色，这样就可以减弱马克笔色彩的强度。草图中运用了不同的派通签字笔，从新的尖锐笔

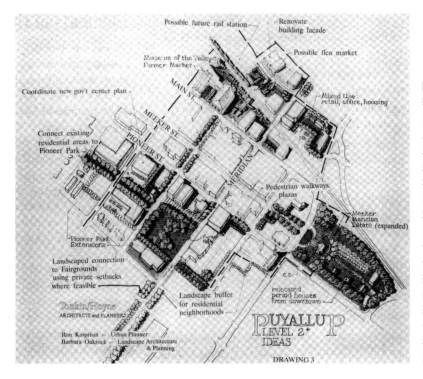

图7-25 概况草图。轴测鸟瞰图展现了老城区的概况，着重突出了几个重点项目以及它们之间的联系。这幅草图是用毡尖笔（派通签字笔）在现场绘制的，并以马克笔着色。周边建筑只勾勒了外轮廓线，以便将关注的焦点集中于目标区域，减少建筑体块内部多余线条的干扰。取自同一张概况图的放大图可以形象地展现出更多的内容。每一个重点项目（或分析目标）都可以形成一张独立的视图

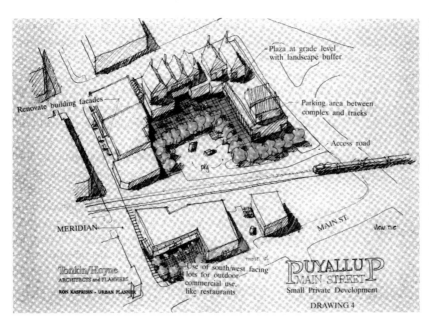

图 7-26　插建项目与米克尔街景草图。 这是一幅用毡尖笔快速绘制的草图，着色于描图纸的背面，很适合应用于公共展示。这些草图的绘制过程包含两个部分：第一，用派通签字笔绘制于薄质描图纸上，供业主检讨之用；第二，用针管笔绘制分析图，并将其收录至公共报告文件当中

头到经过磨损变粗、变干涩的笔头，笔头的磨损程度不同，绘制出来的线条效果也有所不同。

事实证明，在比较紧迫的时间框架下（在一个小时之内或者更短的时间），快速草图是一种很实用的表现技法，它能够迅速地着重勾勒出关键的情境、规模、基地关系和景观形式。小开发区（Small Development）是用签字笔绘制的一幅轴测鸟瞰图。图中包含现有建筑的轮廓线，以及围绕步行广场布置的新插建建筑，地面标注了网格。景观的表现仍然保持简单，主要形体绘制了阴影线，体现出色调上的变化。周边街道以外的建筑物也勾勒出了外轮廓线，可以为参观者提供定位与参照。

将常视角透视与人行道模式的平面图结合在一起，为参观者展示地面形式与行道树的位置和比例，以及重要交叉路口（例如子午线大街和米克尔大街的交口）更加详细的配置形式。

◎ 项目二：设计指导方针

城市形象研究：引言

根据华盛顿州成长管理法案（Growth Management Act）的要求，皮阿拉普市对其整体规划进行了改进。作为改进工作的一部分，城市管理部门希望将城市设计方案的重点放在住宅和商业／工业用地的开发上，为选定的地点准备开发模式的样板，并关注自然环境与建筑环境之间的关系。样板的设计将会以易于理解的图像形式传达给公众，并由指导委员会针对每一个方案说明其设计指导方针。

公众参与了三次研习会和一次全天候开放的展览，并针对设计样板提出了自己的想法和意见反馈。每一场研习会大约有 50 人参加。第一场研习会是针对住宅和商业用途项目的设计和规模问题进行幻灯片演示，并对参与者的偏好进行调查。第二场和第三场

研习会展示并探讨了对现有场址的设计改变，这是一种将公众优选出来的设计策略进一步深入发展的方法。在最后全天的公开展览中，参观民众和专案组可以对研究的过程和成果进行回顾与检视，这是对设计策略进行最终审核的一种途径。

市政工作人员和设计团队一起选择出了10个地块作为研究对象，对设计理念和开发的限制条件进行详细的测试。在这10个地块中，5处涉及住宅开发类型，另外5处代表商业开发类型。在每一项研究中，都包含皮阿拉普地区的现实条件与土地使用状况。我们在这里重点介绍的是住宅基地的研究。

试验场址

住宅研究场址

场址一：在新的住宅开发当中农业用地的保护。
场址二：现有独户住宅区插建。
场址三：以独户住宅为特征的山坡林地。
场址四：毗邻现有独户住宅开发项目的多户住宅开发项目。
场址五：乡村/城市过渡地区的大规模开发，保留乡村特征。

（文中列举了一至三号场址进行说明）

操作方法

市政工作人员和设计团队组织一场以图像展示为主要沟通方式的研讨会，向公众和综合规划指导委员会介绍项目相关资讯，通过幻灯片检视各种类型住宅的密度、皮阿拉普市的商业开发，以及其他普吉特湾居住区的情况，收集公众意见，调查公众对于设计的偏好。以此为依据，设计团队开始对10个选定的场址进行设计评估研究。

根据使用状况和密度参数，以及在设计过程中需要特别考虑的生物物理学条件，针对每个研究场址制定了一个基本的分区。设计团队为每个场址准备了概念性设计，图纸

比例尺为1英寸=200英尺。市政工作人员对这些设计方案进行审阅，并将它们在公开研讨会上展示出来，供参与民众评论与修正。根据民众提出的意见，设计团队对方案进行修正之后再次于公开研讨会上展示出来，直到大家对设计指导方针和政策达成一致的意见。用于向公众展示设计指导方针和建议的图纸，包括改造之前与改造之后的空中成角透视图和基地平面图。三维草图可以展示出住宅建筑群的近景及建筑类型，供民众参考。

方法

在很多针对较小规模居住区开发的城市设计研究中，设计团队需要在较短的时间和相对有限的预算控制内，完成深入的研究与分析工作。而且，想要积极促进公众参与，就需要准备图像化的材料，才能让工作有效进行。除了一般公众以外，设计人员也会受益于视觉思维方法，利用这种方法，他们可以构思出很多种备选方案，并且迅速地对其测试和说明。在这一章节中介绍与描述了很多种方法，这些方法可以帮助我们在认知的过程中将平面图、示意图和透视图作为有效的工具。由于预算限制，只依靠二维图纸进行基地研究并作为最后的图纸说明也许同样有效，但却并非是高效的。很多方面的实例都验证了，在方案开发和测试的过程中，三维透视图相较于二维平面图具有更大的潜能。

平面规划模板。在关于农业保护的场址研究中，设计团队利用规划模板快速获得适宜的整体规划与设计概念。所谓模板，是代表设计与开发构件的对象或形状的范本。设计师可以利用它们创作出概念性的平面规划，包括建筑类型和针对这些建筑的配套服务设施（即停车场和开放空间等）。适合于

农用地块最小面积 10 英亩

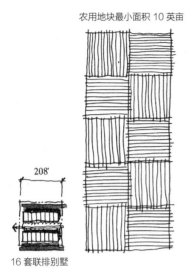

208'

16 套联排别墅

8 套联排别墅 /6 套独户
联排式住宅

208'

10 套独户联排式住宅

图 7-27　农业场址规划模板。在开始进行概念性总平面规划之前，设计团队已经准备了以 1 英亩为基本单元的住宅集群开发二维模板，以及 10 英亩的农业用地。这些模板放置于描图纸的下方，可以帮助设计人员快速绘制出特定的密度和住宅单元配置方案

图 7-28　概念性建筑轮廓草图。利用这些模板，设计人员可以在很短的时间内规划出不同的备选概念方案，供公众审查与探讨。在公共研讨会上，可以用彩色铅笔为草图着色，增强视觉效果。完成六幅这样具有一定详细程度的草图，就可以开始与公众讨论规划方案所带来的影响了

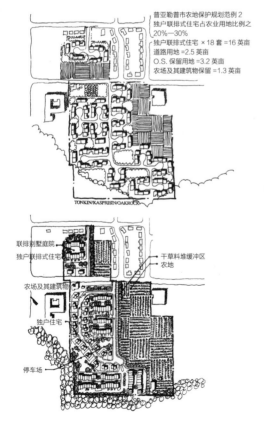

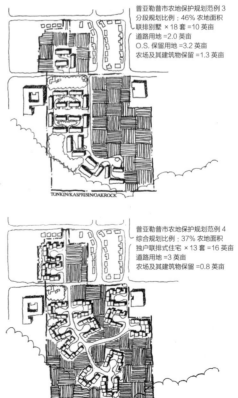

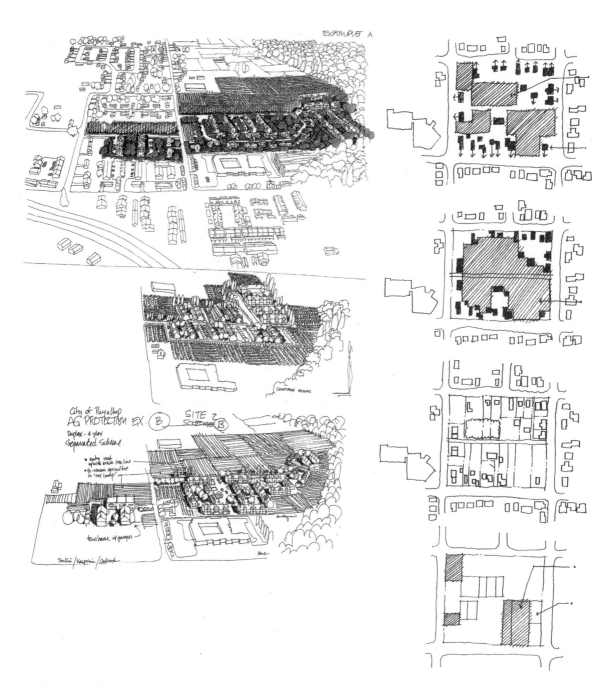

图 7-29　从头到尾的操作过程：草图。根据一张航拍的幻灯片，粗略剪辑出建筑轮廓透视图；绘制体块草图、更清晰的建筑特征草图；接下来是一幅"彩排"草图，所有主要构件都被整合在草图当中。对各个备选方案的分析是利用三维草图进行的。最终的表现图是利用针管笔和墨水绘制的。背景部分的造型限定了规模和现有的开发模式。阴影的作用在于凸显建筑体量；周围农地部分以杂乱的笔触进行勾画，可以增强质感与色调的丰富性

图 7-30　区块条件草图。这一系列二维草图总括了市区内被提议作为新住宅单元插建用地区块的物理条件。供公众审阅的草图绘制运用了实体－空间、填充和勾勒轮廓线等技法

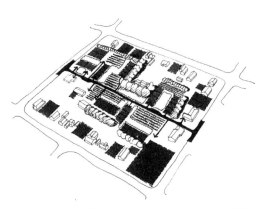

图 7-31 区块草图研究。相较于二维平面图，利用三维草图进行规划设计有一个优势，那就是布局各种建筑轮廓比较容易。透视区块平面按照比例划分为透视网格，然后就可以将其作为基础，再去研究新的形式。草图中清晰地表现出了建筑物与开放空间及停车场入口之间的相对关系；之后以此为基础，将垂直向度提升起来，就形成了透视图

概念研究的图纸比例尺为：1 英寸 =200 英尺。在一个面积为 1 英亩的正方形地块上，以设定的比例尺绘制出多种建筑类型的外轮廓线，包括停车场和开放空间等元素，为设计师提供几种适合于 1 英亩地块的建筑类型组合模块（联排别墅、独户独栋及独户并列式住宅）。几种概念性的布局方案开发出来了，每一种都有不同的道路布局模式和农业用地配置——我们所谓的农业用地，指的是保持可耕种状态的农地，在其四周或旁边进行住宅开发，每英亩地块容纳四个住宅单元。有了这些出发点为基础，设计师就可以将模板作为衬底，在基地平面图上以各种方式对代表 1 英亩土地的正方形进行排布，以适应道路系统和农地的布局，通过建筑类型的选择来确定住宅单元的数量；之后，更详细地描摹出每个正方形模板中的建筑轮廓线，并将建筑物添加到基地平面图当中。通过这样的操作，设计师可以在很短的时间内完成六个不同的基地规划备选方案，并且提出了足够的信息，供公众评论、批评与完善。

在独户住宅插建区块的研究基地，设计团队将一幅透视图作为基础，对各种不同的配置方案进行分析选择。这幅透视草图是根据从皮阿拉普市研究区块上空拍摄的鸟瞰幻灯片绘制的。通过区块透视网格的布局情况可以估算出街区的尺度，设计师为插建的住宅方案提供了多种选择，豌豆田（普通的小花园）、服务小巷和各种类型建筑的成群布局，构成了很多美观宜人的方案，供当地居民在公共研讨会上选择。利用彩色铅笔可以迅速为草图着色，这就是针对这块研究基地的基本表现形式。

在林木繁茂的场址研究中，设计团队再一次利用规划模板确定总体的开发模式，尽可能减少对场址内林木的破坏，满足城市制定的针对山坡地区规划的政策目标，即尽量保存现有树木，减少破坏。以这个基本方向和政策为基础，设计团队还需要对这一问题进行更进一步的分析。该项研究工作的一个成功之处在于，公众和开发居住区都越来越清晰地认识到，不同类型的建筑具有不同的轮廓线，它们对于基地条件也会产生不同的影响，例如，很多栋独户独立式住宅的配置对比独户联排式住宅的配置。

这些调研工作都是在整体规划细部设计之前进行的，设计团队研究了规划政策对空间造成的影响，并借助于建筑类型模板和手绘草图研究，从基地开发的测试中逐渐确定规划政策。

◎ 肯特市成长管理的图像化表现

背景与概述

为了符合华盛顿州成长管理的要求，肯

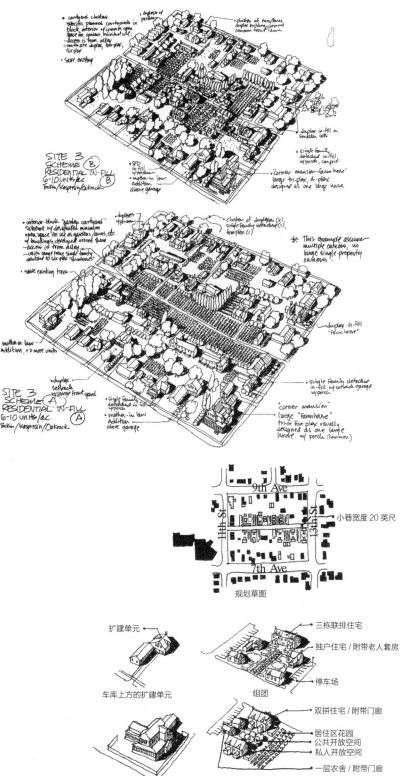

小巷宽度 20 英尺

规划草图

扩建单元

车库上方的扩建单元

转角 4 层 "农舍"，附带门廊

三栋联排住宅

独户住宅 / 附带老人套房

停车场

组团

双拼住宅 / 附带门廊

居住区花园

公共开放空间

私人开放空间

一层农舍 / 附带门廊

组团

图7-33 插建项目放大草图

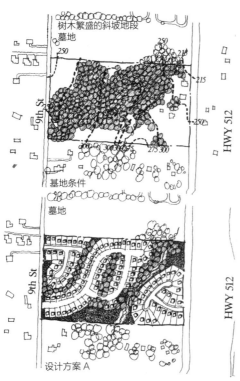

图 7-34 和图 7-35 　林木坡地概念设计草图。设计人员准备了比例尺为 1 英寸 =200 英尺的小示意图，用以测试不用的建筑类型和通道设置效果，并针对不同的建筑方案确定树木保留模式。在公共研讨会和指导委员会的会议上，这样的示意图加上彩色铅笔着色，也能表现出很好的效果。面对不同的备选方案，参与者会给出回应，为设计团队提供更多的信息，从而做出最终的决策

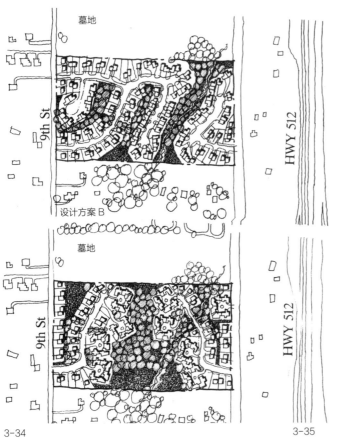

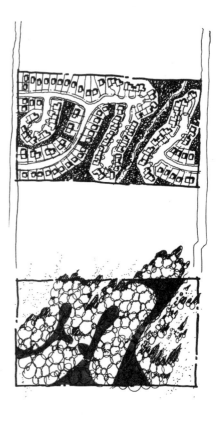

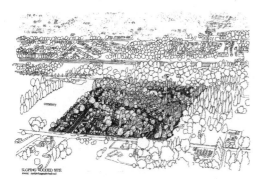

图7-36 最终定案的林木坡地规划指导方针。 经过研讨会的讨论,最终定案的设计图是用针管笔绘制的,并将其插入原始的空中成角透视图中。地平面部分的色调比较重,以便与建筑形体形成鲜明的对比

图7-37 "幻影"。 雷尼尔山位于肯特谷居住区的东南部,幅员辽阔,但由于常常被太平洋西北部的薄雾覆盖,再加上人们忙碌于城市生活,所以很多时候都被忽视掉了。这片土地作为肯特市的背景充满着戏剧性的丰富内涵——这里是水域的源头,为山谷提供生命之水,同时也是鲑鱼的栖息地,还有一些仍在耕种的农地。水源的品质同山谷与居住区的品质是息息相关的。群山环绕的风光既为人们展示出西北部的壮丽与庄严,也提醒人们要注意这种地形的脆弱与重要的功能,其中包含了城市重要的文脉背景

特市正在进行由政府工作人员主导的整体规划更新[①],他们需要寻求一种公共信息图像化的工具,以便将考虑采纳的方案和密度形象地表现出来。设计团队选择了两个区域进行尝试:市中心区和一个叫作"东山"的地区,那里有很多没有得到充分利用的大型购物中心和高速公路商城。

图像化表现为各个备选方案的评估提供了双重的工具。一方面,它们可以为工作人员提供一种测试的程序,工作人员与城市设计顾问合作,利用图像将公共策略形象化的表现出来,

并检视与修正城市设计师根据工作人员的描述所做出的图面解释。另一方面,它们也可以为民众提供一种直观形象化的展示,告诉民众"这只是一项测试",从而激发出大家关于政策的想法和评论,并让民众了解他们如何参与城市成长管理的过程,逐渐了解相关政策反映在建筑形式上会意味着什么。

肯特市中心区系列图纸既包括该区的概念设计概述,它是通过规划方案、访谈、工作人员研讨会逐步发展而成的,还包括展现分区和设计准则、建筑类型、开发强度,以及外形与样式比例的草图,它是在城市成长管理指导方针的框架下对未来发展合理性的假设。这类紧张且延续时间短的项目价值在于,在绘制图纸的过程中以及结束之后,

---

① 规划部门人员弗雷德·赛特斯特罗姆(Fred Satterstrom)和琳达·菲利普斯(Linda Phillips)等人都密切参与了这个项目的进行,绘制形体与样式的草图,并对密度和形式进行评论。

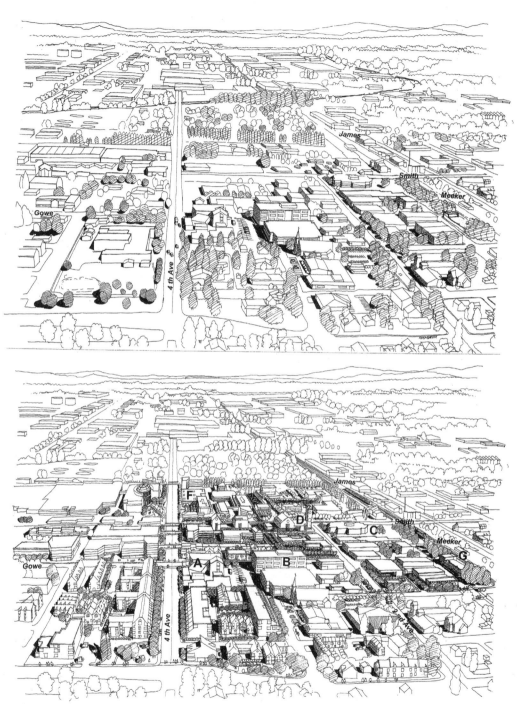

肯特市区
1994 年市中心区
首选规划方案草
图，从 4 号公路
向北观看的场景

图例 / 参考
A. 市政大厅
B. 百年纪念建筑
C. 图书馆
D. 表演艺术中心
E. 司法中心
F. 波顿场址
G. BN RR

请注意：该草图的绘制目
的仅限概念性说明，展示
综合用途开发的大致体
块、规模和开发强度。

资料来源：卡斯普里辛 – 佩蒂纳里设计工作室

**图7-38　现有的市中心区空中成角透视图
以及成长管理方案透视图：综合用途。**在
市府工作人员的协助下，通过一幅航拍幻
灯片绘制出了城市情境背景现况

肯特市区

1994 年市中心规划方案草图，从第四号公路向北观测到的场景

图例 / 参考
A. 市政大厅
B. 百年纪念建筑
C. 图书馆
D. 表演艺术中心
E. 司法中心
F. 波顿场址
G. BN RR

请注意：该草图的绘制目的仅限概念性说明，展示综合用途开发的大致体块、规模和开发强度。

资料来源：卡斯普里辛 – 佩蒂纳里设计工作室

图 7-39　成长管理规划方案透视图：市中心区及市中心区拼接图。 把综合用途的方案草图作为基础图，通过高密度的建筑形式表示密度的变化，将其绘制于透明描图纸，并覆盖于基础图之上。将这些建筑造型复制、剪切、拼贴到第一张基础图（综合用途）上再进行复印，就能很快生成第二张市中心区的景观透视图。利用这样的方法，在短时间内就可以制作出很多不同方案的草图，供公众检视与评论

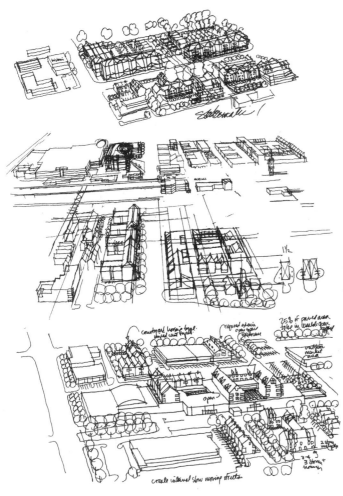

图 7-40 肯特市中心区研究草图。这些草图是初步设计图中的一部分，是从另一个视角观看市中心区的景观效果，它并非最终的成图，而是将透视图作为基础进行三维设计的过程图。将区块网格作为参考点，并将透视网格与一张标注尺寸、可以测量的基础地图进行对照，就可以精确地估算出透视图上的距离和尺度

还可以继续对其进行评论。在工作会议上，用于展示与评估的图纸是空中成角透视草图，工作人员可以很清晰地阐述土地用途以及开发强度等问题。描绘市中心区的草图共有两张，一张是局部的特写，另一张是从比较远的地方观看的效果。从本质上来说，绘图的过程就是一种针对规划理念和城市设计指导方针的检验机制。

在东山项目系列草图中，研究的重点放在私营部分的设计思路上，以求改变现在没有得到充分利用的购物中心，该地区的停车场和零售商店布局都非常分散，没有明确的步行者动线，也没有一个紧凑的活动中心。

市府工作人员准确绘制出图纸上的信息：插建开发项目的特点在于多重使用功能的混合，首层为零售商店，上面为住宅，其间还散置着一些行人的开放空间。图纸上，首层零售商店是非常重要的，即使是在大尺度的空中成角透视图中，参观民众也要能够清晰地看到这部分的景象。

这些图纸都是针对特定场址开发的意向图，而不是规划详图。在向公众展示关于空间布局相关政策的时候，城市工作人员采取了一种略带风险的方式，他们认识到人们对于同样的画面可以衍生出很多种不同的解释。公众的反应非常热烈，这是因为他们拥有可

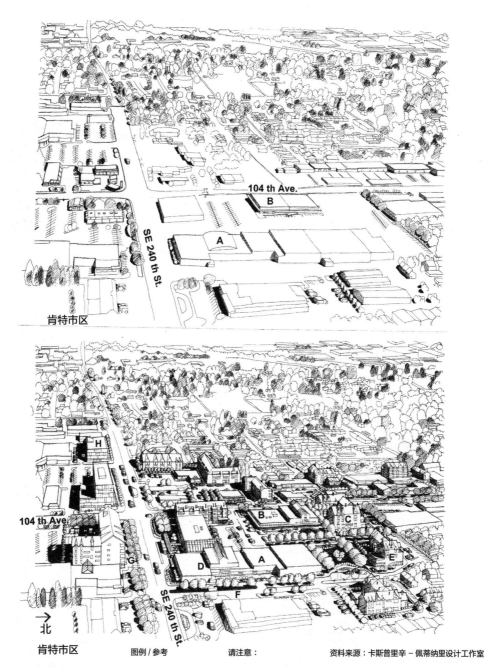

肯特市区

图例/参考　　　　　请注意：　　　　　资料来源：卡斯普里辛－佩蒂纳里设计工作室

图7-41 东山区现实情境透视图。该草图由一名研究生绘制，展示了规划前或现实条件下的透视效果。沿着华盛顿州肯特市主干道，有很多以高速公路为导向的过度开发的零售卖场，这份草图的绘制目的就是为了研究将来插建高密度住宅。

东山区综合用途规划方案。在三维场景中对插建零售商业中心的开发，是以若干关键性的条件为基础的：零售用途小幅增加，特别是在新建住宅项目的首层部分；对现有的零售设施进行改造，使它们更多地以行人，而非以车辆为导向；新插建项目环绕着小型开放空间或停车场布局，将一些小块的停车场并入，使停车位标准由原来每1000平方英尺总出租楼面积6个车位降低至3个车位（现在，西雅图－塔科马港地区的车位标准又有了新的变化），以及在私营开发区内修建慢速服务道路。该草图是用尖头针管笔在描图纸上绘制的；主要建筑的外轮廓线用派通签字笔轻轻勾勒出来，以增加足够的对比度

以参考、定位和解读的对象——这些都是可
以作出回应的素材,这些素材可以帮助他们
将文字的发展目标和政策转化为空间的实例,
而这些实例都处于他们可以辨识的环境中,
因此可以清楚地感受到它们的影响与含义。

在用于公众研讨会的时候,这些透视图
适合装裱在泡沫夹心衬板上,可以起到很好
的刺激、鼓动和展示效果。

◎ 项目三：小城镇设计标准

瓦雄镇规划分区与设计标准

背景与概述

瓦雄镇是一个拥有10000名居民的岛屿
居住区,位于西雅图以南、塔科马港市以北
的普吉特湾。瓦雄镇横跨金县和吉赛普县,
属于金县城区境内的一块乡村飞地。岛上有
很多较小的、未被纳入城市管辖的村镇,瓦

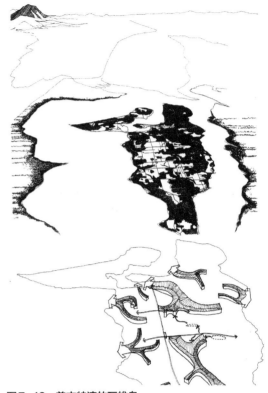

图7-42　普吉特湾的瓦雄岛

图7-43　小比例尺的瓦雄镇居住区

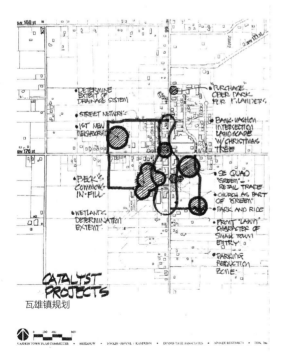

瓦雄镇规划

瓦雄镇形式

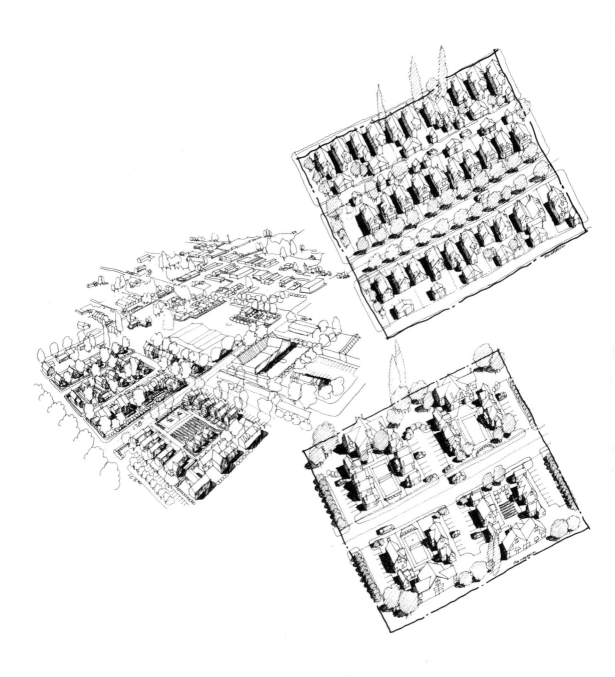

图 7-44 描绘同一地点的两幅轴测图，展示了两种可以接受的居住区住宅配置方案。 在一个小区块内，32 套独户住宅被安置于 4 英亩的土地上，运用了新传统式的布局原则（小巷、小地块、行人活动区域设置于临街面）。一般来说，在同样 4 英亩的地块上配置了一系列不同的建筑类型：多单元住宅、多元综合建筑、独户独栋住宅和独户联合住宅，还有村舍；一块公共的开放空间，面积相当于一个排球场加界外区域；隶属于每栋住宅单元的私家开放空间，与住宅单元相连；单向步行街或通往该步行街的主要人行道；垂直于街道方向的共享停车位；在每两个住宅小区之间保留空地

图7-45 瓦雄镇农庄。 在建筑林立的城镇周围是农业用地，同时这也是该区域的特色。随着区域划分的改变，再加上居民们希望能够保留农庄的规模和功能，瓦雄镇农庄的开发包含以下特征：保留现有的农舍（或主要的传统住宅结构）；修建一条公共通道，供该区域的所有住宅单元使用；保留前院的退缩，与相邻的和附近的退缩距离保持一致；提供共享停车位；在允许的分区密度范围内提供多种小尺度住宅类型，包含对保留下来的既有独户住宅进行多重改造；在主要农舍的后部设置独户独立住宅或联合住宅；布局相似的村舍；保留一块可以耕种的农地

图 7-46　瓦雄镇多元化的住宅。通过轴测图展示了在一栋独户住宅的基础上增建住宅单元的各种方法。
瓦雄镇的村舍。这些村舍选项，最小面积为 160 平方英尺，为居住区开发提供了一些户型资源，这样就可以在居
住区内兴建一些经济适用房和随家庭人口增加的增建房屋，而并非那种针对低收入者千篇一律的"贫民窟"

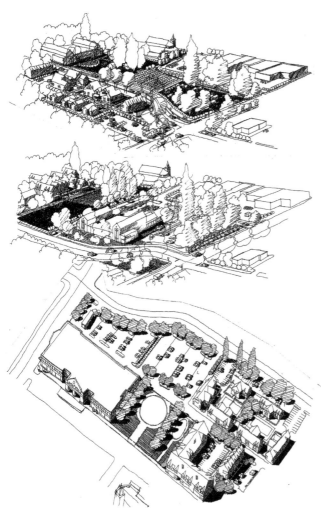

图7-47 大面积商业开发。这幅设计草图解决了众多小城镇所面临的共同挑战——开发私人业主所有的附带现场停车场的大型商业综合体，有可能会对小城镇或城市原本紧凑的布局和步行环境品质造成危害。轴测图所描绘的规划方案具有以下特点：（1）对大型建筑物的立面进行调整，以降低规模所造成的冲击；（2）在商店橱窗的上方加设夹层窗；（3）采用嵌入式的建筑入口，或在入口处设置露天的缓冲空间；（4）无空白墙面（已确定）；（5）朝向主要步行街方向；（6）朝向通往主要步行街的人行道；（7）提供便于使用的开放空间，其面积相当于铺面停车场和服务性街道面积的40%，景观和步行区不计算在内（"A"和"B"）；（8）结合邻近区域对开放空间的需求，创建更大规模的"公共用途"空间；（9）所有开放空间都面向具有历史意义或地方特色的重要建筑，例如公共或半公共性质的建筑；（10）在停车场设置标高与路缘相平齐的人行道。此外，这幅草图也形象化地表现出了大规模开发项目与邻近街区不同用途开发项目之间的关系：（11）住宅建筑首层设置商业零售业；（12）上面的楼层用作住宅或办公空间；（13）建筑朝向主要的开放空间；（14）停车场设置于建筑的侧面或后方；（15）沿场址周边设置综合设施；（16）供集合住宅居住者使用的公共内部开放空间；（17）多元化住宅；（18）沿周边布置停车场。

雄镇就是其中的一个，一座位于十字路口的商务中心为岛上的居民提供服务。水资源短缺、面临来自西雅图和塔科马港市的发展压力，以及与大城市不同的生活方式，所有这些复杂的因素汇聚在一起，使得城镇规划、分区和设计标准的设立都变得非常有趣而富有挑战性。居住区对于未来的发展憧憬可以综述如下：瓦雄镇是一个现代的小镇，它非常满足于自己目前杂乱无章的形式与风格，唯恐因为"设计"的成功而吸引更多的观光人潮。它决定要成为一个真正富有机能性的城镇，限制自身的发展，为当地居民以及喜爱这种生活方式的人们提供真正的服务。

城镇集会、研讨会、公开展览以及详细的工作会议，都是设计过程中的一部分。当地民众广泛参与设计过程，并以居住区为基础对规划方向和理念进行了研讨。顾问设计团队[1]作为项目参与者，会同规划委员会一起探索创造一种新的小城镇设计方法，以免出现市郊化和城镇特权化的状况。在设计过程中，一个很重要的问题就是金县对区域划分和土地使用的管辖权和规定。金县是一个较大的政府实体，位

① 帕姆·布雷多（Pam Bredouw）（规划师）、莱斯·汤金（建筑师）、丹尼斯·泰特（资源背景）、本·弗雷希克斯（Ben Frerhicks）（经济学家）和罗恩·卡斯普里辛（居住区设计师）共同组建了一支跨学科的工作团队。

于西雅图东部，并包含西雅图在内，其管辖范围内的地理条件与岛屿居住区是不同的。设计标准和隶属于新分区法规的特别区域规划也要满足整个郡的发展目标，即可以应用于整个县其他的乡村城镇中心，这项要求对于所有相关人员来说都是一个巨大的挑战。

以下一系列草图汇总了公众参与和城市设计漫长而复杂的过程。最终的方案已经被瓦雄岛屿居住区委员会采纳。

◎ 项目四：滨水区开发的可行性，布雷默顿滨水区

设计与经济发展的探索

华盛顿州布雷默顿市中心区位于普吉特湾的辛克莱入海口（Sinclair Inlet），从西雅图出发向西航行需要一个小时的航程。曾经的布雷默顿海军造船厂就驻扎在这里，同时也是居住在吉赛普半岛的居民来往于西雅图通勤的主要分流港。这里是普吉特湾地区主要城市当中最后一块未开发的市中心滨水区，近年来由于与军事相关的产业以及市中心的企业纷纷外移，迁往市区以外比较偏远的地方，导致这片土地的发展前景并不乐观。该市希望针对这块隶属于市政府所有的土地起草一份提案建议书（Request For Proposal，RFP），以吸引私营企业前来开发建设。作为提案建议书的一部分，市政府要求工作团队开展城市经济发展与设计的可行性研究，确定这块土地最适宜的用途、开发范围和特色，以及首选的设计准则，这些都会对这块土地的规划产生影响，同时也能改善它与老城区之间的联系。

城市设计/经济与政治发展可行性在建筑领域的测试，这些工作对于更大范围的研究都是至关重要的。研究小组对最初的规划方案、基地剖面和经济状况进行了分析，以求建立一个与专案小组开始讨论的起始点。他们针对这个地块创建了一个模型，针对八个不同的体量进行分析，每一个专案都附带着相应的经济可行性研究。当一些大致的设

图7-48—图7-52 布雷默顿滨水区复兴系列草图。这一系列针对隶属于城市所有的市中心滨水区的随意涂鸦草图与轴测图，是对城市设计与经济分析过程的记录。为了能够找到一种现实可行的方案吸引开发商，设计团队使用了各种形象化的草图，对与地块规划设计相关的经济、政治发展和功能需求进行测试。

7-48

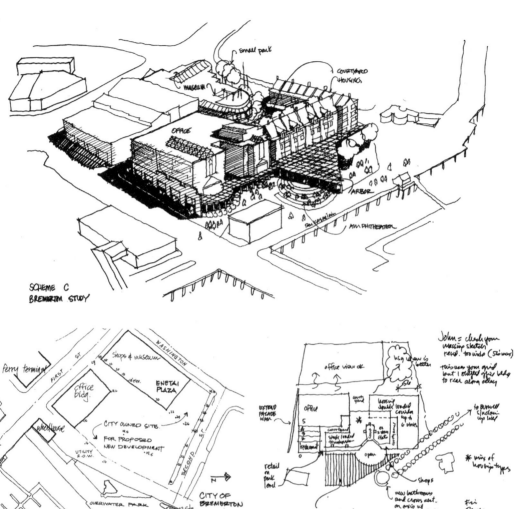

SCHEME C
BREMERTON STUDY

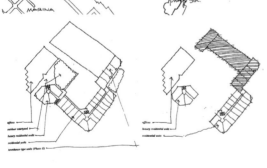

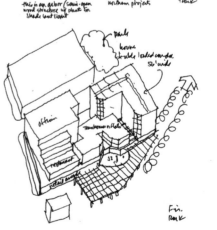

7-49

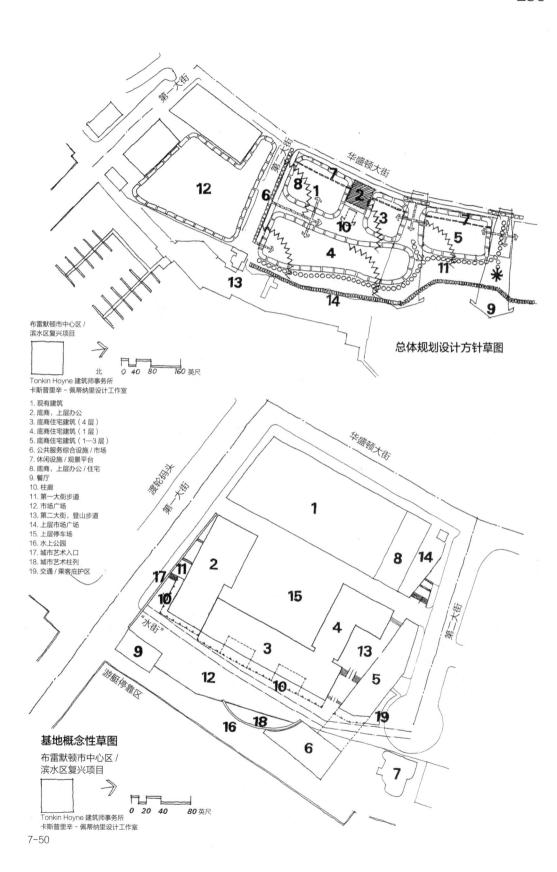

总体规划设计方针草图

布雷默顿市中心区 /
滨水区复兴项目

北

0 40 80   160 英尺

Tonkin Hoyne 建筑师事务所
卡斯普里辛 – 佩蒂纳里设计工作室

1. 现有建筑
2. 底商，上层办公
3. 底商住宅建筑（4 层）
4. 底商住宅建筑（1 层）
5. 底商住宅建筑（1—3 层）
6. 公共服务综合设施 / 市场
7. 休闲设施 / 观景平台
8. 底商，上层办公 / 住宅
9. 餐厅
10. 柱廊
11. 第一大街步道
12. 市场广场
13. 第二大街，登山步道
14. 上层市场广场
15. 上层停车场
16. 水上公园
17. 城市艺术入口
18. 城市艺术柱列
19. 交通 / 乘客庇护区

基地概念性草图

布雷默顿市中心区 /
滨水区复兴项目

0 20 40   80 英尺

Tonkin Hoyne 建筑师事务所
卡斯普里辛 – 佩蒂纳里设计工作室

7-50

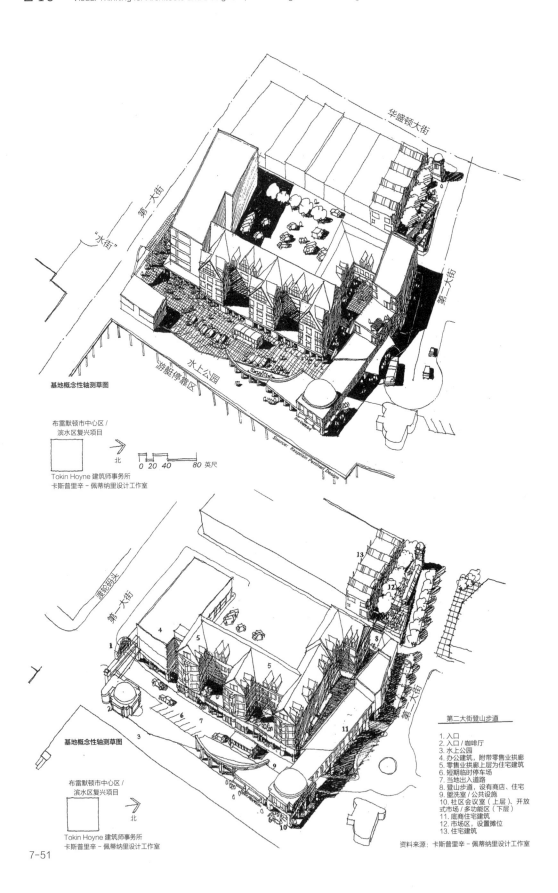

基地概念性轴测草图

布雷默顿市中心区 /
滨水区复兴项目

北

0 20 40 80 英尺

Tokin Hoyne 建筑师事务所
卡斯普里辛 - 佩蒂纳里设计工作室

基地概念性轴测草图

布雷默顿市中心区 /
滨水区复兴项目

北

Tokin Hoyne 建筑师事务所
卡斯普里辛 - 佩蒂纳里设计工作室

第二大街登山步道

1. 入口
2. 入口 / 咖啡厅
3. 水上公园
4. 办公建筑，附带零售业拱廊
5. 零售业拱廊上层为住宅建筑
6. 短期临时停车场
7. 当地出入道路
8. 登山步道，设有商店、住宅
9. 盥洗室 / 公共设施
10. 社区会议室（上层）、开放
    式市场 / 多功能区（下层）
11. 底商住宅建筑
12. 市场区，设置摊位
13. 住宅建筑

资料来源：卡斯普里辛 - 佩蒂纳里设计工作室

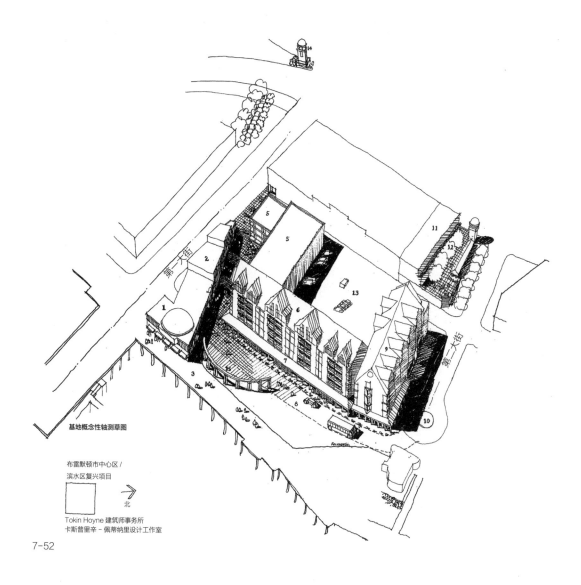

基地概念性轴测草图

布雷默顿市中心区 /
滨水区复兴项目

北 →

Tokin Hoyne 建筑师事务所
卡斯普里辛 - 佩蒂纳里设计工作室

7-52

计概念形成之后，工作团队就绘制了轴测分析图，用来测试开放空间组织元素、使用与景观的关系、停车与零售业的关系，以及外部活动与市中心区之间的联系。

借助于图纸、模型和分析图，设计团队在短短几个月的时间就建立了基本的规划框架，并最终发展成提案建议书和设计、经济发展指导方针，被城市采纳。定量的经济分析与形象化的设计图纸相结合，为最终的决策提供了依据。设计方案并非最终的建筑决策，而是对各种设计可能性与机会的探索。

为了追求速度并保证品质，所有的图纸都是用派通签字笔在便于影印的描图纸上绘制的。

第8章　考利茨－威拉米特河流域案例分析

◎ 引言与背景

大都会区的所有发展都包含在自然的容器当中，我们将这个自然的容器绘制出来就可以了解其局限性，并且对所有处于这种限制条件下的项目产生新的认识。这是俄勒冈州波特兰市的鸟瞰图，这个大都会区位于威拉米特河与哥伦比亚河交汇处的考利茨－威拉米特生态区中心。这是一块地势平坦的平原，其街道网格是随着纵横交错的河道边界自然走向布局的：东面是广袤的哥伦比亚河，其冲积平原和相对狭窄的威拉米特河沿着西山边缘蜿蜒分布。

如果一个地区的成长抹杀了界限，那么我们就失去了创造界限分明的场所的机会；城市和国家如果丧失了特性，就都会变成一模一样。波特兰市布局紧凑的历史中心区是沿着威拉米特河发展起来的，其边界就位于西山的边缘。在过去一个世纪的时间里，这座城市的版图一直在扩张：向东跨越过了威拉米特河，向南延伸至威拉米特山谷的平原，向西则扩展至沿海山脉的丘陵地带。时至今日，波特兰市的城市增长余地已经非常小，只有三到五个百分点。大多数新开发的项目都分布于地铁沿线，并延伸至城市外围的林地和农田。

图纸的色调

图纸的构成和色调，就是为了要清晰地描绘出在生态区域的自然条件限制之下，我们所兴建的聚落形态与自然条件之间的相互作用。沿着地平线，我们将卡斯凯迪亚山脉和位于生态区边缘的胡德山（Mount Hood）地标作为第一个参照物。接下来要做的是界定都会区的边界，并明确它作为一个场所所具有的特性。这些特性包括哥伦比亚河和威拉米特河的河面、河流沿岸地形，以及由交通线路所决定的聚落模式（这些交通线路已经将该地区划分为了一些小的区域）。

公众参与以及规划 / 设计的过程

1947 年，俄勒冈州为了应对城市发展

图 8-1　卡斯凯迪亚境内的考利茨－威拉米特生态区

图8-2 在生态区"空间"内部的居住区，俄勒冈州波特兰市／华盛顿州温哥华市。鸟瞰视图将这个都市区置于其自然的容器当中。画面中的构成和线条的色调都强调了那些构成聚落模式的要素；前景是威拉米特河与哥伦比亚河的交汇处，背景是西山和卡斯凯迪亚山脉的边界

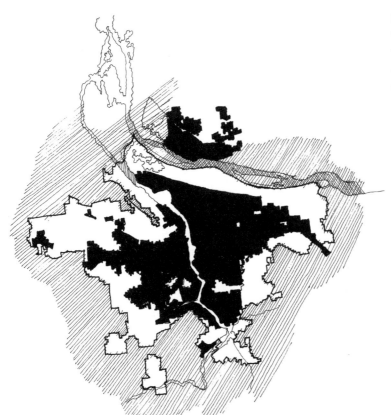

图 8-3　城市增长的界限：俄勒冈州波特兰市。围绕着俄勒冈州波特兰大都会区设立城市增长的界限，其目的是为了遏制城市的过度蔓延。这样的做法为城市中闲置和未充分利用土地的再利用，以及塑造更密集化的公共交通模式奠定了基础

问题，制定了全州范围的规划目标。目标 14 要求每一座城市"在同其周围县郡相互合作的过程中"都要确立一个城市增长的界限。一般来说，一座城市增长的边界附近会塑造出一个围绕着居住区的区域。若想要修改这个边界，城市就必须实现超越全州规划目标以外的更多要求，而且还要对替选方案进行审查。

作为围绕着波特兰市的城市增长边界扩展的替选方案，城市规划部门通过各种正在进行的程序，已经逐步制定出了打造高密度城市的策略。美国建筑师学会在当地的分会、俄勒冈大学建筑系，以及区域内的各社会团体都参与了这项工作，而该项目的研究主要包含三部分内容。它们分别是由美国建筑师学会资助的"西北三角区"城市设计协作小组（R/UDAT）研究，以及由"区域铁路项目组"（Regional Rail Program）和"宜居城市项目组"（Cities Livable Program）主导的两个居住区研究，这两个项目组都隶属于波特兰的规划部门。

公众参与过程中的视觉思维

在公众参与的过程中，不同的研究阶段运用图像化的方式也各不相同。绘制图纸的目的，既是为了激励公众参的意愿并为其引导方向，同时也是对公众参与的回应。这个过程从量化研究基地现有特征和条件的二维视图开始，最终发展成三维草图，描述在给定的概念之内替选设计理念所具有的合理性。

在图像化的过程中有一个反复出现的主题，那就是对特定研究地点的表现要放在更大范围的情境背景之下。对于公众而言，在一个场所内部建立一个场所的概念，首先就

是对研究基地的定位；其次，在这个过程中更重要的，是在逐渐提升的比例阶梯下对研究基地的描绘，揭示出新的开发同周围情境之间相互联系的各种可能性。

城市中心区的重建

1983 年 4 月，美国建筑师学会波特兰分会透过区域 / 城市设计协作小组（Regional/Urban Design Assistant Team, R/UDAT）[1]，邀请了来自全美各地的一些专业人士访问波特兰，并参与位于市中心区内的一大片战略性土地开发的研究工作。团队的工作包含对这一区域进行研究，提出专业的建议，帮助市民们更好地了解城市中那些比较不为人所知的区域潜在的价值，并发展出一些设计理念，激发关于未来的讨论。

现有条件和特征的图像化表现

鸟瞰图和简图展示了研究区域的大小以及它与城市中心之间的关系。在城市的肌理中，研究区域被形象化地描绘为一个巨大的、与周围不相连的"洞"，毗邻市中心区和威拉米特河的边缘，其位置具有战略性意义。在这幅画面中，表现的重点就是该区域的边界。该区域的北部边界威拉米特河是整个画面中色调最深的地方，这条河流围绕着地块转向，同时也限定了其东部的边界。城市中心区和西山构成了这个地块的西部和南部边界，在色

① 国家区域 / 城市设计协作小组，美国建筑师学会。俄勒冈州波特兰市仓库区 / 滨水区研究。出版：《市中心规划的最后一块土地》（Last Place in the Downtown Plan），1983 年。

图 8-4 **"西北三角"研究区，俄勒冈州波特兰市**。研究基地是一块被废弃的、未充分利用的工业区 / 铁路区，在图面上表现为一大片空地，位于城市中心和河流之间，具有重要的战略意义。在画面中，研究区域的边界被赋予最深的色调，予以强调：威拉米特河沿着基地的地形蜿蜒向北，形成了城市的东部边界，还有南部边界、城市的背景，以及西山边界。研究团队将这张图纸作为基础，以现有的城市结构为参考，探讨与发展新的替代方案

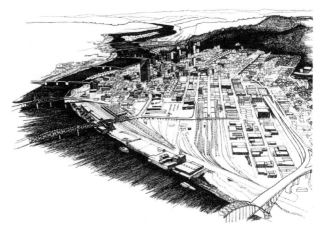

西北三角

调上也是比较深的。将这张简图作为基础，基于不同的假设条件，共创作出了五种不同的替选方案，包含了该区域发展各种合理的可能性。随着人们对这块研究区域的了解越来越多，它有了自己新的名称，叫作"西北三角"（Northwest Triangle），由五个分区组成，这些分区在功能、城市特征和活动密度上都是各不相同的。

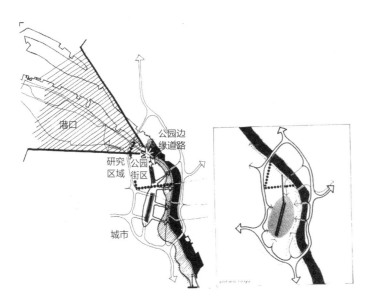

图 8-5 研究基地的位置示意图。通过二维平面示意图,将研究基地战略位置的复杂信息简化为与城市中心、路网和公园分区系统、历史河道,以及围绕着市中心区的现代高速公路系统之间最基本的关系。图面中选择性地展示了相关信息:基地规模、形状,以及对重要的公共连接路线进行扩展的建议,现有的市中心公园分区贯穿研究区域,一直延伸至河岸

图 8-6 西北三角地区开发规划平面图。二维平面图可以描绘出二维的尺度,但是对于基地特性、规模,以及各个部分与其所在环境之间的空间关系,其表现能力是有限的

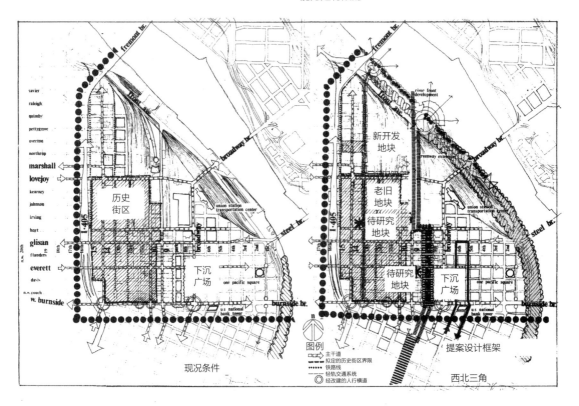

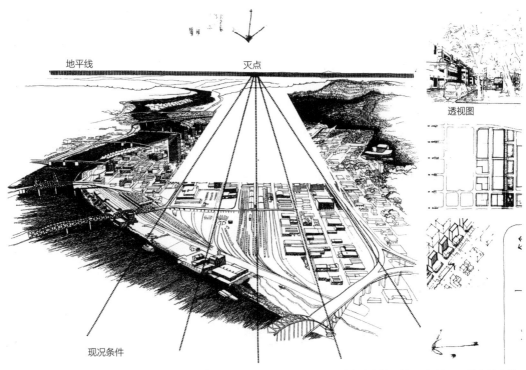

地平线　　　　　　　　　　　灭点

透视图

现况条件

图 8-7　根据现有的幻灯片绘制出的透视框架。一幅透视图的构图并不是随意决定的，我们要经过深思熟虑的安排，使读者可以从画面中"看到"某些特定的关系，进而推进对新组织结构的探索。这幅鸟瞰图的透视框架是由单一灭点架构起来的，用来测量与建构与现有历史网格系统相关的备选方案

市区新网络的图像化表现

　　鸟瞰透视图展现了西北三角地区的开发方案之一。在这幅图中，历史悠久的市中心区不仅是背景，同时也是重要的参照。根据草图中的结构，现有的街道连接和建筑结构都被投射到之前尚未开发的研究基地当中。研究团队所提出的最主要的建议，就是将现有的公共道路系统拓展至西北三角地区。这些建议包括：将目前局限于研究基地北部的历史停车区扩展至滨水区；沿着威拉米特河，将现有的公共滨水公园延伸至研究基地内；对废弃仓库区内的第 13 号大街进行扩建，将其打造为一条穿越研究基地的人行步道，直通滨水区，以及对现有的市区交通转运站进行扩建，延伸至区域以北的火车

站。画面中的深色调主要安排在新框架的边缘和边界区域，以限定出区域的范围，并将其五个分区同市中心的历史格局联系起来。画面中最突出表现的是城市的公园街区系统，它贯穿西北三角区，一直延伸至威拉米特河。新开发的建筑式样，建议采用城市街区的形式。

城市公园分区

　　这些草图所表现的是公园区可能的开发形式，公园区是构成西北三角地区的一个分区。该分区鲜明的特征源于其历史建筑的特色。在历史建筑形式草图中，将公园区划分为了西北三角地区中的一个分区，透过这张草图，可以推测出插建项目的设计原则。

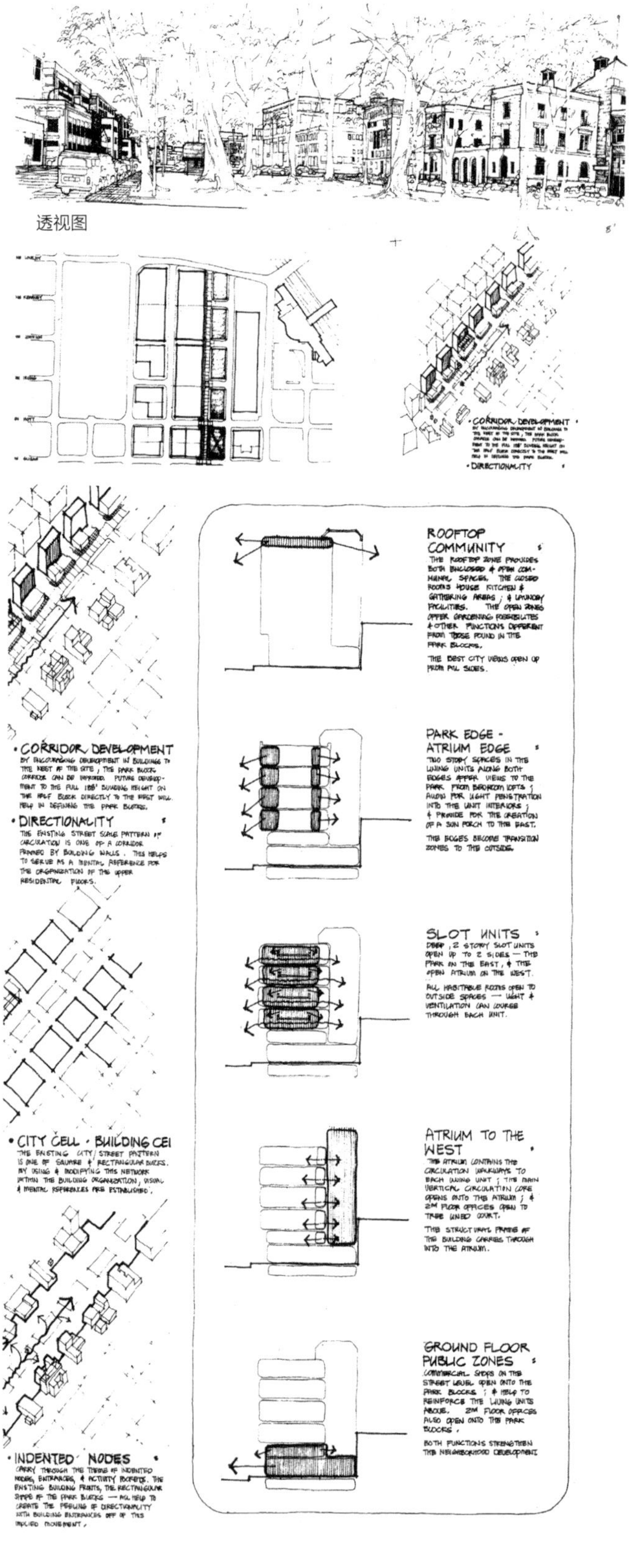

图 8-8　公园分区的建筑设计原则。
这一系列由学生绘制的图纸，旨在提案的城市设计框架内建立新的建筑设计原则

透视图

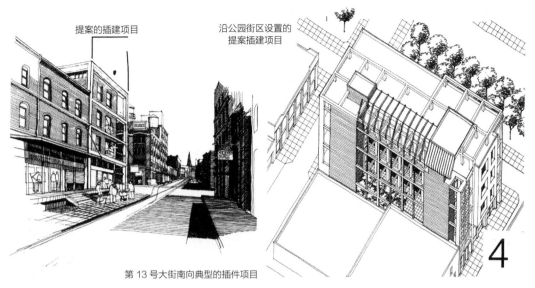

提案的插建项目

沿公园街区设置的提案插建项目

第 13 号大街南向典型的插件项目

图 8-9 建筑风格的尝试。在城市设计的框架内，沿着提案的步行街，对这些建筑设计原则进行尝试；图中所示为公园街区和第西北三角第 13 号大街的景象

分区原则：体育场设计提案

在另一种类型的建筑设计提案中，对区域规模的网络重组做出了完全不同的诠释。在之前区域／城市设计协作小组的研究中，他们利用相同的网格系统，在铁路广场分区规划了一座大型体育场。在分区的尺度下，公园街区和第 13 号大街的网络一直延伸到水岸边缘，体育场巨大的体量就夹在现有的和拟建的建筑形式当中。随后，这幅二维视图发展成更接近于最终效果的表现图，其中公共道路系统的连接（公园分区和第 13 号大街）仍然是画面中表现的重点。

城市内部的街区

空中鸟瞰图展示了波特兰市和城市东部居住区之间的大情境背景，形象化地描绘了区域内新开发项目的面貌。画面所表现的场景是由东向西俯瞰波特兰市，焦点是前景中东部居住区巨大的网格系统，右侧的哥伦比亚河和从画面中央穿过的威拉米特河构成了居住区的边界。这是一幅简单的一点透视图，画面中唯一的灭点沿着地平线，设定于远方太平洋的边缘。这张透视图中的前景部分——城市东区的网格系统——是利用美国地质勘探局地图的幻灯片描摹而成的。在用来描摹的透视网格系统中可以找到两个灭点；将平行的网格线延长，与地平线的交点形成单一的灭点，透视图中正方形网格的对角线延长与地平线的交点形成第二个灭点。通过画面中的图形结构可以看出，降低地平面的高度可以使画面尽可能缩小，从而将表现的重点聚焦于前景的研究区域。沿着压低的地平线，各个消失线呈现出一定程度的弯曲，汇聚于灭点，只有在远处背景的部分会产生些许的变形。远处，威拉米特山谷的山丘之外还有另一个山谷——图阿里廷（Tualitin），在那里，城市的增长主要是向西扩展的。不过，这又是另一个故事了。这

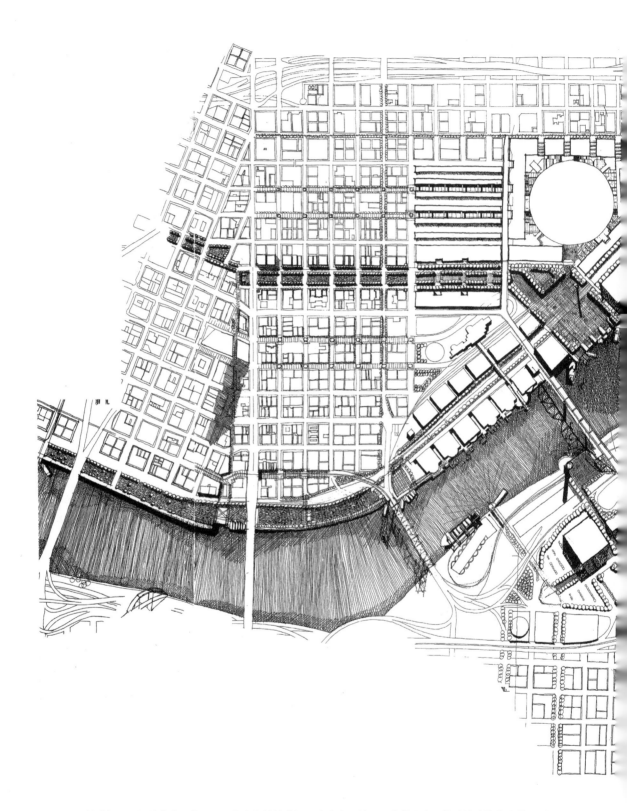

图 8-10 体育场平面设计方案。 接近于最终定案的体育场设计方案延续了研究草图中所描述的连接线路的原则，沿着主要街道和设计框架的边缘绘制比较深的色调予以强调

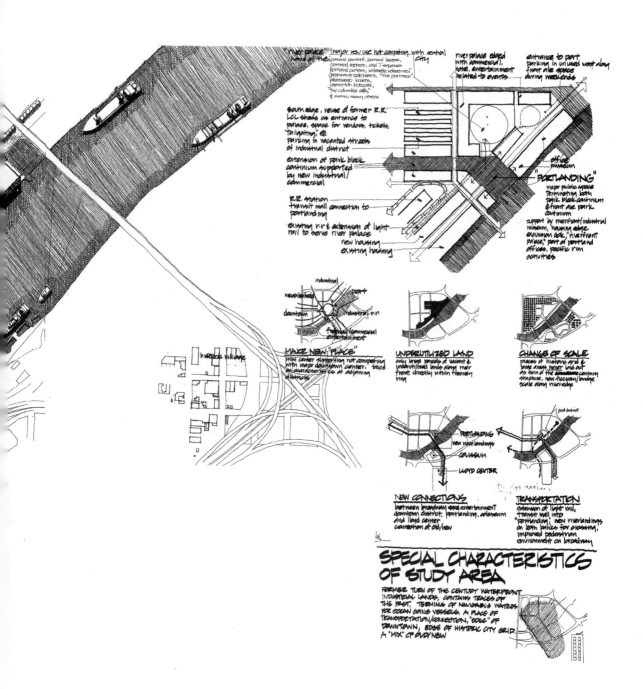

图 8-11 铁路广场分区内体育场的设计框架：西北三角区。平面图所描绘的是另一种设计框架的方案，探讨了在研究区域内设置大型活动设施的可能性。有关体育场设计方案的一些基本问题被单独提列出来，绘制分析图，之后又将这些分析图组合在一起形成最终的框架图解，明确与水岸及公园分区扩展相关的各个"部分"的位置

图 8-12 波特兰以东地区空中透视图。这幅透视图展现了位于波特兰以东的研究基地的场景，研究基地位于画面的前景当中。图中色调的重点是区域的边缘，详细地描绘出了该区域最显著的特色——大片的街道网格

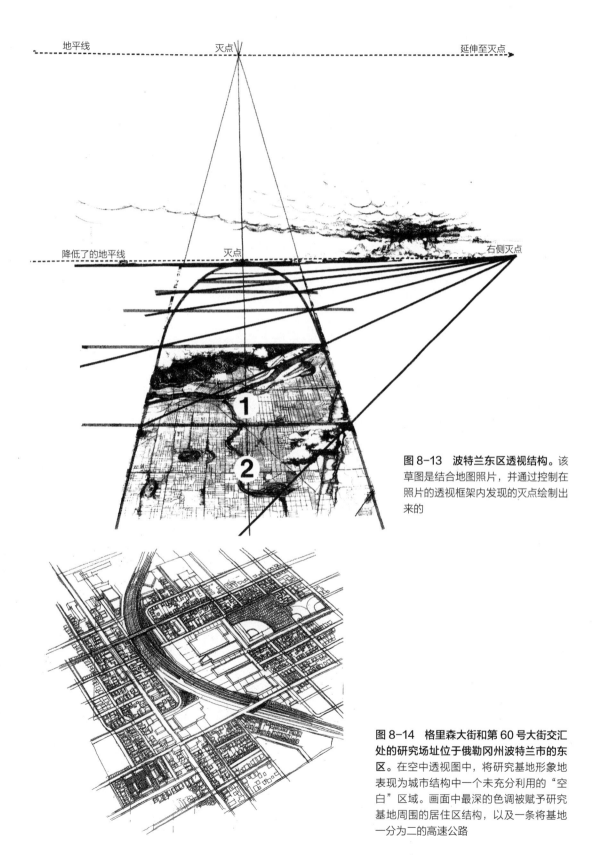

地平线   灭点   延伸至灭点

降低了的地平线   灭点   右侧灭点

图8-13 波特兰东区透视结构。 该草图是结合地图照片，并通过控制在照片的透视框架内发现的灭点绘制出来的

图8-14 格里森大街和第60号大街交汇处的研究场址位于俄勒冈州波特兰市的东区。 在空中透视图中，将研究基地形象地表现为城市结构中一个未充分利用的"空白"区域。画面中最深的色调被赋予研究基地周围的居住区结构，以及一条将基地一分为二的高速公路

幅鸟瞰图的焦点集中于城市东部网格系统之内的研究基地。

对邻近街区内研究地块的图像化表现

在大规模城市鸟瞰透视场景中，包含着不计其数的地块。每个地块都有自己完整的故事，了解这些故事的人们能够体会到它的重要性，同时也了解一个地块与其他地块之间的联系。在波特兰市东部的网格系统内，我们的第一个研究基地位于沙利文峡谷（Sullivan's Gulch）的边缘，这个峡谷是当地为数不多的拥有鲜明特征的地方。所谓峡谷，其实是从东部地势较高的平原延伸到威拉米特河的排水道，这里最早是横贯大陆的铁路，之后修建了第80号州际高速公路，最后又修建了波特兰第一条连接市中心东区和俄勒冈州格雷舍姆的轻轨。研究基地的鸟瞰视图只是更大面积的东区透视图中的一小部分，我们对其进行了放大，这样才能详细讲述属于它自己的故事。波特兰市第一条轻轨线路就铺设在这个峡谷中，再加上之前的州际高速公路，于是便出现了一些与邻近居住区不相连通的车站。我们这个特殊的研究基地的核心是一个未得到充分利用的高速公路维修中心，具有很大的开发潜力，它就位于格里森大街（Glisan Street）和第60号大街的交汇处，那里是一个历史著名的商业中心，峡谷大桥上还有一个轻轨车站。

这幅草图描绘了峡谷边缘的条件，包括高速公路和轻轨线路，强调了由于峡谷和城市东部居住区地势标高存在差异而形成的阴影。沿着峡谷的边缘，建造了一些体量巨大的仓储和制造业建筑，它们形成了居住区和轻轨车站之间的屏障，而这部分在图纸中

是用空白表现的。[1] 区域铁路项目的实施，是为了让俄勒冈州波特兰市政府以及该市的市民认识到，有一些问题会影响到大都会区轻轨系统在未来的发展。通过该地区的拓展计划，向公众展示有关轻轨建设的信息，以便在当地培养出积极的、明智的支持者群体。研究团队针对轻轨提案的具体路线选择，以及现有的和拟建的车站附近区域未来发展可能会受到的影响等议题，与利益相关的社区团体进行了交流。

经过区域铁路项目研究团队的努力，将提高轻轨车站附近住宅密度造成的影响以图像的形式表现出来，该区域主要以单一家庭的住宅形式为主。围绕着研究基地周边排布的都是单一家庭住宅形式，这些住宅形成了基地的边界，同时也是这张图纸的特色所在。画面中，周边居住区的建筑被赋予最深的色调，与画面中心的"空白"形成了鲜明的对比，清晰地显示出轻轨站与周围居住区之间的脱节。研究基地的开发是第一个重建轻轨周边居住区的机会，同时也可以在车站和现有的社区之间建立起新的联系。研究团队将鸟瞰图作为基础底图，在上面叠加设计图纸，探讨该地区重建的各个备选方案。

---

[1] 宜居城市研究项目是一项由55个社区的领导者牵头主持的战略计划，其研究结果于1991年获得了该市的采纳。该项目着眼于如何将城市的增长份额从现在的3%提高至5%，在达到20%增长率的同时，还能保持居住区（例如好莱坞区）现有的生活品质。依据城市研究项目确立了城市增长的概念，而这个概念是可以应用于整座城市的。这些概念包括在现有的街区、市中心区、中转站周边地区、主要街道沿线，以及特定的具有开发潜力的地点进行开发。宜居城市项目正在进行公共拓展宣传的阶段，一共设定了三个试点，对这些增长概念进行测试，好莱坞发展项目就是其中之一。该项目的目标旨在为公众支持者、土地所有者、开发商、金融家和市府工作人员建立相互合作的伙伴关系，解决具体插建项目的相关问题，并就居住区的规模、特性与生活品质等问题达成共识。

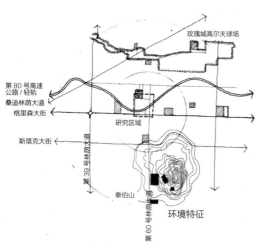

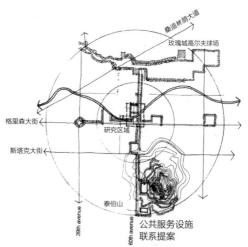

图 8-15A 研究基地的情境背景。 以圆形标注的研究基地位于格里森大街和第 60 号大街的交汇处，这里是现有轻轨车站四分之一英里步行半径的中心。草图强调了研究基地与重要交通组织系统之间的关系：格里森大街、城市中心区的主干线、经过研究基地的高速公路 / 轻轨线路，以及开放空间网络系统

图 8-15B 研究基地的步行连接路线。 图中圆形显示了周围居住区与轻轨车站之间的步行连接路线

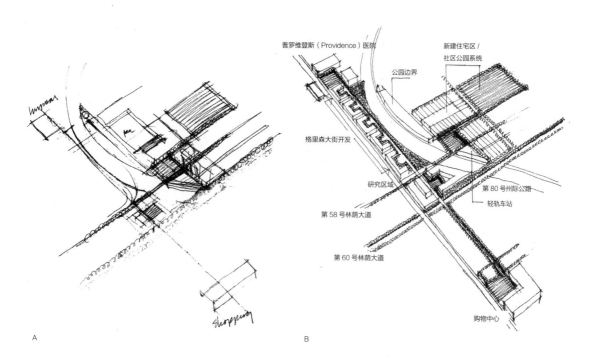

A

B

图 8-16A、B 研究基地改造透视。 二维的平面规划方案是通过现有条件的空中透视图发展起来的。最初，粗略的草图建议了几个主要的地标与研究基地之间的连接路线：一座市立医院、一座购物中心和一个公共开放空间系统

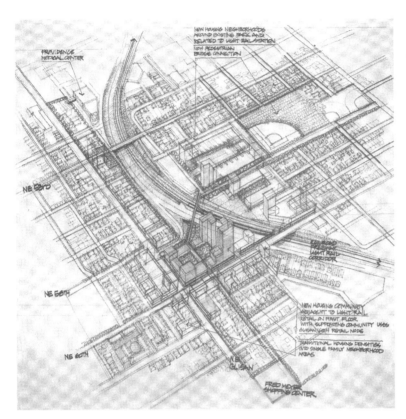

图 8-17　格里森大街／第 60 号大街研究基地改造透视图。俄勒冈州波特兰市研究基地

现有的以及重组后的区域结构

　　作为一大片公园系统内居住区的背景，波特兰的西山边界是个极富吸引力的地方，相比之下，波特兰的东区格局就是一些枯燥乏味的街道网格。穿越东区街道网格的主要自然景观是沙利文峡谷和塔博尔山（Mount Tabor），在一马平川的城市网格中，一座独立的孤山创建了清晰的地域感。

　　这一系列草图所表现的都是在东区街道网格的背景之下研究基地的基本情况，以及它与现有的和拟建的开放空间便利设施之间潜在的联系。圆圈标识出的研究区域位于格里森大街和第 60 号大街的交汇处，处于现有轻轨车站四分之一英里步行半径的中心，突出了研究基地与主要组织系统之间的关系：格里森大街、连接研究基地与市中心区的城市主干道、构成研究基地北部边界线的高速公路／轻轨线路，以及包含开放空间和建筑物的网络系统。第二幅环形图所展示的是从周边居住区到轻轨车站的扩展连接，其形式是林荫大道和沿着第 60 号大街及格里森大街铺设的人行道。这张二维平面图展示了可能的连接形式，是在现况鸟瞰研究图的基础上绘制出来的。最初，该草图（1）建议了一些重要地点与研究基地之间的连接路线（市医院、购物中心和公共开放空间系统）。（2）之后又对草图进行了深入发展，添加了尺度信息，确定了新开发区块的形式。（3）第三步，在原始鸟瞰图的基础上，又增添了新的步行路线以及新建筑的配套路线。研究团队将关于研究基地重建的大致想法展现给周围居住区的民众，使之成为该区域重建讨论的出发点。

A

B

图 8-18A、B　提案开发所带来的影响

开发特色

在第 60 号大街和格里森大街交叉口附近居住区的中心区域，开发所带来的影响被形象化地表现了出来。该区域的现有景观包含一些历史建筑群，它们仍然是这个十字路口的特性所在。根据现有景观的透视结构，将透视线延长，直到它们沿着地平线相交于一个灭点。之后，利用地平线和灭点形成一个框架，在这个框架内就可以精准地测量出新建筑的高度。

邻近街区内的研究地块

沿着沙利文峡谷继续向西，画面所展示的是下一个轻轨站周边区域的放大鸟瞰场景——波特兰的好莱坞区。在这幅草图的构图中，设计师将峡谷放置于画面的边缘，而占据画面中心的是桑迪大道（Sandy Boulevard），这是唯一一条斜切穿过波特兰东部区域的主要城市道路。

这里的情况有所不同，在轻轨车站和更大规模、极具明显特色的历史城区中心之间存在着大片的空地，沿着桑迪大道位于峡谷的北侧。在平面图中，比较大的圆形阴影区代表以研究基地附近轻轨车站为中心的四分之一英里的步行半径，该研究基地是好莱坞区境内的一块空地，跨越了三个街区。

这一大片沿着现在的轻轨线路未经充分利用的土地，连接着城市中心区与东区，这片土地的开发同时涉及区域铁路和宜居城市这两个项目的内容，是一个公共的课题。

好莱坞试点项目的开发模式有可能会成为该市未来规划工作的一个样板，首先要做的第一步工作就是选择一个由当地居住区的领导人、市民代表、有兴趣参与的业主，以及企业界代表组成的指导委员会。其次的工作并非局限于传统的土地使用和分区规定，而是鼓励指导委员会成员对"理想的"开发愿景达成共识，然后再由工作人员处理由于规则改变所带来的影响。

对邻近街区内研究地块的图像化表现

在为期六个月的周例会中，通过将各

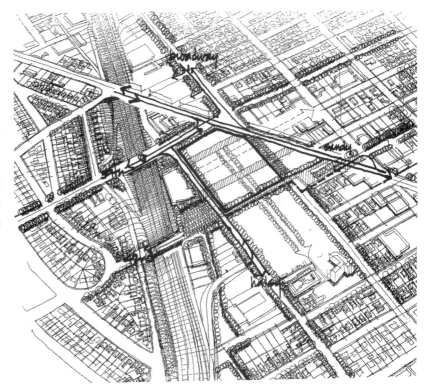

核心区域开发指导方针
明确并平衡核心区域周边的车辆交通动线。
1. 从桑迪大道到立交桥的第 39 号大街设置为双向道路。允许车辆从桑迪大道右转进入第 38 号大街。在第 39 号大街再安排一些公交线路，以减轻第 42 号大街的交通压力。
2. 允许车辆从百老汇左转进入第 37 号大街或第 38 号大街。

保留穿过该研究区域的公共视觉 / 交通通道，特别是桑迪大道 / 百老汇和轻轨车站之间的通道。
1. 保留第 40 号大街和第 41 号大街现在的位置，或根据新开发的需要进行迁移。
2. 有可能将魏德勒（Weidler）大街向西延伸，使之穿越核心区域

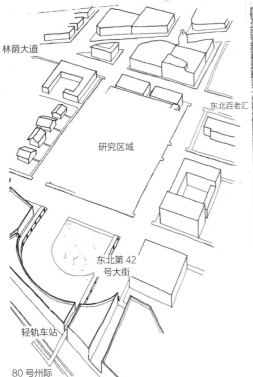

林荫大道

东北百老汇

研究区域

东北第 42 号大街

轻轨车站

80 号州际高速公路

四分之一英里步行半径

图 8-19 好莱坞居住区，邻近街区内的研究地块。空中透视图强调了研究地块的位置处于邻近街区可能的道路框架系统之内。街道两侧绘制了很多行道树，这样可以强化对这些主要连接系统的表现，圆形代表研究基地位于以附近轻轨车站为核心的四分之一英里步行半径区域的中心

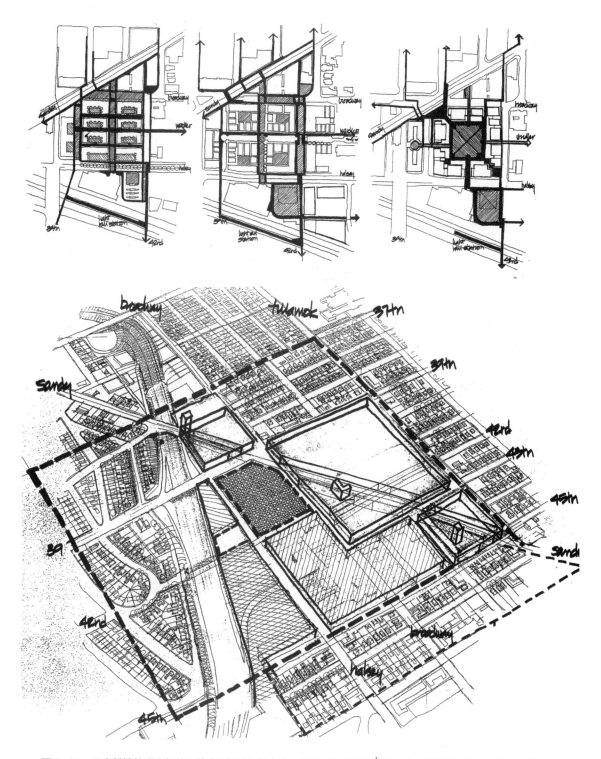

图8-20　研究基地的附属部分和替选的基地框架方案。替选方案表现的是另一种不同的规划设计，将研究基地与周围的居住区和该地区的轻轨车站连接在一起。每一个方案对于框架内各个部分的重要程度都有不同的认定，因此各个区块划分的尺度也会有所不同

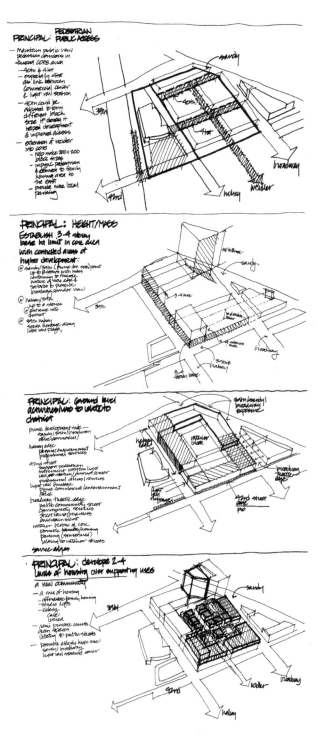

图 8-21　初步设计指导方针示意图：好莱坞区。要将公众讨论转化为一套具有针对性的设计原则，绘制三维草图就是第一步要做的工作。手绘草图是在公共研讨会议期间绘制的，对有关新开发设计指导方针的讨论和决定进行了汇总

个替选方案以形象化的方式表现出来，确定了研究区域的设计原则。要对这些设计原则进行讨论并赋予它们客观的形式，首先要做的是从之前的空中透视图中将这块跨越三个街区的研究基地筛选出来并逐级放大。在不同的尺度阶梯上，每一阶段的图纸框架都是连续的，而新的图纸会在上一阶段图纸的基础上增添更多的细节。第一步，研究基地的放大透视图视角与原始透视图一致；其中一张比较写实，展现了基地现有的条件，另一张是相对抽象的简图，将涵盖三个街区的研究区域描绘为一个核心区，形成了更大范围内相关分区系统内的一个部分。这两张图纸都借鉴了之前的鸟瞰图，了解周围分区的特征、街道的等级，以及研究基地内新开发的项目与周围居住区之间潜在的相互联系。这些草图为其他替代方案的发展奠定了基础，探索不同的建筑密度和外立面、不同使用功能的组合、公共开放空间系统，以及停车场布置的策略。所有拟议的开发方案都有一个共同的目的，那就是建立与现有轻轨车站之间更便捷的连接，并保障新开发居住区的品质与现有居住区相互和谐。设计人员通过抽象的简图传递初步的设计概念，之后，这些概念草图会转化为更具象、更写实的最终表现图。

以图纸传达设计原则

　　图纸所展示的是一套初步的设计原则，即将核心区内一个新的开发项目与好莱坞区连接起来。这些设计原则涉及穿过该区域的人行道入口、新

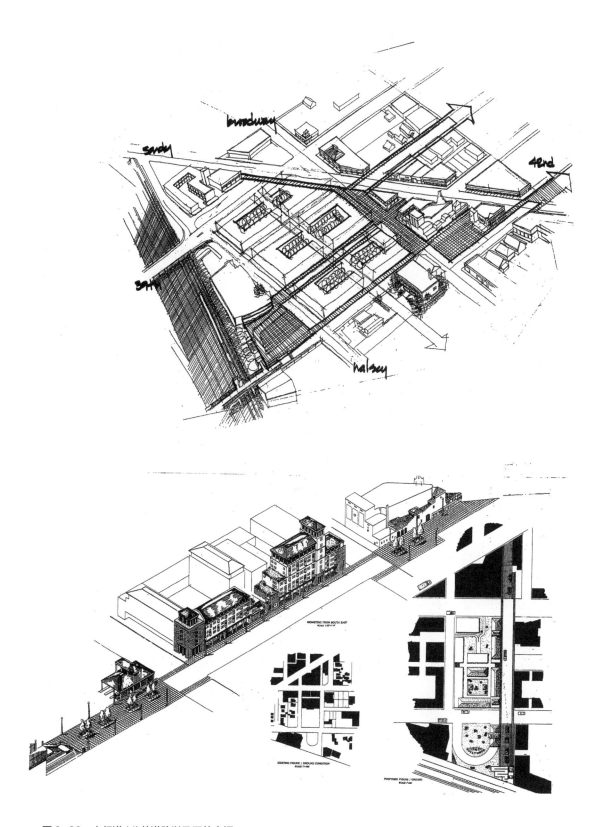

图8-22　人行道/公共道路以及开放空间

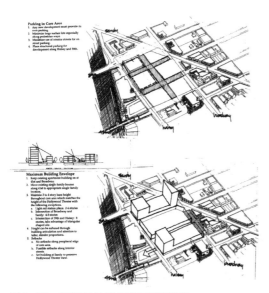

图8-23　建筑高度/体量以及街道停车

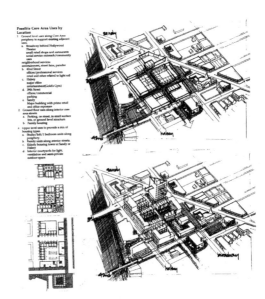

图8-24　建筑物地面层和高楼层活动与区域之间的关系

建筑的高度和体量、首层空间的使用及其与周围街区的关系，以及新住宅的配置。这些表现图都是徒手绘制的草图，是以一张更大的鸟瞰图为基础进行局部放大而成的。在公众参与的过程中，这些设计原则通过一系列的图纸不断叠加、修改，直到确定最终的版本。架构起核心区域的街道系统以箭头作为结尾，暗示着连续与方向。在街道框架内，通过设定线条的粗细和色调，着重突出与每一项设计原则相关的内容。在一幅表现研究基地周围由建筑物（有些区域没有建筑）所围合而成的空间条件的草图中，还推敲了这个跨越三个街区的研究地块内开发项目的外立面。在另一张草图中，通过绘制阴影线，着重表现了穿越研究基地的道路以及轻轨车站之间重要的街道连接。最后一组草图开始组织各个建筑的形式，并确认首层空间的活动与周围社区具有适当的联系。

最终定案的区域开发原则

　　最终确定的核心区域开发指导方针就是前期图像化表现的直接产物。仍然利用同样的鸟瞰图，通过增加线条的粗细和色调变化，便可以进一步表现每一个具体的指导方针所代表的含义。研究团队还制作了一张新的图纸用来介绍设计指导方针，清晰地表现了研究区域内部及其周围的交通动线和连接。在已经确定的街道框架内插入建筑信息，说明开发建设的指导方针；以小规模的设计为例，说明设计的原则。最后的规划平面图展现了在设计原则的框架下可能出现的几种结果。

生态区内部的一个小规模居住区：格罗夫村

　　威拉米特河的干流穿越波特兰市区，在通向哥伦比亚河的沿途，是由很多条溪流和小河所组成的水系构成的，这些河流最终都会流向更大的生态区域。沿着这些水系的分支，形成了一个由一些小规模居住区和村镇构成的网络。鸟瞰图所展示的是向西俯瞰俄勒冈州格罗夫村主要街道的景象。格罗夫村

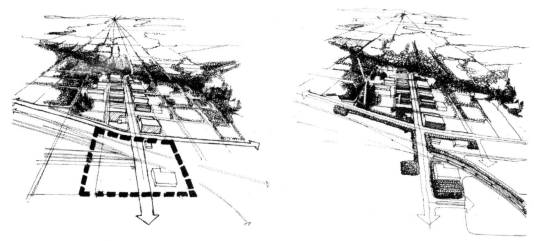

图 8-25 俄勒冈州格罗夫村中心区。鸟瞰图中，市中心区的主干道被夹在平行的建筑物和自然系统之间，这条主干道通向更大的区域。在草图的背景部分，线条的重点都集中在自然网络的一部分：威拉米特河的北叉。前景部分，后期修建的连接路线，即第 99 号高速公路和南太平洋铁路，共同构成了市中心区的入口。东城区入口部分的重整，是通过对新建筑和景观的改造实现的

是一个规模很小的居住区，坐落在生态区西南角附近的山脚下，尽管比较偏远，但与波特兰大都会区还是相互连接的。图中对角线方向绘制植被的线条所代表的是北部的一条河流分叉，属于威拉米特河的一条支流。

格罗夫村是沿着威拉米特河北部的支流发展起来的。在城市主要街道的草图中，形象地描绘了为居住区景观带来地方特色和联系的自然元素——山麓、河流和森林的边缘。与波特兰市的居住区一样，这项研究的对象也是一个关乎市中心未来发展品质的区域，这里曾经是周边居住区重要的商业和文化中心。虽然格罗夫村对于其历史悠久的市中心区有着重要的意义，但随着近年来城市沿着 5 号州际公路和卡斯凯迪亚山麓逐渐向东发展，这个昔日的中心已经日渐荒废。意识到这种恶化的趋势，城市试图通过规划的力量提升公众对该区域历史中心的认知，同时也要让个别的建筑业主认识到，重建市中心的地方感是可以实现的。

在公众参与的过程中，研究团队绘制了很多草图，这些图纸包含了各种不同的比例。用来描绘城市尺度下整体设计概念的是鸟瞰图和市区平面图，而立面图和透视图所表现的是单个建筑和几个街区的立面概念。对于很多老旧破败的市中心区，公众的印象往往是负面的，脑海中浮现的多是那些已经被遗忘的建筑，它们因为年久失修早已失去了原来的风采和价值。在公众参与的过程中，设计团队暂时用抽象的线条取代了现实的建筑，从而揭示出历史中心区建筑固有的风格和特色。随后，这些草图经过发展完善，用来与个别业主进一步的提案讨论。

市中心区尺度下的开发可能性

在提案中需要改善的地方对很多居住区来说都是适用的，因为随着时间的推移，这些居住区的地方感已经由于汽车的使用而逐渐丧失了。这些需要改善的地方包括城市入口与特性的重建，改善步行环境，利用与周围街区相邻近的便利条件，提升市中心区现有建筑群的品质和特性，以及对闲置地

拟建的步行路线

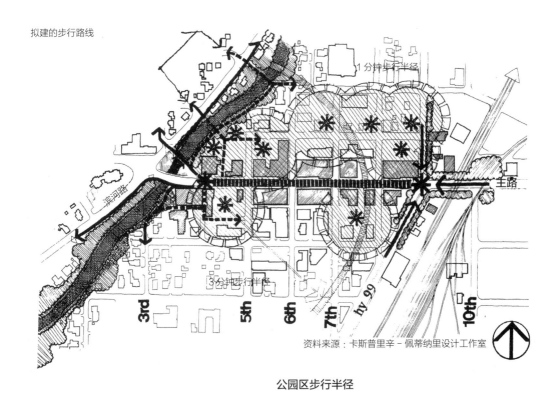

资料来源：卡斯普里辛－佩蒂纳里设计工作室

公园区步行半径

图 8-26 步行 / 停车之间的相互关系。在城区尺度下的规划图中，通过 1 分钟和 3 分钟步行距离的标注，全面探讨了停车和步行方面所存在的问题

块、小巷和城市停车场进行重新规划。在市区尺度的平面草图中，通过标注市中心区 1 分钟和 3 分钟步行半径，全面探讨了停车和步行方面所存在的不利条件。利用同样的鸟瞰图，还形象化地展示了历史城市中心与其所在的生态区之间的关系，可以将其作为基础图，进一步研究市中心区的空间重组（城市的入口设立在东部）。

城市的入口

在鸟瞰图中，虚线所围合的区域代表城市中心区的东部入口，但是这样的空间作为城市入口却缺少了作为支持的空间结构。在历史上，城市的入口是由火车站和城市酒店构成的，而且在鸟瞰图上还可以看到，城市主要街道的终点也位于虚线框内。目前，这个地方作为城市

的入口，缺少必要的空间结构。为了服务于新的商业开发项目，城市对街道进行了拓宽，但现有的历史结构却没有得到充分的利用。同样的鸟瞰图还被用于研究该区域的重建，新建筑和景观都服务于游览车运营需要，该游览车往来于市郊和山区之间。

研究团队制作了两张同样视角的街面透视图进行对比，一张是改造之前的现况景象，缺乏场所感；另一张是经过改造后的景象，以明确的公共道路将城市中心的历史街区引入画面当中。另一组透视图所表现的是主要街道对面入口区的改造，设计师将一座现有的廊桥重新安置在研究区域中，使之成为穿越格罗夫村的人行通道。这片河流区是小镇的原址，具有宜人的历史街区特色，其中包含历史民居、博物馆、城市图书馆和市

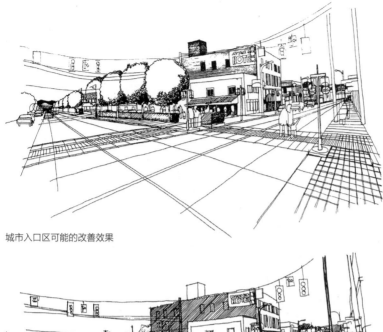

图 8-27 村镇入口。改造前和改造后的两幅地面层透视图，现况中没有场所感的"空白"和改造后界定清晰的公共街道形成了鲜明的对比，这条街道将通向市中心的历史街区

城市入口区可能的改善效果

现有城市入口

政大厅。廊桥是从前伐木运输铁路上废弃的，我们现在把它移植过来作为入口，将人行步道与历史悠久的河流区连接在一起。

开放空间

虽然格罗夫村现在仍然保留着一些重要的历史建筑，但像很多居住区一样，这里也因为忽视、火灾和废弃，导致了大量历史建筑的损失。草图展示了沿着五个街区主要街道的建筑和开放空间的形式。有一些建筑物的外墙与主干道上的空地相邻，被利用起来作为广告展示，如果与建筑物的实际用途相联系，草图展示了这方面改造的几种可能性。在理想的情况下，从前闲置的建筑用地应该成为未来的建筑基地，但实际上，在这种小规模的居住区，新项目插建的进度是非常缓慢的。一组改造前后对照的透视图，展示了现状与提案在主干道周围以及前方设置开放空间的差异。

单体建筑设计与改造的图像化表现

除了一栋古建筑得以保留，原来所有沿着主街的木结构店面都被新建筑取代了，如今，市中心区最普遍的建筑形象是砖石建筑。在公众研讨会期间，研究团队利用现有市中心区建筑立面线条图探索与交流了关于清除与修复的策略，尽可能地再现历史建筑立面的特色。立面图是以墨水绘制在聚酯薄膜上的，既可以用作设计修复的底图，同时也是未来工作的参考资料。工作人员将建筑立面从其真实的情境中抽离出来，首次向一部分公众展示了现有历史建筑所拥有的特色和价值。从街面透视图中，可以看到对建筑转角部位的改善策略。

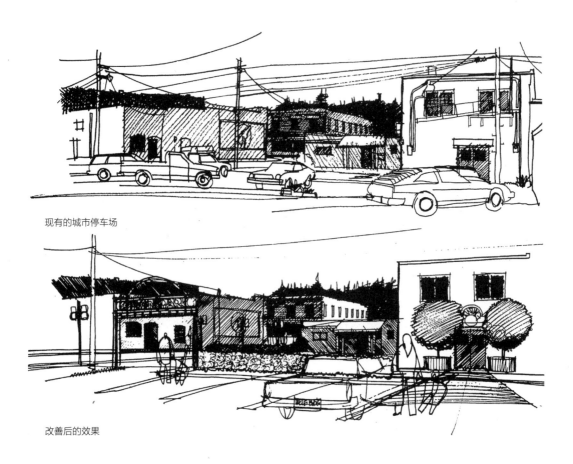

现有的城市停车场

改善后的效果

图8-28　城市停车场改造前后对比

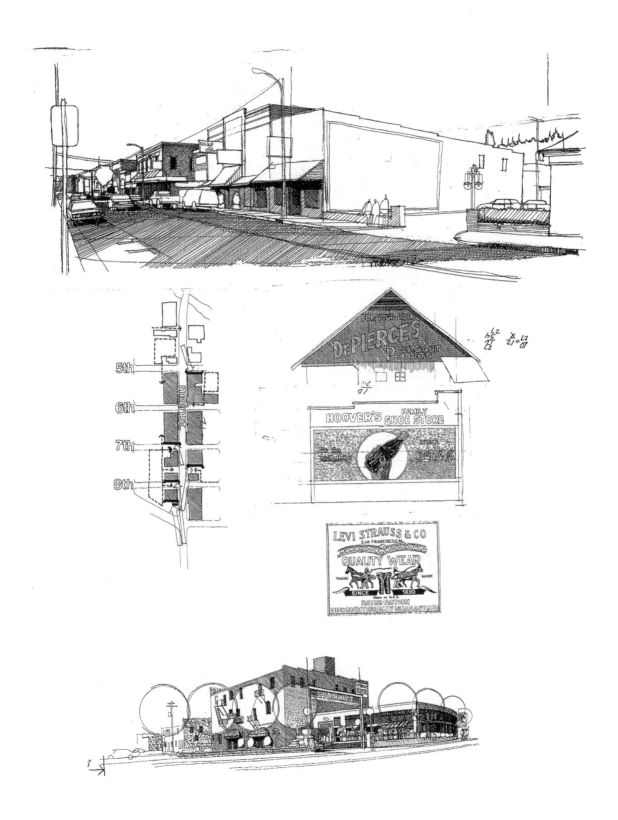

图8-29 空地和外露的建筑墙面

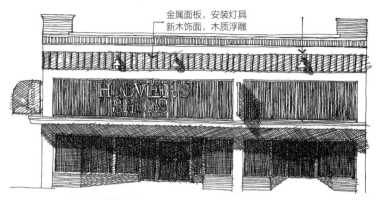

金属面板，安装灯具
新木饰面，木质浮雕

HOOVER 商店门面方案之一

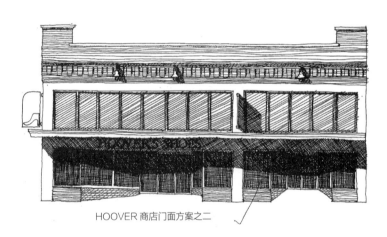

HOOVER 商店门面方案之二

图 8-30　建筑改造提案 / 招牌

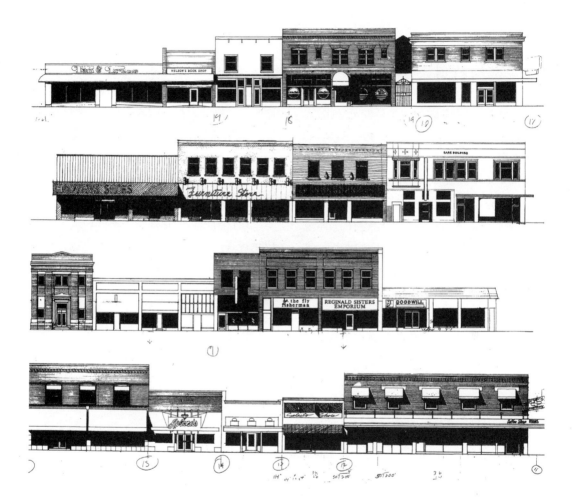

图 8-31　建筑立面修复提案。现存历史建筑立面图，设计人员将这些历史建筑从其真实的环境背景中抽离出来，以抽象的墨线描绘其立面，第一次让不具备专业知识的一般民众了解到这些古老建筑真实的特征，以及设计的复杂性

第9章 克拉克福克：蒙大拿州米苏拉市比特鲁特案例研究

◎ 引言与背景

1981 年，蒙大拿州的米苏拉市在国家艺术基金会（National Endowment for the Arts）的资助下，举办了一场主题为市中心区滨河走廊的全美设计竞赛。[①] 举办竞赛的目的在于提高公众对城市未来生活品质的认识，为这条穿越城市的滨河走廊制定一个总体规划，并为河流沿岸两个市中心区的地块征集设计方案。这两个需要规划设计的地块一个是位于历史悠久的市中心区后方的闲置河畔区，另一个是市区内面向蒙大拿大学校园的闲置河畔区。米苏拉市的市民对于重塑城市的未来很感兴趣，也愿意接受一项可以引导他们长期工作的规划，并期待可以实现一个切实可行的示范项目。

设计竞赛分为两个阶段进行。在开放参与的第一阶段作品中，筛选出五位选手入围，继续参加为期一周的第二阶段设计，设计工作就集中在该市进行。市民委员会与国家艺术基金会针对该项目共同提出了一些纲领性的需求和目标，这些入围的设计方案都对这些需求和目标做出了回应。在竞赛的第二阶段，设计人员要对自己最初的设计理念进行深入完善，并将成果呈现给公众。这些设计理念既包括大范围滨河走廊的总体规划概念，也包括针对那两个地块具体的设计概念。竞赛的第三阶段是挑选出唯一的参赛者，并与之签订设计合约，实施第一阶段的规划目标：市中心区基地建设。

设计过程的视觉思维

设计的过程包括在很多不同尺度下的图像化表现。这些图纸所表现的内容包含整个生态区、局部区域、城市和城市内的滨河走廊，以及一些特别选定的研究地块。图纸不

图 9-1 卡斯凯迪亚境内的克拉克 – 比特鲁特生态区。 克拉克福克 – 比特鲁特生态区位于卡斯凯迪亚的东部边缘。克拉克福克 – 比特鲁特流域向西流经哥伦比亚河，最终汇入太平洋。这个生态区内的水系向东则流经密苏里州，最终注入墨西哥湾

[①] 卡拉斯公园（Caras Park），城市滨河区全美设计竞赛一等奖，蒙大拿州米苏拉市。该项竞赛由国家艺术基金会和米苏拉市政府赞助。

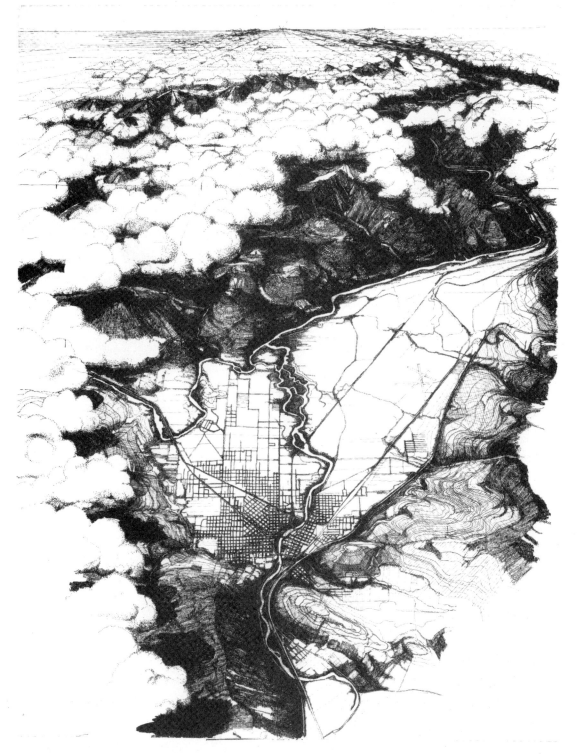

图9-2 克拉克福克－比特鲁特生态区境内的居住区：蒙大拿州米苏拉市。鸟瞰图重点描绘了克拉克福克河流经蒙大拿州米苏拉市（前景），最终注入太平洋的沿途景象。画面中色调的重点在于山脉的边缘，限定出一个巨大的史前冰川湖的河床，如今正是米苏拉市的所在

仅是公共参与过程中不可或缺的沟通媒介，也是一种有效的分析工具，我们可以借助它对现有环境条件进行研究，揭示出其中隐含条件的限制以及可能的发展机会。通过对现况条件的图像表现，可以将设计议题和纲要性的建议以图解的形式展现出来，让公众清楚地了解到各种开发的可能性。这些图纸都是依照尺度阶梯逐级深入绘制的，从大的城市关系到具体的研究地块。最终经过深入发展的设计图纸就是将设计理念转化为简单的框架图，是对结果的一种测试。

生态区的图像化表现：区域内的居住区

米苏拉市位于克拉克福克-比特鲁特（Clark Fork–Bitteroot）生态区境内，草图描绘了由谷底、天空和周围山脉所界定出来的不规则形态的生态区与这座城市之间的关系。东西流向的克拉克福克河从这片区域中间穿越而过，最终与加拿大的哥伦比亚河交汇在一起注入太平洋。克拉克福克是一块地势比较高的区域，曾吸引著名的探险家路易斯和克拉克慕名而来，是米苏拉市非常重要的一个区域，也是主要的人类定居点。从空中向西俯瞰克拉克福克-比特鲁特生态区，位于画面中下方前景位置的是城市的网格系统，而生态区的西部边界，也就是比特鲁特岭，则逐渐消失于背景当中。比特鲁特岭是群山中的第一波山脉，其走向与克拉克福克河以及随着河流流向兴建的交通线路相垂直：这些交通线路包含两条横贯大陆的铁路线、第12号高速公路，以及最近刚刚建成的第80号州际公路。沿着克拉克福克河，米苏拉市在地狱门峡谷（Hellgate Canyon）附近发展起来，地狱门峡谷是城市东部边界处一个令人敬畏的地标，被琼博山（Mount Jumbo）和森蒂纳尔山（Mount Sentinel）夹在中间而形成。克拉克福克河穿过峡谷，流经一片广阔的平原，最终消失于比特鲁特群山之中。平坦的山谷平原在远古的时候曾经是一个巨大湖泊的河床，如今发展成了一座城市，并为众多开发提供了便利的条件。

◎ 城市居住区内部的滨河区

在城市居住区的尺度下，草图描绘了克拉克福克流域地区的形态，该区域是米苏拉市一个最重要的组成部分。克拉克福克河是一条很容易爆发洪水的山野河流，沿岸自然形成了冲积平原，蜿蜒穿越城市。冲积平原在河流和城市之间形成了一条明确的分界线，我们的滨河走廊视觉分析就是针对这部分区域进行的，它在各个尺度的草图中反复出现，成为深入设计研究的一个不变的主题。这些二维和三维的草图将城市中的滨河走廊描绘为一条主线，它从一个更大的系统当中穿流而过，河道的范围甚至跨越了整幅画面。平面草图所强调的是米苏拉市中心区与河流之间的关系，其形态就像一个十字形，一条腿是城市的主干道，而另一条腿就是滨河走廊。两个研究地块都位于河流沿岸，其中市中心区的研究地块位于两条腿的交叉处。

画面的色调

这幅草图对不同建筑形式的色调有不同的处理，建立起从深到浅的层次变化，其中，建筑正面和主干道为最深的色调。下一等级的色调被赋予与主干道一个街区相隔的建筑物，以及滨河走廊沿线的既有建筑和拟建建筑。在现有的滨河走廊上，设计师叠加了一些圆圈，代表一系列的开放空间，由于冲

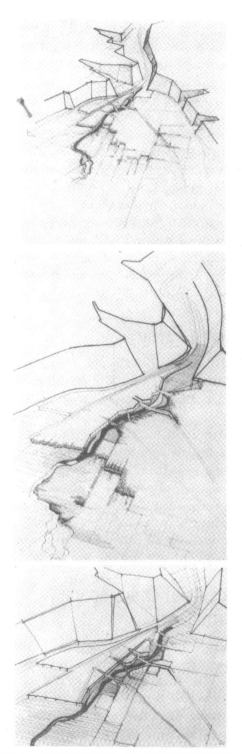

图9-3　河岸居住区草图。这幅鸟瞰图将城市的基本造型抽象简化为一些建筑体块，并将其与沿河流走向的冲击平原（穿越整座城市）的空间形态联系起来。这些概念性的草图是明确滨河走廊总体规划的第一步

积平原和城市建筑边缘的交汇，这些开放空间有一部分已经自然形成了。设计师还提议要插建一些新的建筑，进一步沿着将这条走廊的边缘塑造出一系列大型户外公共空间。

概念性的开放空间框架

在展示横贯城市的滨河走廊的鸟瞰图中，设计师提出了开放空间系统的开发建议。克拉克·福克河蜿蜒穿越整个画面，最终消失于画面上方的比特鲁特山脉之中，展现出其连绵不断的特性。河岸边界和水面是画面中色调最深的地方，其次是河岸两侧的陆地。城市网格系统只是象征性的表现，其色调相较于河面部分要浅一些。河流与城市网格之间的连接通过现有的和拟建的植被进行了强化，这些植栽以黑色的轮廓线表示。在进行图像化表现的过程中，首先要考虑的就是建立一个空间的边界线，如此才能将提案的开放空间系统界定出来。

◎ 滨河区内部的项目基地

设计师通过将草图的比例从原来大范围的河流系统缩小为河流沿岸的两个项目基地，描绘其形态与尺度，进而实现了对滨河走廊设计的进一步深化。这两个地块一个位于主干道与河道的交口处，另一个位于下一个桥头附近、蒙大拿大学校园的对面。深化设计方案延续了早期草图所设定的基本原则，并开始发展新的设计理念，即沿着滨河走廊设置一系列独特而相互连贯的空间。草图着重刻画的不是自然元素和建筑元素，而是与使用相关的信息。为了便于参考与交流，设计师在草图中标注了总体规划中拟建开发的空间名称，并明确了这些空间的用途。图中由大圆圈表示的一系

列空间被命名为麦考密克中心（McCormick Place）、滨河小镇（Rivertown Place）、滨河绿地（Rivergreen Place）和滨河体育场（Riverstadium Place）。由于洪水问题、铁路的发展，以及地形上的差异，居住区与河流直接接壤的机会非常稀少，因此，设计师将规划方案中每一个"滨河空间"都视为难得的契机，可以借此将市民同各项滨河设施直接联系起来。与河岸平行的人行步道和自行车道分别布置于河流的两岸，将这一系列的滨河空间串联成连续的公共空间网络。在概念设计的阶段，这些滨河空间都是用粗实线的圆圈表示的，周围还规划了与城市街道系统相连接的道路。醒目的箭头所指示的方向是主干道与河道的交口，也正是其中一个有待进一步详细研究、设计的地块所在的位置。

从草图导向深化设计

这张草图的绘制目的是要对一个尺度巨大、又非常复杂的规划方案进行简化，以一种易于理解的形式将其展现给公众。草图创建了一个包含各个空间和连接路线的框架，旨在引导城市重新审视这个滨河走廊区域的规划。它属于一种政策性的示意图，而不是对一个区域物理性的描绘。在滨河走廊的规划中，对前期开放空间框架中所描述的基本原则又进行了详细推敲，并开始处理基地自然与政治现状的相关问题。滨河沿岸的各个空间不再是抽象的由箭头串联起来的圆圈，而是根据现场实际状况和其他限制条件绘制出其真实的形状。尽管进行了这些调整，但早期草图中所确立的一些设计原则还是延续到了新的深化图纸当中。例如，圆形围合空间所蕴含的固有特性，即拥有中心和焦点，仍延续到具体的滨河空间深化设计当中。前期草图中所描绘的交通动线连接特性，即线性与方向性，也是设计发展阶段继续遵循的重要原则。

色调

在这个进一步完善的滨河走廊设计方案中，运用了更加写实的绘画手法，通过细密的平行线和密集的涂鸦技巧，对河面和滨河空间进行了重点刻画。现实条件下，围绕滨河沿岸栽种着很多植物，它们构成了滨河区潜在的边界线；设计师又规划栽种了新的树木，并通过绘制边缘的阴影线使之从图面中凸显出来。这些围绕着滨河空间布置的植栽还从河岸边延伸出去，一直连接到城市的网格系统。在由西向东的一系列滨河空间中，麦考密克中心是一个公认的城市公园（已经存在了），其中的运动场构成了画面中的另一个焦点。接下来是滨河小镇，那里紧邻河岸，拥有与河流直接相连的硬质铺面，可以作为一个设计的着眼点，重新在市中心区和河畔区之间架设起新的联系。城市管理部门和大学已经针对该区域规划了一些用途，而这也是设计竞赛第一阶段所要落实的工作。沿着提案的滨河走廊，下一个空间是滨河绿地。该区域被两座桥梁和两个居住区围合在中间，是一个充满温暖和自然气息的地方。滨河绿地的南侧边界是一面碟形的断崖，那里还有从前的火车站。就像麦考密克中心一样，滨河绿地的轮廓也是通过对其周遭植被的渲染而突显出来的。其边缘部分排布着现有的和提议未来栽种的树木，都被赋予较深的色调，以强化空间围合的感觉。线性的树木取代了前期草图中的箭头，在滨河绿地的南北两侧与邻近的街道相连接。

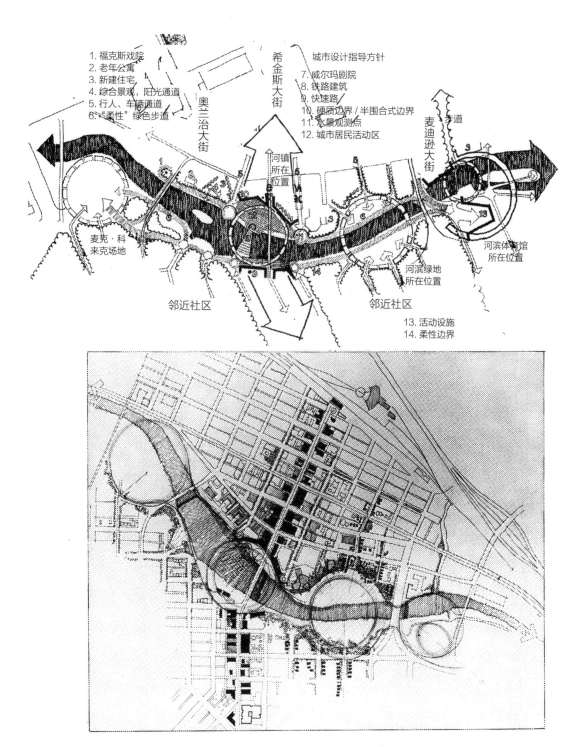

1. 福克斯戏院
2. 老年公寓
3. 新建住宅
4. 综合景观，阳光通道
5. 行人、车辆通道
6. "柔性"绿色步道

希金斯大街

奥兰治大街

城市设计指导方针
7. 威尔玛剧院
8. 铁路建筑
9. 快速路
10. 硬质边界 / 半围合式边界
11. 水景观测点
12. 城市居民活动区

麦迪逊大街

步道

河镇所在位置

麦克·科来克场地

邻近社区

河滨体育馆所在位置

河滨绿地所在位置

邻近社区

13. 活动设施
14. 柔性边界

图9-4 滨河区平面规划草图。滨河区设计方案的两张平面草图所表现的内容各有不同的侧重。第一张草图将滨河走廊上一系列二维的"空间"与现有的建筑模式联系在一起。而第二张草图则更侧重信息的表述，其中包含了各个提案空间的名称，以及它们周围的活动

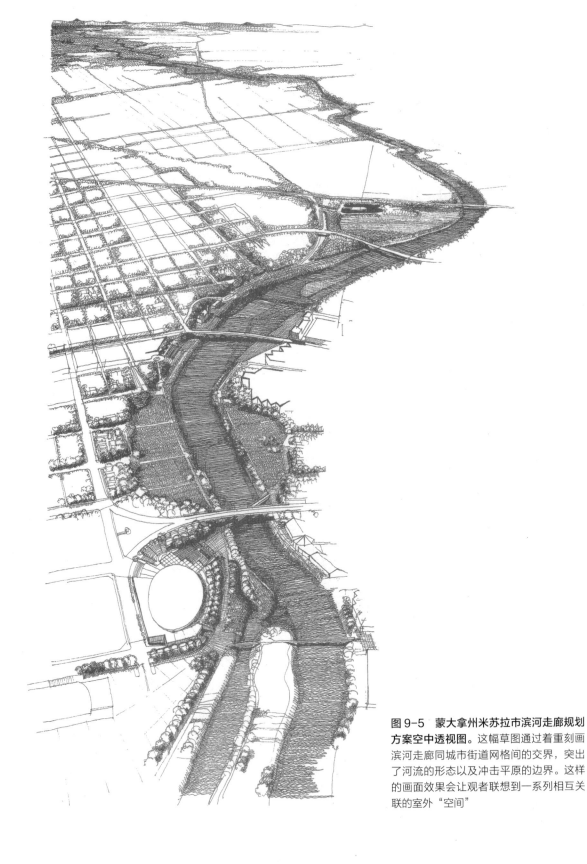

图 9-5　蒙大拿州米苏拉市滨河走廊规划方案空中透视图。这幅草图通过着重刻画滨河走廊同城市街道网格间的交界，突出了河流的形态以及冲击平原的边界。这样的画面效果会让观者联想到一系列相互关联的室外"空间"

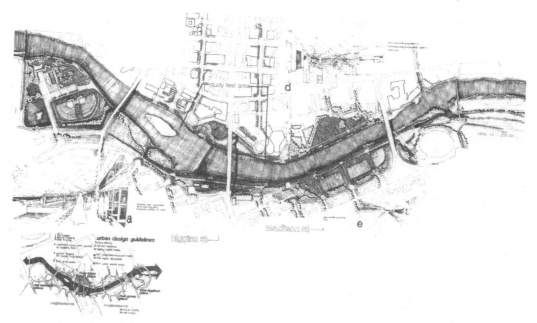

图9-6　滨河走廊规划方案平面草图。滨河走廊规划设计方案的渲染平面图与之前空中透视图的色调安排是相同的。画面中最深的色调被赋予河流的水面，而下一个色调等级则是树木边缘的阴影。城市网格和设计方案仍然以简单的线条表示，其色调的明暗度等级低于自然元素

◎ 建筑布局的可能性：滨河体育场

举办设计竞赛的目的是为了针对两个研究基地征集与交流设计理念：在这两个研究基地上所要规划的项目分别是滨河小镇和滨河体育场（Riverstadium Place）。滨河体育场紧邻滨河绿地，是滨河走廊系列当中由西向东的第四个项目。规划初期，设计师提议将该项目作为蒙大拿大学的一个多功能娱乐设施。通过图像化的表现，在前期所确立的滨河走廊总体规划的框架内对该方案的设计理念进行了深入的探讨。

内部的建筑组织与外部的环境联系

在大型多功能设施的设计过程中暴露出了一个矛盾，即在大尺度建筑方案的内部需求与它们对外部环境的呼应能力之间反复

出现的矛盾。很多时候，从表面上看，大尺度建筑方案界都是相对独立的，没有什么机会对其所在的外部环境做出呼应，无论是周遭的建筑环境还是自然环境。

在第一张草图中，滨河多功能体育场方案的建筑形式表现为一个完整的椭圆形，并带有一些朝向内部核心的箭头。第二张草图增加了一个阴影区，这个区域跨越椭圆形的边界线，与建筑物的内部功能以及周围外部环境都有一定的关联性。各式各样外部因素的作用以自由流畅的曲线表示，同时又增设了一些指向外部的箭头，漫无方向。主要的、内在化的建筑元素被次要的区域包围在其中，既能反映出建筑物的内部功能，又能与外部环境的作用相联系，这种草图概念被引入了滨河体育场项目的建筑方案设计当中。

建筑元素。主体建筑的大小和形状，包

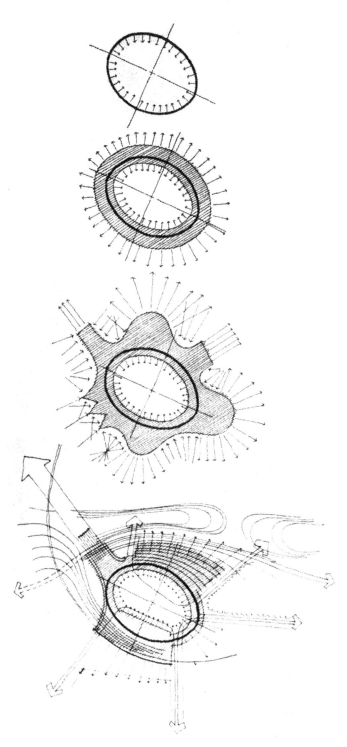

含运动场和观众席的圆顶，这些都是在规划阶段预先确定的内容。周围服务于圆顶主体建筑的附属空间并没有很明确的限定，只是在最后一张草图中以一块阴影区表示。草图描绘了主体建筑构件与周围配套构件之间的整体关系，后者既要服务于前者，又要与周围的环境相融合。更衣室淋浴间以及竞技场的露天座椅，同大学校园入口处麦迪逊大道桥头的曲线相互契合。沿着河岸的走向，座椅和存储空间界定出了人行步道和灌溉渠入口的边界。这些建筑元素之间的空间形成了行人与服务入口，它们都属于人行步道系统的延续，而人行步道系统则将所有的滨河区空间串联在一起。最后一张草图综合表述了建筑方案的设计目的，并添加了一些说明，从而将草图转化为初步的设计指南。预先设定的、内化的建筑形式与滨河区客观存在的几个自然系统整合在一起，共同构成了设计方案的基础。

◎ 建筑组织的可能性：滨河小镇

滨河小镇位于城市主干道和河流的交汇处，是第二个深化设计研究的地块。草图再次表现了这个地块在整个滨河走廊框架中所处的位置，它是一

图 9-7 不断发展演变的建筑形态草图。这一系列草图展示了设计的发展，即从最初一个完全"内在化"的体育场造型，逐渐对外部环境中各种不同因素的作用作出回应的过程。过渡层（阴影区）的设计，从根本上解决了预先设定形式的体育场与基地环境相互呼应的问题

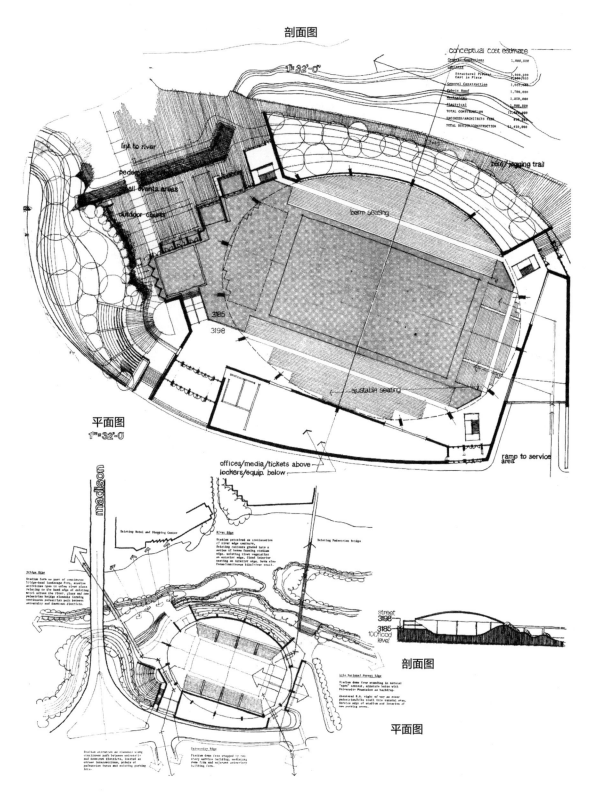

图 9-8　蒙大拿州米苏拉市体育场组织形式。通过平面图和剖面图，更明确地定义了滨河环境下体育场"构件"二维和三维的组织形式

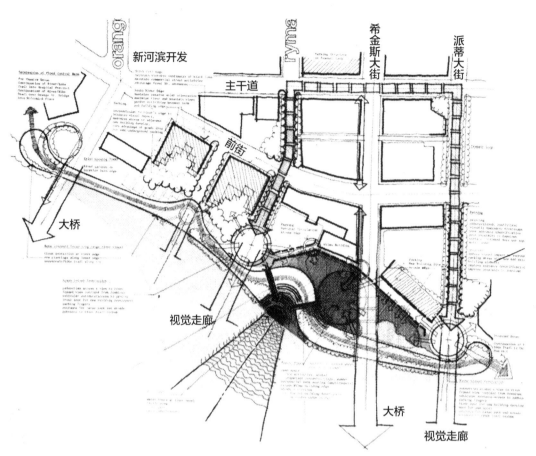

图 9-9　"滨河小镇"的规划表现为一幅随时间不断深入发展的框架图。该方案明确了一些相关议题的设计方向，包括亲水区入口、（新环境中）历史建筑威尔玛大厦的融入、街景走廊，以及沿着滨河走廊创建虚拟住宅区块的设计指导方针等

个与市中心区相连的城市活动中心。下一张框架草图中添加了一些具体的规划信息、基地的限制条件，以及实际实施的相关政策。草图中所规划的元素包括一个可供搭建戏棚的平台、一个露天的圆形剧场、一个毗邻河流的"亲水区"、更高效的停车场，以及供商贩和仓储使用的庇护空间。上述所有规划元素都被安置在一个框架之内，而这个框架与滨河走廊以及市中心区都是相互连通的。这个地块周围最主要的围护就是现有的防洪护堤，可以避免人们不小心跌落水中。河岸边蜿蜒的线条代表防洪护堤的扩建方案。新的河岸围护形式增加了防洪的功能，与桥头以及历史悠久的威尔玛大厦（Wilma Building）一起限定出这个公共空间的轮廓。

色调

在这张草图中，最醒目的色调被赋予水面以及那些在桥下限定出开放空间轮廓的元素。这些限定元素包括：历史悠久的威尔玛大厦的首层，它限定了场地的北面边界；希金斯桥（Higgins Bridge）构成了场地的东面边界，并为桥下的空间提供了遮蔽；拟建的河岸护堤还有一个圆形的露天剧场，该剧

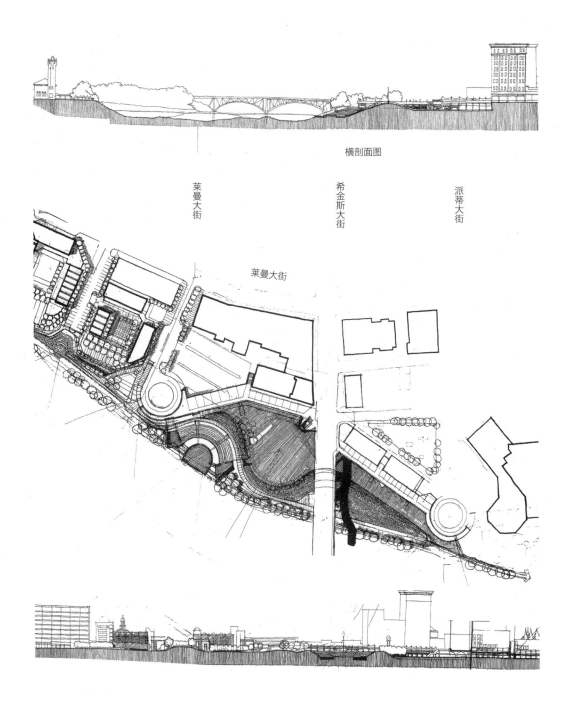

图 9-10　蒙大拿州密苏拉市滨河项目初步规划平面图 / 剖面图

场在洪水涨潮期间会被淹没；沿着场地的西面边界还设有一个开放的建筑拱廊。现有建筑采用最深的色调，而拟建项目与河岸护堤则被赋予阴影，有助于限定出新的空间与连接路线。草图中，在由人行道、景观走廊，以及河岸与市中心区之间可能的交通线路共同围合而成的框架内，还设置了一些建筑元素。莱曼大街（Ryman）和派蒂大街（Pattee）被选定为重要的景观走廊，都设置了栏杆。沿着这两条街道计划栽种一些新的植物，以抽象的圆形表示，其终点指向公交车站和入口。沿着滨河小镇西侧的前街（Front Street），规划方案中拟建的并非是单体的建筑物，而是新住宅区的概念性组织。它既界定出城市的街道，同时又充分利用了南向面对河流的有利条件。

三维的形式与色调

经过渲染的平面图、模型和透视图对规划框架进行了三维立体的表现，这样公众就能更清晰地理解设计师的意图。这幅透视图同之前的草图一样，画面中最深的色调依然被赋予河流的表面。研究基地西侧拟建的建筑模块和线性的拱廊都是新添加的元素，设计师对其边缘部分进行了渲染。

针对这个规划方案制作的三维模型既是一种研究工具，又是一种展示工具。模型的表层结构制作得非常精细，拱廊的屋顶部分被移除了，以便更清晰地展示和研究这个新建筑边缘部分的结构和尺寸。滨河小镇深化设计的透视图为公众提供了一种更易于理解的三维参考。第一幅透视草图的绘制，借助了城市背景资料进行描摹，河流和城市主干道构成了画面中的框架。这幅草图的目的在于研究，所以只运用了简单的线条进行勾勒，强调刻画河流和滨河小镇的外部景物。第二幅草图主要的目的在于展示，所以对市中心区的地标性建筑威尔玛大厦进行了更加细致的刻画。通过植物、活动、地面格栅与草地的质感，更细致表现出了提案的滨河小镇的外部景象。

9-11

9-12

图9-11和图9-12　滨河区规划项目透视图。该透
视图为项目现场的草图，其中河岸部分为画面的前景，
城市天际线（特别是威尔玛大厦）为参考背景。渲染
的重点在于提案的公共空间表面以及威尔玛大厦，这
是该空间边界处最重要的建筑

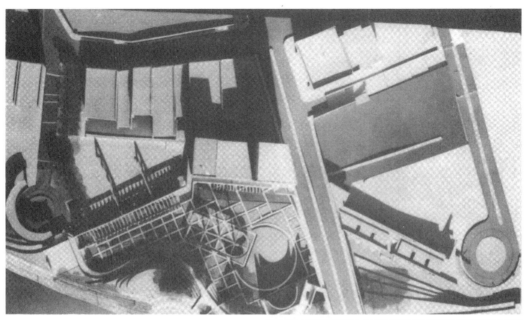

9-13

图 9-13 和图 9-14　蒙大拿州米苏拉市滨河
项目模型

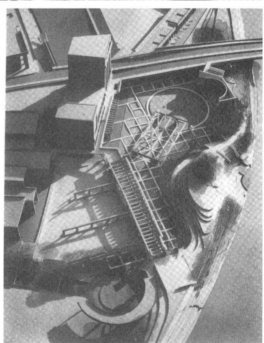

9-14

图 9-15　滨河区拱廊立面图

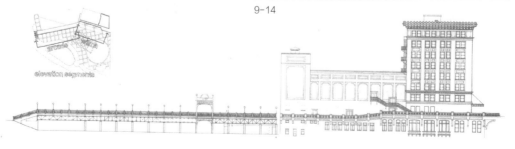